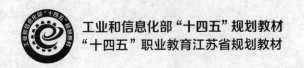

工业和信息化部"十四五"规划教材
"十四五"职业教育江苏省规划教材

工业和信息化
高职高专精品系列教材

U0267609

Android
移动应用开发

微课版

李维勇 刘新娥 ◉ 主编

杨阳 王玉娟 封志勇 孔枫 ◉ 副主编

ANDROID MOBILE
APPLICATION DEVELOPMENT

人民邮电出版社
北 京

图书在版编目（CIP）数据

Android移动应用开发：微课版 / 李维勇，刘新娥
主编. -- 北京：人民邮电出版社，2022.5（2023.8重印）
工业和信息化高职高专精品系列教材
ISBN 978-7-115-56967-7

Ⅰ．①A… Ⅱ．①李… ②刘… Ⅲ．①移动终端—应用
程序—程序设计—高等学校—教材 Ⅳ．①TN929.53

中国版本图书馆CIP数据核字(2021)第145167号

内　容　提　要

本书基于 Android 10 和 Android Studio 4.1 集成开发环境编写，系统地介绍 Android 移动应用开发的基础知识。

本书共 14 章，分别介绍了认识 Android、创建 Android 项目、设计用户界面、UI 控件设计、Activity 与 Fragment、列表与适配器、菜单与对话框设计、线程间的通信与异步机制、Android 本地存储、Service 与后台服务设计、BroadcastReceiver 与广播通信、ContentProvider 与应用间数据共享、网络连接与管理、Android 性能分析与测试。

本书以任务贯穿全程，结构清晰、语言简洁，易于学习，非常适合初学 Android 的在校学生和希望系统掌握 Android 编程技能的开发人员阅读。

◆ 主　　编　李维勇　刘新娥
　　副 主 编　杨　阳　王玉娟　封志勇　孔　枫
　　责任编辑　桑　珊
　　责任印制　王　郁　焦志炜

◆ 人民邮电出版社出版发行　　北京市丰台区成寿寺路 11 号
　　邮编　100164　电子邮件　315@ptpress.com.cn
　　网址　https://www.ptpress.com.cn
　　三河市君旺印务有限公司印刷

◆ 开本：787×1092　1/16
　　印张：20.25　　　　　　　　　　2022 年 5 月第 1 版
　　字数：574 千字　　　　　　　2023 年 8 月河北第 3 次印刷

定价：69.80 元

读者服务热线：(010)81055256　印装质量热线：(010)81055316
反盗版热线：(010)81055315
广告经营许可证：京东市监广登字 20170147 号

前言 PREFACE

Android 是 Google 公司推出的一款开源的操作系统，自推出以来，受到软件开发爱好者的"狂热"追捧，Android 手机的市场占有率也一直较高。本书以 Android Studio 4.1 为集成开发环境，以 Android 10 为开发平台，以 Meterial Design 为设计语言，结合编者近年来在手机软件研发和教学中积累的经验，详细介绍 Android 移动应用开发的基础知识。

为什么要学习本书

Android 是目前应用非常广泛的、首个为移动终端打造的、真正开放和完整的操作系统。在我国，Android 社区十分"红火"，这对 Android 技术的普及与发展起着积极的推动作用。我国厂商和运营商也纷纷加入 Android 阵营。随着 5G 技术的普及，Android 广泛应用在国产智能上网设备上，从而进一步扩大了 Android 的应用范围。Android 研发工程师、Android 游戏设计师、Android 系统架构师等一直是热门的就业岗位。

作为一本 Android 技术入门书，本书采用基础知识和阶段任务相结合的编写方式，通过基础知识的讲解和阶段任务的巩固，让读者快速掌握 Android 移动应用（以下简称 Android 应用）开发的知识。

本书每章配备 1~3 个任务。这些任务都来自真实项目，这对提高读者的专业技能有较大的帮助。任务由 4 个部分组成，分别是任务介绍、任务目标、实现思路和实现步骤。其中任务介绍包括任务描述和运行结果，通过对任务描述的解读和运行结果的展示，使读者可以对所完成的任务一目了然；任务目标是对知识点的掌握要求和对任务的掌握要求；实现思路是任务的精髓所在，我们将带领读者一同分析任务的实现思路和需要使用的技术；有了思路后，读者即可通过实现步骤完成任务。

如何使用本书

本书共 14 章，下面对每章进行简单的介绍。

第 1 章主要介绍 Android 的入门知识，包括 Android 的由来、发展历程、应用领域，以及搭建 Android 集成开发环境。本章要求读者掌握 Android 的学习路径和学习资源的获取方法，重点掌握 Android Studio 的常见配置与使用方法，为后续 Android 应用开发打下基础。

第 2 章主要介绍在 Android Studio 中创建 Android 项目、为项目创建资源，以及在 Android Studio 中调试 Android 代码的知识。本章要求读者掌握使用向导创建 Android 项目的方法，创建和管理应用资源的方法，以及基于 GitHub 托管项目的方法，这是 Android 程序员应具备的基本技能。

第 3 章主要介绍 Android 中设计用户界面的基本知识，包括用户界面的层次结构、创建和优化界面布局的方法，以及线性布局、约束布局等常见用户界面布局方式。本章要求读者掌握使用约束布局等布局方式设计用户界面的方法，掌握基于 Material Design 的布局规范。

第 4 章主要介绍基本界面控件的知识，包括文本控件、按钮控件、图像控件、选择控件、开关控件和进度条控件，并介绍 Material 支持库中基本控件的使用方法。本章要求读者掌握这些控件的常见布局属性和事件处理的回调方法设计。

第 5 章主要介绍使用 Activity 管理用户界面、使用 Fragment 实现碎片化用户界面、使用 Intent 实现组件通信的知识。本章要求读者掌握 Activity 的创建、生命周期管理及 Activity 之间的显式与隐式调用方法，掌握 Fragment 与 Activity 之间交互的方法，以及使用 Intent 实现 Android 应用组件之间通信的方法。

第 6 章主要介绍适配器及适配器控件的知识，包括 BaseAdapter、ArrayAdapter、SimpleAdapter

等。本章要求读者掌握使用适配器实现大批量数据在用户界面显示的方法，掌握使用 RecyclerView + SwipeRefreshLayout 实现数据滑动更新的设计，掌握使用 TabLayout + ViewPager + Fragment 构建用户界面的方法。

第 7 章主要介绍 Android 应用中菜单、对话框和应用栏设计的知识，包括菜单资源的创建、菜单回调方法的设计，消息、对话框、通知等的设计，应用栏的组成、设置等。本章要求读者掌握侧滑菜单、选项菜单、AlertDialog、Notification 等常见交互接口的设计，掌握使用 CoordinatorLayout + AppBarLayout 实现复杂应用栏的设计。

第 8 章主要介绍 Android 应用中实现异步任务的知识，包括单线程模型，消息处理中 Looper、Handler 和 Message 的作用，以及 HandlerThread 和 AsyncTask。本章要求读者掌握使用 Thread + Handler + Message 实现异步任务的方法，掌握使用 AsyncTask 实现异步任务的方法。

第 9 章主要介绍 Android 应用中持久存储的知识，包括 SharedPreferences 与 Preference FragmentCompat、Android 中内部文件和外部文件存储的方法，以及 SQLite 与 SQLiteOpenHelper 等。本章要求读者根据持久存储的应用场景需求，掌握使用相关工具实现数据存储的方法。

第 10 章主要介绍使用 Service 设计后台服务，以及实现跨进程通信的知识，包括创建和启动 Service、IntentService、AIDL 等。本章要求读者能够根据应用场景选择使用 Service 或线程实现后台任务，并实现移动应用组件之间的跨进程通信功能。

第 11 章主要介绍使用 BroadcastReceiver 实现广播通信的知识，包括广播的创建与监听、EventBus 框架的使用，以及桌面应用的创建等。本章要求读者能够监听和处理系统常见广播、使用广播跨进程通信，能够设计并实现桌面应用。

第 12 章主要介绍使用 ContentProvider 实现应用间数据共享的知识，包括 ContentProvider、SAF、URI 等。本章要求读者能够根据应用需求访问系统 ContentProvider，并实现对数据的 CRUD 操作，以及能够使用 SAF 处理特定文件。

第 13 章主要介绍 Android 网络编程的知识，包括 ConnectivityManager、HttpURLConnection 及 JSON 数据解析等。本章要求读者能够使用 ConnectivityManager 管理网络，使用 HttpURLConnection 进行 HTTP 编程。

第 14 章主要介绍 Android 性能分析与测试的相关知识。本章要求读者能够基于 Android Studio 对移动应用的性能进行分析，基于 Mockito 和 Espresso 对移动应用进行单元测试与集成测试。

在学习过程中，读者一定要亲自实践本书中的代码。如果不能完全理解本书所讲知识点，读者可以登录本书配套的网络教学平台，通过平台中的教学视频进行深入学习。学习完一个知识点后，要及时在教学平台上进行测试，以巩固学习内容。读者在动手练习的过程中如果遇到问题，建议多思考，厘清思路，认真分析问题发生的原因，并通过教学平台互动交流，在问题解决后多总结。本书提供教学视频、教学课件、分阶段任务指导书和源代码等教学资源，读者可以登录人邮教育社区（www.ryjiaoyu.com）免费下载。

意见反馈

由于作者水平有限，书中难免会有不妥之处，欢迎各界专家和读者朋友来函给予宝贵意见，我们将不胜感激。您在阅读本书时，如发现任何问题或有不认同之处可以通过电子邮件（446794326@qq.com）与我们取得联系。

编者
2021 年 10 月

目录 CONTENTS

第1章

认识Android

01

【学习目标】

子单元名称	知识目标	技能目标
子单元 1：Android 简介	目标 1：了解 Android 的由来与发展历程 目标 2：理解 Android 各版本的功能特性及更新内容 目标 3：了解 Android 的主要应用领域	掌握查阅 Android 最新版本主要更新的方法
子单元 2：Android 学习指导	目标 1：了解 Android 的岗位用人需求 目标 2：了解 Android 的知识体系	目标 1：掌握获取 Android 学习资源的方法 目标 2：掌握查阅 Android SDK API 的方法
子单元 3：Android Studio 使用入门	目标 1：理解 Android Studio、Android SDK 之间的关系 目标 2：理解 Android Studio 的主要功能 目标 3：理解 Android SDK Tools、SDK Build-Tools、SDK Platforms 之间的关系	目标 1：掌握安装和配置 Android Studio 集成开发环境的方法 目标 2：掌握 Android Studio 常用窗口的使用方法 目标 3：掌握 Android SDK Manager 的使用方法

1.1 Android 简介

Android（中文译名为"安卓"）是一个基于 Linux 内核的开放源代码移动操作系统，由 Google 公司成立的开放手持设备联盟（Open Handset Alliance，OHA）持续领导与开发，主要用于触屏移动设备、智能可穿戴设备、汽车以及其他家用电子设备（如智能电视、机顶盒等）等。

1.1.1 Android 的由来

Android 最初由安迪·鲁宾（Andy Rubin）（见图 1-1）设计并用于手机开发。2005 年 7 月，Android 被 Google 公司收购。2007 年 11 月，Google 公司与其他硬件制造商、软件开发商及电信营运商成立 OHA 来共同研发和改良 Android。随后，Google 公司以 Apache 免费开放源代码许可证的授权方式，发布了 Android 的源代码。开放源代码加速了 Android 的普及。2010 年，Android 在市场占有率上已经超越"称霸"逾 10 年的 Nokia 公司的 Symbian，成为全球第一大智能手机操作系统。2017 年 3 月，Android 全球网络流量和设备总数超越 Windows，正式成为全球第一大操作系统。

Android 的 Logo 是由 Ascender 公司设计的一个全身绿色的机器人，如图 1-2 所示。2019 年 8 月 22 日，Google 公司宣布对 Android 品牌形象全面升级，启用全新的品牌 Logo，其包括全新设计的 Android 机器人和黑色的 "android" 字样，如图 1-3 所示。

Android 系统架构

图 1-1　"Android 之父"安迪·鲁宾

图 1-2　Android 的 Logo

图 1-3　Android 新的品牌 Logo

1.1.2　Android 的发展历程

第一款运行 Android 的手机是 T-Mobile G1，也被称为 HTC Dream，如图 1-4 所示。该手机于 2008 年 10 月 22 日开始发售。

拓展视频

Android OS 的演变

图 1-4　第一款运行 Android 的手机 T-Mobile G1

自 2008 年 9 月 Android 正式发布 1.0 版本以来，Android 差不多每半年升级一次，每代 Android 都以甜点命名。表 1-1 所示为 Android 版本记录。

表 1-1　Android 版本记录

版本号	版本名称	API 等级	发布日期
1.0 beta	–	–	2007 年 11 月 5 日
1.0 / 1.1	–	1 / 2	2008 年 9 月 23 日
1.5	Cupcake（纸杯蛋糕）	3	2009 年 4 月 30 日
1.6	Donut（甜甜圈）	4	2009 年 9 月 15 日
2.0 / 2.0.1 / 2.1	Eclair（松饼）	5 / 6 / 7	2009 年 10 月 26 日
2.2 / 2.2.1	Froyo（冻酸奶）	8	2010 年 5 月 20 日

版本号	版本名称	API 等级	发布日期
2.3	Gingerbread（姜饼）	9 / 10	2010 年 12 月 7 日
3.0 / 3.1 / 3.2	Honeycomb（蜂巢）	11 / 12 / 13	2011 年 2/5/7月 2 日
4.0	Ice Cream Sandwich（冰淇淋三明治）	14 / 15	2011 年 10 月 19 日
4.1 / 4.2 / 4.3	Jelly Bean（果冻豆）	16 / 17 / 18	2012 年 6 月 28 日
4.4 / 4.4.1 / 4.4.2 / 4.4.3 / 4.4.4	Kitkat（奇巧）	19 / 20	2013 年 9 月
5.0 / 5.1	Lollipop（棒棒糖）	21 / 22	2014 年 10 月 16 日
6.0 / 6.0.1	Marshmallow（棉花糖）	23	2015 年 10 月 5 日
7.0 / 7.1.1 / 7.1.2	Nougat（牛轧糖）	24 / 25	2016 年 8 月 22 日
8.0 / 8.1	Oreo（奥利奥）	26 / 27	2017 年 8 月 21 日
9.0	Pie（派）	28	2018 年 8 月 6 日
10	Android Q	29	2019 年 9 月 3 日

Android 9.0 加入了对"刘海屏"（Google 公司称之为凹口屏幕）的支持，以便更好地优化屏幕内容布局，让系统和应用程序充分利用整个屏幕。同时，人工智能技术的引入也是这个版本最大的亮点之一。Slices 让用户无须打开应用程序就能完整操作应用程序中指定的某项功能，更快速、更便捷；App Actions 利用人工智能技术，提前了解用户的使用习惯，对应用程序进行提前处理和预判，从而节约用户的时间；通过加入 Adaptive Battery 功能，Android 9.0 使用更智能的方式来适应电池和屏幕，从而改善整体续航能力。为了改善 Android 用户和开发者体验，Android 9.0 中减少了非软件开发工具包（Software Development Kit，SDK）接口的使用（无论是通过直接调用、反射还是 Java 原生接口等方式），以提升系统稳定性。Android 10 增加了对折叠式智能手机的原生支持、内建屏幕录影功能，以及全新导航手势功能等，如图 1-5 所示。

图 1-5　Android 10 手机界面

1.1.3　Android 的应用领域

2019 年，Google 公司在 I/O 开发者大会上宣布，全球已拥有数亿台活跃的 Android 设备。这些设备的应用领域包括手机、平板电脑、智能可穿戴设备、智能电视、物联网及车载设备等。Android 目前支持的平台主要如下。

1. Wear OS

Wear OS（旧称为 Android Wear）是专为智能手表等智能可穿戴设备设计的一个 Android 分支。Wear OS 最初于 2014 年 3 月发布，主要功能包括通过语音识别技术使用 Google 即时信息，并随时搜索解答或获取信息；为设备提供传感器支持，可适用于加速度计与脉搏监视器等应用程序。

2. Android TV

Android TV 是专为家用电视设计的一个 Android 分支。Android TV 最初于 2014 年 6 月 26

日的 I/O 开发者大会开幕式主题演讲中被公之于众。现在，一些多功能娱乐型的"盒子"如小米盒子等，都会安装 Android TV，然后通过外置显示器或者电视实现 App 功能。很多智能电视也集成了 Android TV 的功能。

3. Android Auto

Android Auto 是专为汽车设计的一个 Android 分支。Android Auto 也是最初发布于 2014 年 6 月 26 日的 I/O 开发者大会开幕式主题演讲。Android Auto 旨在取代汽车制造商的原生车载系统来执行 Android 应用与服务，并访问与存取 Android 手机的内容。Android Auto 目前仅在美国等少数国家及地区提供下载与服务。Google 公司的 Android Auto、人工智能与机器学习技术也是现在自动驾驶汽车领域研究的热点。

4. Android Things

Android Things 是专为物联网开发设计的一个 Android 分支。Android Things 最初于 2015 年的 I/O 开发者大会推出。2016 年 12 月，Android Things 推出了首个开发者预览版本，2018 年 5 月推出了 1.0 正式版。相对于传统的单片机开发，Android Things 提供了更完善的开发框架，更加方便、好用的开发工具，以及更便宜的开发套件。通过 Android Things，用户可以使用丰富的云服务资源，可以基于 TensorFlow 实现人工智能应用（如图像识别等），还可以通过 Google Assistant 获得智能服务。

1.2 Android 学习指导

随着装载 Android 的手机、平板电脑等产品逐渐提高市场占有率，Android 开发人才的缺口日益扩大，特别是软件应用类 Android 开发人才需求缺口更大。本节主要探讨学习 Android 的优势、Android 的学习路径和 Android 的学习资源。

1.2.1 为什么要学习 Android

Android 在互联网时代依旧快速发展。国际数据公司（International Data Corporation，IDC）发布的 2020 年全球手机市场份额排名报告指出，运行 Android 的智能手机市场份额上涨到 84.1%，说明 Android 是智能手机操作系统市场上绝对的"霸主"。

Android 使用 Java 或 Kotlin 开发。Java 长期稳居 TIOBE 编程语言排行榜前列，拥有大量的开发者，使用 Java 上手 Android 开发较为容易。Android 集成开发环境 Android Studio 整合了 Gradle 构建工具，使得配置、编译和打包 App 更加快捷。

因此，学习 Android 具有学习成本（时间、难度）低、上手快、人才需求旺盛等显著优势。

1.2.2 Android 的学习路径

学习 Android 开发之前，必须掌握 Java（也可以是 Kotlin）编程基本知识，包括 Java 基础、面向对象编程、设计模式等，还要掌握异常处理、多线程、集合等常见开发技术。

Android 开发技术的学习路径分为以下 4 个阶段。

第 1 阶段：开发准备。

"工欲善其事，必先利其器。"本阶段主要为后续的开发做开发环境和开发工具的准备。本阶段主要学习 Android 集成开发环境的搭建、Android Studio 的配置与使用、Android SDK 的管理、调试 Android 代码的方法、托管 Android 项目的方法、Android 开发工具（包括性能分析工具、Lint、APK 分析器等）的使用。

第 2 阶段：Android 应用开发基础。

本阶段帮助读者从"Hello World"开始，构建手机用户界面、响应用户事件，为下一步学习移动应用做好准备。本阶段主要学习创建 Android 项目的方法、设计手机界面布局、使用 Activity 和 Fragment 管理用户界面、处理界面控件的交互事件、使用扩展库构建复杂界面、实现本地存储。

第 3 阶段：Android 高级开发技术。

本阶段帮助读者提升用户体验、提高应用程序性能，实现网络编程、定位服务等功能。本阶段主要学习 Android 的数据存储技术、后台服务与广播监听、Jetpack 组件开发技术、网络编程技术、定位服务与开发、常用开发框架的使用、App 的性能分析与测试、App 的发布。

第 4 阶段：Android 项目实战。

本阶段通过服务器的搭建与配置、基于 RESTful 模式的移动应用项目开发、移动应用项目测试技术，以及应用人工智能中的深度学习技术进行基于 Android 的移动应用综合开发。

1.2.3 Android 的学习资源

首先介绍 Android 官方文档的构成。

登录 Android 开发的国内官方网站，如图 1-6 所示。

在主页的上方包括平台（Platform）、Android Studio、Google Play、Jetpack、Kotlin、文档（Docs）和新闻（News）等。主页的其他信息包括一些精选信息，以及开发者指南链接、Material Design 指导文档的链接等。

图 1-6　Android 官方主页

1. 平台

"平台"页面包括概览（Overview）、版本（Releases）、技术（Technology）、库（Libraries）和机器学习（Machine Learning）等，介绍了每个 Android 版本的特点及主要版本更新信息、Android 平台的架构、系统安全性等，也分别介绍了 Wear OS、Android TV、Android Auto、Android Things 等平台信息。

2. Android Studio

"Android Studio"页面包括下载（Download）、新变化（What's new）、用户指南（User

guide）和预览（Preview），介绍了 Android Studio 的下载方法、最新版本特点等。其中用户指南详细介绍了 Android Studio 的使用方法，包括创建、编辑、运行、管理 Android 项目的方法，这对 Android 初学者来说是非常重要的学习资料，对提高 Android 开发效率有重要的指导意义。

3. Google Play

"Google Play"是一个为 Android 设备开发的在线应用程序商店，它可帮助 Android 用户浏览、下载及购买在 Google Play 上的第三方应用程序。

4. Jetpack

"Jetpack"页面包括概览（Overview）、使用入门（Get Started）、社区（Community）等，介绍了 Android Jetpack[1]的 4 个类别的组件信息及其使用方法，以及开发者社区信息等。

5. 文档

"文档"页面包括概览（Overview）、指南（Guides）、参考（Reference）、示例（Samples）、设计和质量（Design & Quality），如图 1-7 所示。

图 1-7　"文档"页面的设计和质量

（1）概览

"概览"页面为用户提供所需的指南和 API 参考文档。

（2）指南

"指南"页面提供开发 Android 项目的技术指导。例如，应用基础知识（App Basics）介绍开发一个 Android 项目的基础；设备（Devices）介绍 Android 小型智能可穿戴设备、智能电视、汽车和物联网开发的相关信息；核心主题（Core topics）介绍 Android 应用层框架的知识；最佳做法（Best practices）介绍开发 Android 的一些实践指导等。

（3）参考

"参考"页面提供全面的 Android API 文档，这是初学者快速领会 Android 开发内涵的重要资料。

（4）示例

"示例"页面提供一些 Android 项目示例。

---

[1] Android Jetpack 是一套 Android 组件、工具和指导，可以帮助开发者构建更为出色的 Android 应用。

（5）设计和质量

"设计和质量"页面介绍 Material Design 设计语言的相关知识。

任务 1.1　搭建 Android 集成开发环境

【任务介绍】

1. 任务描述

搭建 Android 集成开发环境 Android Studio。

2. 运行结果

完成集成开发环境的搭建后，启动 Android Studio，其主控面板如图 1-8 所示。

图 1-8　Android Studio 主控面板

【任务目标】

- 掌握安装和配置 Android Studio 集成开发环境的方法。
- 掌握 Android Studio 常用窗口的激活与使用方法。
- 掌握 Android SDK Manager 的使用方法。

【实现思路】

- 登录 Android 开发官方网站下载 Android Studio 安装程序。
- 运行 Android Studio 安装程序，进行集成开发环境搭建。
- 启动搭建好的 Android Studio，并观察运行结果。

任务指导书 1.1

搭建 Android 集成
开发环境

【实现步骤】

见电子活页任务指导书。

1.3　Android Studio 使用入门

Android Studio 是 Google 公司于 2013 年 5 月 16 日的 I/O 开发者大会上推出的全新 Android 集成开发环境。Android Studio 基于 IntelliJ IDEA[2]，它集成了编码过程中的智能代码助手、代码自动提示、Git 工具、并发版本系统（Concurrent Version System，CVS）整合及代码分析等众多的实用功能，并为 Android 开发提供了专属的重构和快速修复、ProGuard 和应用签名功能，提供了基于模板的向导来生成常用的 Android 应用设计和组件，拥有功能强大的可视化用户界面（User Interface，UI）编辑器，极大地提高了开发效率。

1.3.1　Android Studio 快速入门

首次启动 Android Studio 时，会显示图 1-8 所示的主控面板，其中各选项意义如下。

---

[2] IntelliJ IDEA 是捷克软件公司 JetBrains 在 2001 年 1 月推出的一款优秀的 Java 集成开发环境。

- Create New Project：新建一个 Android 项目。
- Open an Existing Project：打开一个已有 Android 项目。
- Get from Version Control：从版本服务器签出一个 Android 项目。
- Profile or Debug APK：分析和调试现有的 APK。
- Import Project (Gradle, Eclipse ADT, etc.)：从 Eclipse 等环境导入 Android 项目。
- Import an Android Code Sample：从 Google 公司官方服务器导入 Android 案例项目。

如果使用 Android Studio 创建或打开过项目，还会在左侧显示最近打开的 Android 项目列表。另外，Android Studio 启动时，默认会打开最近最后一次关闭的项目。如果想关闭此功能，单击"Settings">"Appearance & Behavior">"System Settings"，然后在右侧取消勾选"Reopen last project on startup"复选框即可。

1. 主窗口

Android Studio 主窗口由图 1-9 标注的 7 个逻辑区域组成。

① 菜单栏：提供 13 项系统菜单，涵盖 Android Studio 的全部操作。

② 工具栏：提供若干个 Android 开发常用工具按钮。用户可以通过"File">"Settings"打开"Settings"对话框，单击左侧"Appearance & Behavior">"Menus and Toolbars"，在右侧自定义默认工具栏内容。

③ 导航栏：可帮助开发者在项目中导航，并打开文件进行编辑。此区域提供"Project"窗口所示结构的精简视图。

④ 编辑器窗口：是创建和修改代码的区域。编辑器窗口可能因当前文件类型的不同而有所差异。例如，在查看布局文件时，编辑器窗口显示布局编辑器。

⑤工具窗口栏：在 IDE 窗口外部运行，并且包含可用于展开或折叠各个工具窗口的按钮。

⑥ 工具窗口：提供对特定任务的访问，例如项目管理、搜索和版本控制等。可以展开或折叠这些窗口。

⑦ 状态栏：显示项目和 IDE 本身的状态以及警告或消息。

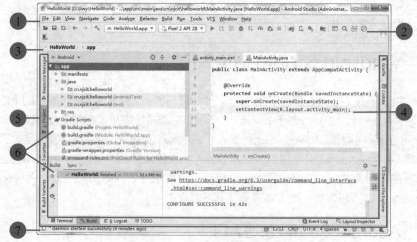

图 1-9　Android Studio 主窗口

2. 工具窗口

Android Studio 不使用预设窗口，而是根据情境在工作时自动显示相关工具窗口。默认情况下，最常用的工具窗口固定在应用窗口边缘的工具窗口栏上。对工具窗口的操作如下。

- 要展开或折叠工具窗口，可以在工具窗口栏中单击该工具窗口的名称，还可以拖动、固定、取消固定、关联和分离工具窗口。
- 要将工具窗口布局恢复为默认布局，可以单击"Window">"Restore Default Layout"。单击"Window">"Store Current Layout as Default"可以将当前工具窗口布局自定义为默认布局。
- 要显示或隐藏整个工具窗口栏，可以单击 Android Studio 窗口左下角的窗口图标。
- 要找到特定工具窗口，可将鼠标指针悬停在窗口图标的上方，并从菜单选择相应的工具窗口。

3. 快捷导航

以下是在 Android Studio 界面进行导航时的常见快捷操作。

- 按 Ctrl+E 组合键可以在最近访问的文件之间切换。默认情况下将选择最后一次访问的文件。
- 按 Ctrl+F12 组合键可以查看当前文件的结构。可以使用此操作快速导航至当前文件的任何部分。
- 按 Ctrl+N 组合键可以搜索并导航至项目中的特定类。此操作支持复杂的表达式，包括驼峰、路径、直线导航和中间名匹配等。如果连续两次使用此操作，则将显示项目类以外的结果。
- 按 Ctrl+Shift+N 组合键可以搜索并导航至文件或文件夹。要搜索文件夹，但不搜索文件，在表达式末尾添加"/"即可。
- 按 Ctrl+Shift+Alt+N 组合键可以按名称导航至方法或字段。
- 按 Alt+F7 组合键可以查找、引用当前光标位置处的类、方法、字段、参数或语句的所有代码片段。

快捷键设置

1.3.2 配置 Android Studio

单击"File">"Settings"，打开"Settings"对话框，如图 1-10 所示。

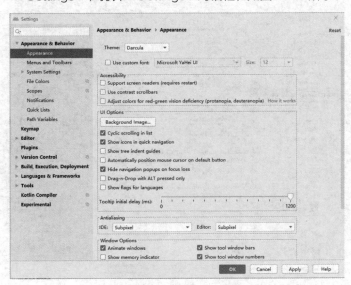

图 1-10 "Settings"对话框

在"Settings"对话框中可以进行如下设置。

1. 主题设置

通常首次运行 Android Studio 时，我们会在 Android Studio UI 主题选择界面进行主题设置，如图 1-11 所示，如果在此之后需要更改主题，则可以在"Setting"对话框中进行设置。在"Settings"对话框中，单击左侧"Appearance & Behavior" > "Appearance"，在右侧的"Theme"下拉列表中选择"IntelliJ"或"Darcula"。本书使用 IntelliJ 主题。

图 1-11　Android Studio UI 主题选择界面

2. 代码字体设置

在"Settings"对话框中，单击左侧"Editor" > "Color Scheme" > "Color Scheme Font"，在右侧的"Scheme"下拉列表中选择相应的字体，如图 1-12 所示。

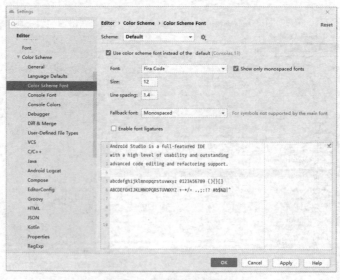

图 1-12　代码字体设置

3. 快捷键设置

在"Settings"对话框中，单击左侧"Keymap"，在右侧的"Keymap"下拉列表中选择熟悉的 IDE 的快捷键，如图 1-13 所示。

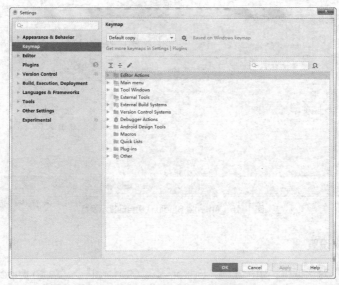

图 1-13　Android Studio 快捷键设置 1

或者，在下方的列表框中进行相应的快捷键设置，如图 1-14 所示。

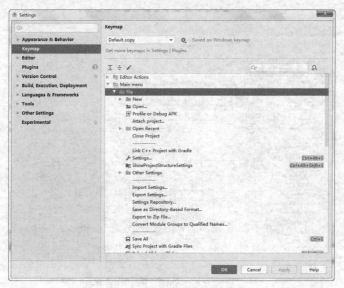

图 1-14　Android Studio 快捷键设置 2

4. 代码自动提示设置

在"Settings"对话框中，单击左侧"Editor">"General">"Code Completion"，在右侧取消勾选"Match case"复选框，如图 1-15 所示。Android Studio 4.1 默认启动代码自动提示，且不区分大小写。

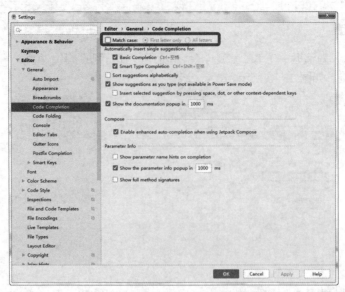

图 1-15　Android Studio 代码自动提示设置

5. 包自动导入设置

在"Settings"对话框中，单击左侧"Editor">"General">"Auto Import"，在右侧勾选
"Add unambiguous imports on the fly"和"Optimize imports on the fly (for current project)"
复选框，如图 1-16 所示。

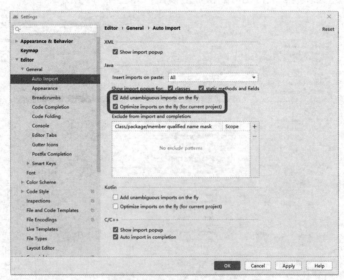

图 1-16　Android Studio 包自动导入设置

1.3.3　Android SDK 升级管理

Android SDK Manager 提供了 SDK 工具、平台和开发所需的相关组件。当需要更新 Android
SDK 的版本时，只需在 Android Studio 中单击"Tools">"SDK Manager"，打开"Settings"
对话框的 Android SDK 配置界面（见图 1-17），然后选择相应的版本或工具即可更新下载。

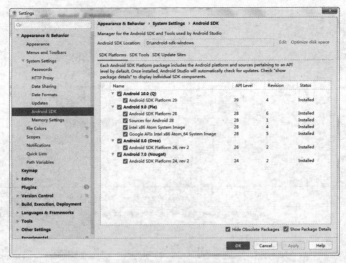

图 1-17 Android SDK 配置界面

- SDK Platforms：列出了所有的 Android SDK 版本，勾选下方的"Show Package Details"复选框可以看到每个版本的详细内容列表。开发 Android 应用必须安装至少一个版本的 Android 平台。
- SDK Tools：包括 Android SDK 构建工具（构建 Android 应用的工具）、Android SDK 平台工具（Android 平台所需的各种工具，如 adb 等）、Android SDK 工具（基本工具，如 Android Emulator 和 ProGuard 等）、Android 支持存储库（包含支持库的本地 Maven 存储库，该存储库提供了一组丰富的 API，这些 API 兼容大多数版本的 Android），以及 Google 存储库（包含 Google 库的本地 Maven 存储库，该存储库可为应用提供各种功能和服务，包括 Firebase、Google 地图、游戏成就和排行榜等）。

Android SDK
目录结构

- SDK Update Sites：管理 Android Studio、检查 Android 工具和第三方工具更新的 SDK 网站，可以添加其他提供自有工具的网站，然后从这些网站下载软件包。

本章小结

本章主要介绍了 Android 的入门知识，包括 Android 的由来、发展历程和主要应用领域；介绍了 Android 的人才需求现状，给出了 Android 的学习路径和学习资源。本章重点介绍了搭建 Android 集成开发环境的方法，并介绍了 Android Studio 的常见配置与使用方法，这是提高 Android 应用开发效率的关键，也为学习第 2 章的内容打下基础。

动手实践

自己动手完成 Android 集成开发环境的搭建，完成 Android Studio 的常见配置，根据 Android 官方文档中"构建首个应用"的指导完成相关实践任务。

第2章
创建Android项目

02

【学习目标】

子单元名称	知识目标	技能目标
子单元 1：Android 项目架构解析	目标 1：理解创建项目中设置参数的含义 目标 2：理解项目中各组成元素的作用 目标 3：理解 AndroidManifest 中各标签的含义	目标 1：掌握使用向导创建 Android 项目的方法 目标 2：掌握在 AndroidManifest 和 build.gradle 中配置应用信息的方法 目标 3：掌握在手机/模拟器运行项目的方法
子单元 2：Android 资源配置与管理	目标 1：理解 res 中各文件夹的含义 目标 2：理解 XML 资源标签属性的含义 目标 3：理解 R.java 中各内部类的含义 目标 4：了解资源分组的目的与意义	目标 1：掌握创建 XML 资源的方法 目标 2：掌握在 XML 和 Java 文件中引用资源的方法 目标 3：掌握引用 Android 资源的方法 目标 4：掌握创建可替代资源的方法
子单元 3：Android 代码调试	目标 1：理解 Logcat 各参数的含义 目标 2：理解调试界面各按钮的作用 目标 3：理解 Android 常见异常信息的含义	目标 1：掌握使用 Logcat 跟踪程序运行的方法 目标 2：掌握设置断点的方法 目标 3：掌握断点调试的基本方法

任务 2.1　使用向导创建 Android 项目

【任务介绍】

1. 任务描述

使用 Android Studio 创建一个 Android 移动应用项目，在向导中配置项目的参数，并选择一个 Activity（Android 的一个系统组件，用于构建用户界面）模板。完成项目的创建后，通过 Android Plugin for Gradle 编译、构建和打包 Android 项目，并通过手机或模拟器运行该项目。

2. 运行结果

本任务创建一个包含 Empty Activity 模板的 Android 项目，运行结果如图 2-1 所示。

图 2-1　运行结果

【任务目标】

- 掌握使用向导创建 Android 项目的方法。
- 理解创建项目的过程中设置参数的含义。
- 掌握在手机/模拟器运行项目的方法

【实现思路】

- 通过 Android Studio 项目创建向导创建一个典型的 Android 项目。
- 通过 Android Studio 的 Android Plugin for Gradle 来编译项目。
- Android 手机开启开发者模式并接入计算机（或创建一个模拟器）。
- 运行项目并观察 Build Output 窗口信息。

任务指导书 2.1

使用向导创建
Android 项目

【实现步骤】

见电子活页任务指导书。

【知识拓展】启动 USB 调试

在真实设备上运行项目时，需要启动设备的 USB 调试功能，方法如下。

① 使用一根 USB 数据线将设备连接到开发计算机（如果是在 Windows 上开发，可能需要为设备安装相应的 USB 驱动程序）。

② 打开设备的设置应用（仅适用于 Android 8.0 或更高版本）并选择"系统">"关于手机"。

③ 在"关于手机"界面，连续单击版本号 7 次，弹出已启动开发者选项信息提示。

④ 返回上一屏幕，在底部附近可以找到开发者选项。

⑤ 打开开发者选项，在调试模块启用 USB 调试。

【知识拓展】如何确定项目运行的目标设备

目前，Android 可以为手机、智能可穿戴设备、智能电视、车载设备等开发应用服务。最小软件开发工具包（Minimum SDK）的作用是在应用安装前，对设备的 Android 版本做校验，如果设备的 Android 版本低于这个最小版本，会阻止用户安装应用。如果不知道怎么选择最小版本，可以单击"File">"New">"New Project"，在"Create New Project"对话框的"Configure Your Project"界面单击创建向导面板里的"Help me choose"链接，打开图 2-2 所示的每个版本的分布图表和描述。

图 2-2 显示了运行各个版本 Android 的移动设备分布。单击"APILEVEL"（API 级别）可以查看相应版本的 Android 中引入的功能列表。这样可以帮助我们选择具有应用所需全部功能的最低 API 级别，以便访问尽可能多的设备。

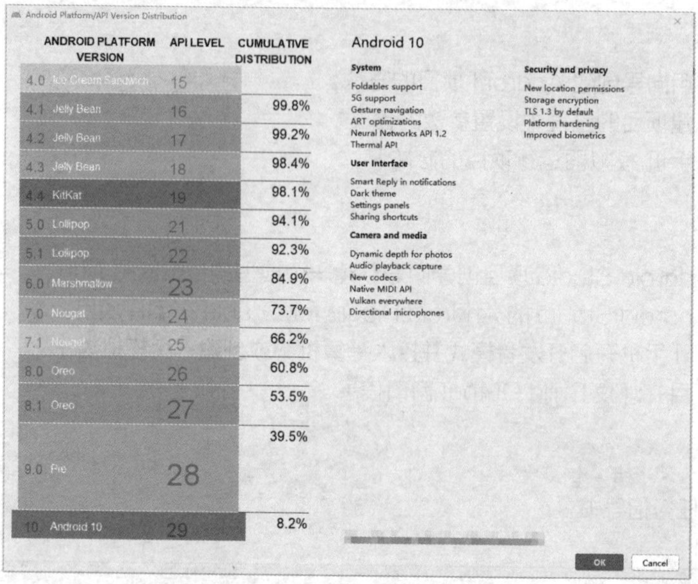

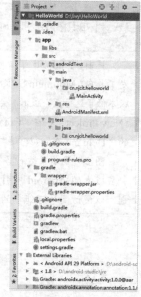

图 2-2　Android 版本的分布图表和描述

2.1　Android 项目架构解析

Android Studio 中的一个项目包含为项目定义工作区所需的一切内容，从源代码和资源到测试代码和构建配置，应有尽有。当启动新项目时，Android Studio 会为所有文件创建所需结构，然后使其在 IDE 左侧的"Project"窗口中可见。

2.1.1　Android 的项目组成

在 Android Studio 中单击"View">"Tool Windows">"Project"，打开"Project"窗口。"Project"窗口展示了项目中文件的组织方式，包括 Project、Packages、ProjectFiles、Problems、Android 等。我们平时用得较多的就是 Android 和 Project 两种组织方式。"Project"窗口上方提供了快速定位当前打开的文件在工程目录中的位置、额外系统设置等按钮。

通过向导创建的项目架构如图 2-3 所示。

Android 项目架构主要包括编译系统和应用模块两大类。

1. 编译系统

Gradle 是 Google 公司推荐使用的一套基于 Groovy 的编译系统脚本，Android 中使用 Gradle Wrapper 对 Gradle 进行一层包装。项目中与 Gradle 相关的模块如表 2-1 所示。

2. 应用模块

应用（App）模块主要包含表 2-2 所列举的内容。

图 2-3　项目架构

表 2-1　与 Gradle 相关的模块

文件（夹）名	用途
.gradle	Gradle 编译系统，版本由 Wrapper 指定
.idea	Android Studio IDE 所需要的文件
gradle	Wrapper 的 JAR 和配置文件所在的位置
.gitignore	Git 使用的 IGNORE 文件
build.gradle	Gradle 编译的相关配置文件，包括模块配置文件和项目配置文件
gradle.properties	Gradle 相关的全局属性设置
gradlew	Linux 下的 Gradle Wrapper 可执行文件
graldew.bat	Windows 下的 Gradle Wrapper 可执行文件
local.properties	本地属性设置（key 设置，Android SDK 位置等属性），这个文件是不推荐上传到版本控制系统（Version Control System，VCS）中的
settings.gradle	和设置相关的 Gradle 脚本

表 2-2　应用模块相关内容

文件（夹）名	用途
build	编译后文件存在的位置（包括最终生成的 APK 也在这里面）
libs	依赖的库所在的位置（JAR 和 AAR）
src	源代码所在的目录
src/main	主要代码所在位置
src/androidTest	包含在 Android 设备上运行的仪器测试的代码
src/test	包含在主机 Java 虚拟机（Java Virtual Machine，JVM）上运行的本地测试的代码
src/main/assets	项目中附带的一些文件
src/main/java	Java 代码所在的位置
src/main/jni	包含使用 Java 原生接口（Java Native Interface，JNI）的原生代码
src/main/res	Android 资源文件所在位置
src/main/AndroidManifest.xml	项目的清单列表文件，说明项目及其每个组件的性质
build.gradle	和这个项目有关的 Gradle 配置，一些项目的依赖就写在这里面
proguard-rules.pro	代码混淆配置文件

Gradle 编译

3. 项目架构

单击 "File" > "Project Structure"，打开图 2-4 所示的 "Project Structure" 对话框。

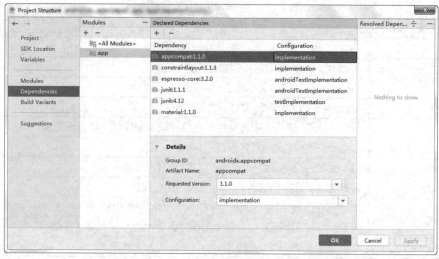

图 2-4　"Project Structure" 对话框

　　其中，在 "Project" 中可以设置 Android 与 Gradle 工具的信息，包括 Android Gradle Plugin 和 Gradle 的版本，以及 Android Gradle Plugin 的存储区位置名称；在 "SDK Location" 中可以设置 Android SDK、Android NDK 和 JDK 的位置；在 "Modules" 中列出了项目的模块列表，其中每个模块的介绍如下。

　　① Properties：编译属性配置界面，主要包括以下几项。

- Compile Sdk Version：Android 的编译版本。
- Build Tools Version：构建工具版本。
- Source Compatibility：资源版本。
- Target Compatibility：目标版本。
- Retain information about dependencies in the apk：在 APK 中保留依赖信息。
- Retain information about dependencies in the bundle：在 Bundle 中保留依赖信息。

　　② Default Config：默认配置界面，主要包括以下几项。

- Application ID：应用程序的 ID，默认为包的名称。
- Application ID Suffix：用于创建不同应用程序版本的 ID。
- Version Code 和 Version Name：应用程序的版本号和版本名称。
- Target SDK Version：目标 SDK 版本。
- Min SDK Version：最低 SDK 版本。

　　③ Signing Configs：数字签名配置界面，主要包括以下几项。

- debug 模式/release 模式：debug 模式使用一个默认的 debug.keystore 进行签名。单击窗格左上角的 + 图标，可以为 release 模式创建新的数字签名。
- Store File / Password：选择本地数字签名文件，并输入密码。
- Key Alias / Password：指定 Key 的别名和密码。

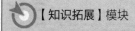【知识拓展】模块

　　模块是源文件和构建设置的集合，实际中允许将项目分成不同的功能单元。项目可以包含一个或多个模块，并且一个模块可以将其他模块用作依赖项。每个模块都可以独立构建、测试和调试。

如果在自己的项目中创建代码库或者希望为不同的设备类型（例如电话和智能可穿戴设备）创建不同的代码和资源组，但保留相同项目内的所有文件并共享某些代码，那么增加模块数量将非常有用。

Android Studio 提供了几种不同类型的模块。

（1）Android 应用模块

Android 应用模块为应用的源代码、资源文件和应用级设置（例如模块级构建文件和 Android 清单文件）提供容器。在创建新项目时，默认的模块名称是 "app"。Android Studio 提供了以下应用模块：Phone&Tablet Module、Android Wear Module、Android TV Module、Glass Module 等。每种模块都提供了基础文件和一些代码模板，非常适合对应的应用或设备类型。

（2）库模块

库模块为可重用代码提供容器，可以将其用作其他应用模块的依赖项或者导入其他项目中。库模块在结构上与 Android 应用模块相同，但在构建时，它将创建一个代码归档文件而不是 APK，因此无法安装到设备上。Android Studio 提供了以下库模块。

- Android 库：这种类型的库可以包含 Android 项目中支持的所有文件类型，包括源代码、资源和清单文件。构建结果是一个 Android 归档（AAR）文件，可以将其作为 Android 应用模块的依赖项添加。

- Java 库：这种类型的库只能包含 Java 源文件。构建结果是一个 Java 归档（JAR）文件，可以将其作为 Andriod 应用模块或其他 Java 项目的依赖项添加。

（3）GoogleCloud 模块

GoogleCloud 模块为 GoogleCloud 后端代码提供容器。该模块具有 Java App Engine 后端所需的代码和依赖项。Java App Engine 后端使用简单的超文本传输协议（Hypertext Transfer Protocol，HTTP）、Cloud Endpoints 和云消息传递连接到开发者应用。利用 Android Studio 创建和开发 GoogleCloud 模块，可以在同一个项目中管理应用代码和后端代码。也可以在本地运行和测试后端代码，并使用 Android Studio 部署 GoogleCloud 模块。

在项目中导入该模块的具体步骤如下。

① 单击 "File" > "New" > "Import Module"，在弹出的对话框中选中需要导入的第三方资源中的 library 文件夹，并单击 "OK" 按钮，然后单击 "Next" 按钮。

② 将 Module name 修改为与模块相关的名称，并依次单击 "Next" 和 "Finish" 按钮。此时，可能会出现因 SDK 版本和 Gradle 版本与当前开发环境不一致的错误。首先打开模块的 build.gradle，并进行相应的修改；然后单击工具栏上的 "Sync Project with Gradle Files" 按钮；最后导入模块的图标。

③ 打开图 2-4 所示的对话框，单击 "Dependencies"，单击 "Declared Dependencies" 窗格左上角的 ➕ 图标，选择 "Module Dependency"；在打开的窗口中选择刚刚导入的模块，并单击 "OK" 按钮即可完成模块的导入。

2.1.2　项目文件解析

一个 Android 项目包含组成 Android 应用的所有源代码的文件。其中 app 文件夹包含应用开发的主要文件，下面分别对其进行解析。

1. MainActivity.java

通过向导生成的 MainActivity.java 是 Android 中用于管理用户界面的系统组件。MainActivity.

java 代码编辑器窗口如图 2-5 所示。

第 7 行 的 AppCompatActivity 来 自 androidx. appcompat.app.AppCompatActivity ， 是 Android Studio 推荐的 Activity 默认继承类。AppCompat Activity 内部封装了 Toolbar 等用户界面工具来提供用户界面的定制功能。

第 10 行重写的 onCreate()方法是 Activity 生命周期的组成部分，用于初始化 Activity。例如界面的显示内容通过调用 setContentView()方法来指定显示布

图 2-5　MainActivity.java 代码编辑器窗口

局，布局文件来自 res/layout 目录下的 activity_main.xml 文件。然后通过 findViewById()方法在布局中检索需要交互的 UI 控件。参数 savedInstanceState 是 Bundle 类，Bundle 类用于在 Activity 之间传递数据。该类提供公有方法 containKey(String key)，如果给定的 key 包含在 Bundle 类的映射中，则返回 true，否则返回 false。该类实现了 Parceable 和 Cloneable 接口，所以它具有这两者的特性。

第 11 行的 super.onCreate()方法的作用是调用父类中的 onCreate()方法来实现对界面的绘制工作。注意：从 savedInstanceState 中读取保存到存储设备中的数据时，需要判断 savedInstanceState 是否为 null，因为 Activity 第一次启动时并没有数据被存储到设备中。

2. activity_main.xml

activity_main.xml 是一个布局文件，用于构建 MainActivity.java 所管理的用户界面。activity_main.xml 代码编辑器窗口如图 2-6 所示。MainActivity.java 通过 setContentView()方法加载布局文件 activity_main.xml 的代码。

第 2 行的 ConstraintLayout 是 Google 公司在 2016 I/O 开发者大会上发布的约束控件，是一种构建弹性 Constraints 系统的新型 Android Layout。有关 ConstraintLayout 的使用方法参见 3.3.2 小节。

第 3～5 行的 xmlns:android、xmlns:app 和 xmlns: tools 是一个 XML 命名空间，表示 Android 开发工具准备使用 Android 命名空间里的一些通用属性。xmlns:tools 可以给编译器传递一些信息，例如

图 2-6　activity_main.xml 代码编辑器窗口

tools:ignore="HardcodedText"，就是让编译器忽略硬编码文字的检查。

第 6、7 行表示布局文件占满手机屏幕。

第 8 行的 tools:context 的含义是告诉编译器，布局编辑器在当前的布局文件里面设置对应的渲染上下文，说明当前的布局所在的渲染上下文是 MainActivity。如果这个 Activity 在 AndroidManifest 文件中设置了 Theme（主题），那么编译器的布局编辑器会根据这个 Theme 来渲染当前的布局。

第 10～17 行表示在布局中放置一个文本显示子控件 TextView，并通过 android:layout_width、android:layout_height 和 android:text 等属性为其赋予显示属性。

3. app/build.gradle

app 文件夹下的 build.gradle 主要用于配置应用程序属性、签名、特性（渠道）、构建类型和依赖。build.gradle 代码编辑器窗口如图 2-7 所示。

```
 ● build.gradle (app) ×
 1    plugins {
 2        id 'com.android.application'
 3    }
 4
 5    android {
 6        compileSdkVersion 29
 7
 8        defaultConfig {
 9            applicationId "cn.njcit.helloworld"
10            minSdkVersion 23
11            targetSdkVersion 29
12            versionCode 1
13            versionName "1.0"
14            testInstrumentationRunner "androidx.test.runner.AndroidJUnitRunner"
15        }
16
17        buildTypes {
18            release {
19                minifyEnabled false
20                proguardFiles getDefaultProguardFile('proguard-android-optimize.txt'), 'proguard-rules
21            }
22        }
23    }
24
25    dependencies {
26        implementation 'androidx.appcompat:appcompat:1.1.0'
27        implementation 'com.google.android.material:material:1.1.0'
28        implementation 'androidx.constraintlayout:constraintlayout:1.1.3'
29        testImplementation 'junit:junit:4.12'
30        androidTestImplementation 'androidx.test.ext:junit:1.1.1'
31        androidTestImplementation 'androidx.test.espresso:espresso-core:3.2.0'
32    }
```

拓展视频

build.gradle 文件
的构成与作用

图 2-7　build.gradle 代码编辑器窗口

第 2 行表示模块的类型是应用，如果是类库，则用 com.android.library 表示。

第 6 行的 compileSdkVersion 表示编译 SDK 的版本。

第 9~13 行分别表示应用的 ID（每个 Android 应用均有一个唯一的 ID）、支持的最低版本、目标版本、版本号和版本名。

第 14 行表示把 AndroidJUnitRunner（Google 公司官方的 Android 单元测试框架）设置成默认的 testInstrumentationRunner。AndroidJUnitRunner 继承 Instrumentation（基于 JUnit 的单元测试框架），包含在 Testing Support Library（测试支持依赖库）中。AndroidJUnitRunner 能运行 JUnit 3 和 JUnit 4 风格的测试用例。如果没有第 14 行的声明，可能会引起错误：junit.framework.AssertionFailedError: No tests found in andriodjunit.robot.com.andriod junitrunner.CalcTest。有关 Android 测试的知识将在 14.2 节介绍。

第 25~32 行表示一种远程依赖声明，表示编译来自第三方开源库。

第 29 行的 testImplementation 是声明本地测试的依赖，表示把 JUnit 4 作为单元测试框架。

第 30~31 行的 androidTestImplementation 是声明 Instrumented 测试的依赖，表示把 Espresso 作为 UI 自动化测试。Testing Support Library 中的 Espresso 测试框架提供了编写 UI 测试的 API，用来模拟和单个目标 App 的交互。

2.1.3　清单文件解析

AndroidManifest.xml 是一个用来描述 Android 应用整体信息的结构化 XML 清单文件，位于 app/src/main 目录下。该文件描述了应用程序的环境及其支持的 Activity、Service、Intent 接收器、ContentProvider 提供程序以及权限、外部库和设备特性等信息。在 Android 启动一个组件之前，它必须能够了解这个组件是否存在。因此，应用程序将它们的组件定义在 Android 包中的 AndroidManifest.xml 文件中。

AndroidManifest.xml 代码编辑器窗口如图 2-8 所示。

第 6 行表示用户可通过 adb backup 和 adb restore 来进行应用数据的备份和恢复。API 级别 8 及其以上的 Android 提供了对应用数据进行备份和恢复的功能，但此功能可能会带来一定的安全风险。

拓展视频

清单文件解析

```
AndroidManifest.xml ×
1   <?xml version="1.0" encoding="utf-8"?>
2   <manifest xmlns:android="http://schemas.android.com/apk/res/android"
3       package="cn.njcit.helloworld">
4
5       <application
6           android:allowBackup="true"
7           android:icon="@mipmap/ic_launcher"
8           android:label="@string/app_name"
9           android:roundIcon="@mipmap/ic_launcher_round"
10          android:supportsRtl="true"
11          android:theme="@style/Theme.App">
12          <activity android:name=".MainActivity">
13              <intent-filter>
14                  <action android:name="android.intent.action.MAIN" />
15
16                  <category android:name="android.intent.category.LAUNCHER" />
17              </intent-filter>
18          </activity>
19      </application>
20
21  </manifest>
```

图 2-8　AndroidManifest.xml 代码编辑器窗口

第 10 行的 Rtl 表示从右向左布局。Android 4.2 支持原生 RTL，有些语言（例如阿拉伯语）的阅读习惯是从右向左的，为了灵活地更改布局方向，直接在 <application> 中设置 android:supportsRtl="true" 即可。

第 12～18 行是对 Activity 的声明，其中第 13～17 行的 <intent-filter> 标签声明如下。

```
<action android:name="android.intent.action.MAIN" />
<category android:name="android.intent.category.LAUNCHER" />
```

以上声明表明这个 Activity 是应用程序的入口，是应用程序运行后见到的第一个 Activity，其将在应用程序加载器中显示。Android 的一个核心特性就是一个应用程序可以使用其他应用程序的元素来完成既定的任务，而不用自己再开发一个应用程序完成这个任务。为达到这个目的，系统必须能够在一个应用程序的任何一部分被需要时启动一个此应用程序的进程，并将这个部分的 Java 对象实例化。因此，不像其他大多数系统上的应用程序，Android 应用程序并没有为应用程序提供一个单独的入口点（例如没有 main() 方法），而是为系统提供了可以实例化和运行所需的必备组件。

在 AndroidManifest.xml 文件的所有元素中，只有 <manifest> 和 <application> 标签中的元素是必需的，且只能出现一次。其他大部分元素可以出现多次或者根本不出现。但清单文件中必须至少存在其中某些元素才有用。如果一个元素包含其他子元素，则必须通过子元素的属性来设置其值。处于同一层次的元素的说明是没有顺序的。

AndroidManifest.xml 文件的所有元素值均通过属性进行设置，而不是通过元素内的字符数据设置。只有指定某些属性，元素才可实现其目的。但这些属性都是可选的，对于真正可选的属性，它将指定默认值或声明缺乏规范时将执行何种操作。除了 <manifest> 标签的一些属性外，所有属性名称均以 "android:" 前缀开头，例如 android:alwaysRetainTaskState。由于该前缀是通用的，因此在按名称引用属性时，通常会将其忽略。

有关 AndroidManifest.xml 文件中相关元素、权限的声明等将在后文给出详细介绍。

任务 2.2　设计 App 闪屏界面

【任务介绍】

1. 任务描述

参照微信闪屏界面，实现 App 闪屏界面。

2. 运行结果

本任务运行结果如图 2-9 所示。

【任务目标】

- 掌握使用 Activity 模板向导创建 Activity 的方法。
- 掌握 Android Studio 中资源的创建与引用。
- 了解 AndroidManifest.xml 文件的组成及作用。
- 了解如何在 AndroidManifest.xml 文件中设置应用程序入口 Activity。

【实现思路】

- 通过 Activity 创建向导创建闪屏界面。
- 修改 AndroidManifest.xml 文件，设置应用程序入口为闪屏界面。
- 使用线程方式使闪屏界面停留 3s 后调用 startActivity() 方法进入主界面。
- 运行 App 并观察运行结果。

【实现步骤】

见电子活页任务指导书。

图 2-9　运行结果

任务指导书 2.2

设计 App 闪屏界面

2.2　Android 资源配置与管理

资源是指代码使用的附加文件和静态内容，例如位图、布局定义、界面字符串、动画说明等。开发人员应该坚持外部化资源（例如图像和代码中的字符串），以便单独对其进行维护。此外，开发人员还应为特定设备配置提供备用资源（根据屏幕尺寸提供不同的界面布局，或根据语言设置提供不同的字符串）。在运行时，Android 会根据当前配置使用合适的资源。

2.2.1　资源的种类

Android 支持字符串、图像以及很多其他类型的资源。每个对象语法、格式以及存储位置的支持，都取决于它们的类型。通常，我们可以通过 3 种类型的文件来创建资源：XML 文件（除位图和原始数据文件）、位图文件以及原始数据文件。

一般有两种不同类型的 XML 文件，一种是编译到包里的，另外一种是通过 AAPT 产生的资源文件。表 2-3 列出了 Android 支持的资源文件类型。

表 2-3　Android 支持的资源文件类型

路径	资源文件类型
res/animator/	定义属性动画的 XML 文件
res/anim/	定义补间动画的 XML 文件，加载动画时使用 AnimationUtils.loadAnimation() 方法。属性动画也可以保存在此目录中，但是为了区分这两种类型，属性动画首选 res/animator/ 目录
res/color/	定义颜色状态列表的 XML 文件

续表

路径	资源文件类型
res/drawable/	存放位图文件（扩展名为.png、.9.png、.jpg、.gif）或编译为 Drawable 资源子类型的 XML 文件，可以使用 Resource.getDrawable()方法获取这些资源
res/mipmap/	存放适用于不同启动器图标密度的 Drawable 文件
res/layout/	定义屏幕布局的 XML 文件（或者屏幕的一部分）
res/values/	文件夹里有一些典型的文件（一般约定文件以定义的元素类型后面部分为文件名）。 • arrays.xml：定义数组。 • colors.xml：定义颜色和颜色字符串数值。可以使用 Resources.getDrawable() 和 Resources.getColor()方法取得这些资源。 • dimens.xml：定义尺寸数值。可以使用 Resources.getDimension()方法取得这些资源。 • strings.xml：定义字符串数值。可以使用 Resources.getString()或 Resources.getText()方法取得这些资源。 • styles.xml：定义类型对象
res/menu/	定义程序菜单的 XML 文件，例如 Options Menu、Context Menu 或者 Sub Menu 等
res/xml/	任何 XML 文件。可以进行编译，并能在运行时调用 Resources.getXML()方法显示 XML 原文件
res/raw/	放置任意原始形式的文件，并直接被复制到设备上。可以调用 Resources.openRawResource()方法取得资源
res/font/	带有扩展名的字体文件（如 .ttf、.otf 或 .ttc）或包含<font-family>标签的 XML 文件

> **注意** 不可以直接将资源文件保存在 res 根目录下，这样做会引起编译错误。同时资源文件名只能以小写字母和下画线开头，名字中只能出现 a~z、0~9、_和.，否则无法生成 R 文件。

表 2-3 列出的子目录中保存的资源为"默认"资源。这些资源定义应用的默认设计和内容。然而，不同类型的 Android 设备可能需要不同类型的资源。例如，如果设备屏幕比标准屏幕大，则应提供不同的布局资源，从而充分利用额外的屏幕空间。或者，如果设备的语言设置不同，则应提供不同的字符串资源，以便将界面中的文本转换为其他语言。如要为不同设备配置提供这些不同资源，除默认资源以外，还需提供备用资源。

2.2.2 引用资源

在应用程序中提供了资源后，工程编译时，Android 会生成一个叫 R 的类（由 AAPT 工具自动生成），它指向应用程序中所有的资源。这个类包含很多子类，每个子类提供一个或多个编译后资源的标识符 ID 在代码中使用。

有以下 4 种通过资源 ID 引用资源的方式。

1. 在代码中引用资源

只要知道资源的 ID 和目标文件的资源类型就可以在代码里使用资源。下面是一些语法。

```
R.resource_type.resource_name
```

或者

```
android.R.resource_type.resource_name
```

resource_type 是 R 的子类的一种类型。resource_name 是定义在 XML 文件里的资源文件名，或者为其他文件类型定义的资源文件名（没有扩展名）。每种类型的资源会被加入一个特定的 R 的子类中。被编译进应用程序的资源不需要包的名字就可以直接被访问。

例如：

```
ImageView imageView = (ImageView) findViewById(R.id.myimageview);
imageView.setImageResource(R.drawable.myimage);
```

2. 在 XML 文件中引用资源

一个在属性（或者资源）里提供的数值可以被指向一个具体的资源。这常常用于布局文件中对字符串或图像的引用。

以下是在 XML 文件中引用资源的语法。

```
@[<package_name>:]<resource_type>/<resource_name>
```

- <package_name>是资源所在的包名（当需要引用自己包下的资源时，该字段不需要填写）。
- <resource_type>是 R 类下对应一种特定资源类型的子类（如 R.String）。
- <resource_name>是不包含文件扩展名的资源文件名或者 XML 元素中 android:name 属性的值（仅限简单的值，如字符串）。

例如：

```
<?xml version="1.0" encoding="utf-8"?>
<EditText xmlns:android="http://schemas.android.com/apk/res/android"
   android:layout_width="fill_parent"
   android:layout_height="fill_parent"
   android:textColor="@color/opaque_red"
   android:text="@string/hello" />
```

3. 引用资源数组

Android 可以通过 XML 格式的资源文件来声明与定义各种类型的数组。这样做的好处是可以根据不同语言、硬件规格等条件分配不同的数组。

（1）字符串数组

字符串数组的 XML 文件示例如下。

```
<string-array name="sample_names">
   <item>foo</item>
   <item>bar</item>
   <item>baz</item>
</string-array>
```

在 Java 中对资源的引用方法如下。

```
String[] names = getResources().getStringArray(R.array.sample_names);
```

（2）整型数组

整型数组的 XML 文件示例如下。

```
<integer-array name="sample_ids">
   <item>1</item>
   <item>2</item>
```

```
    <item>3</item>
</integer-array>
```

在 Java 中对资源的引用方法如下。

```
int[] ids = getResources().getStringArray(R.array.sample_ids);
```

（3）Drawable 数组

Drawable 数组的 XML 文件示例如下。

```
<array name="sample_images">
<item>@drawable/title</item>
<item>@drawable/logo</item>
<item>@drawable/icon</item>
</array>
```

在 Java 中对资源的引用方法如下。

```
TypedArray images = getResources().obtainTypedArray(R.array.sample_images);
Drawable drawable = images.getDrawable(0);
```

（4）Color 数组

Color 数组的 XML 文件示例如下。

```
<array name="sample_colors">
<item>#FFFF0000</item>
<item>#FF00FF00</item>
<item>#FF0000FF</item>
</array>
```

在 Java 中对资源的引用方法如下。

```
TypedArray colors = getResources().obtainTypedArray(R.array.sample_colors);
int color = colors.getColor(0,0);
```

4. 引用系统资源

Android 中包含很多标准的资源，例如 styles、themes、layouts 等。要调用这些资源，需要通过 Android 包名来限定资源。例如，Android 提供了一个布局资源，可以在 ListAdapter 中以列表的形式显示数据。

```
setListAdapter(new ArrayAdapter<String>( this,
android.R.layout.simple_list_item_1, myarray));
```

在这个例子中，simple_list_item_1 是 Android 为 ListView 的子项定义的布局资源。ListView 可以使用这个列表布局，而不需要自己创建列表布局。

2.2.3 管理资源

1. 备用资源

随着采用 Android 且配置各异的设备越来越多，备用资源的重要性也日益提升。备用资源是为特定配置而设置的资源。一个特定配置对应一组特定的资源，并给资源目录添加一个合适的配置限定词作为名称。

例如，默认的 UI 布局保存在 res/layout 目录下，可以设置另一个不同的 UI 布局保存在 res/layout-land 目录下，以供屏幕是横向的时候使用。Android 通过把设备当前的配置信息和资源目录下的命名进行匹配，自动调用恰当的资源。

创建备用资源时，首先在 res/目录中创建以<resources_name>-<qualifier>形式命名的新目录。<resources_name>是相应默认资源的目录名称，<qualifier>是指定要使用这些资源的各个配置的名称。<qualifier>可以有多个，以"_"将其分隔。

Android 资源

> **注意**　追加多个限定词时，必须按照官方指定的规则顺序放置限定词。如果限定词的顺序错误，则该资源将被忽略。

目录创建好后，就可以将相应的备用资源保存在其中。这些资源文件必须与默认资源文件完全同名（以确保资源 ID 始终相同）。例如：

```
res/
    drawable/
        icon.png
        background.png
    drawable-hdpi/
        icon.png
        background.png
```

除了 2.2.1 小节提到的各类资源外，Android 还提供了一种保存在 assets/目录中的原始资源。原始资源没有资源 ID，因此无法通过 R 类或在 XML 文件中引用。我们可以采用类似普通文件系统的方式查询 assets/目录中的文件，并利用 AssetManager 读取原始数据。不过，如果只需要读取原始数据（例如视频文件或音频文件），则可将文件保存在 res/raw/目录中，并利用 openRawResource()方法读取字节流。

2．本地化资源

很大程度上，本地化应用程序（根据产品界面语言以及硬件配置设置不同的资源）的工作就是为各种语言提供可替代的文本资源（有时，还需要提供可替代的图像、声音、布局及其他地区设置相关资源）。

为了支持更多的语言，需要在 res 目录里创建额外的 values 目录。这些 values 目录的名称需要以 "-" 和国家的 ISO 码结尾。例如 values-es 目录中包含语言代码和语言环境为 "ES" 的简单资源。Android 在运行时会根据设备的语言环境设置来加载适当的资源。

例如：

```
res/values/strings.xml
res/values-fr/strings.xml
res/values-ja/strings.xml
```

在 Android Studio 中提供 Translations Editor 以辅助本地化工作。选择 res/values/strings.xml 文件，右击 strings.xml 文件，然后选择 "Open Translations Editor"，会显示 strings.xml 文件中的键值对，如图 2-10 所示。

在 Translations Editor 中，可以通过列表视图或通过 Translations Editor 底部的 Translation 修改、添加或删除文本。

3．适配不同尺寸的屏幕

Android 设备的形状和尺寸多种多样，因此应用的布局需要十分灵活。也就是说，布局应该从容应对不同的屏幕尺寸和宽高比，而不是假定屏幕尺寸和宽高比是一定的，为布局定义刚性尺寸。

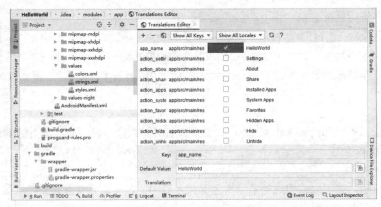

图 2-10　Translations Editor

Android 用两种常规属性来分类设备屏幕：尺寸和像素密度。尺寸通常分为 4 类：small、normal、large 和 xlarge。像素密度通常也分为 4 类：低分辨率（ldpi）、中分辨率（mdpi）、高分辨率（hdpi）和特高分辨率（xhdpi）。

为了声明用于不同屏幕的不同 layout 布局文件和 Bitmap 资源，必须把这些可选的资源文件分别放在不同的目录中。

（1）创建不同的 layout 布局文件

为了提高使用不同屏幕设备的用户体验，应当为每一种想要支持的屏幕尺寸创建一个独有的 XML 布局文件。每一个布局文件应当存放到相应的资源目录下，该目录以屏幕尺寸作为后缀。例如，一个用于大屏幕的布局文件应当放在 res/layout-large 目录下。如果希望根据当前可用的宽度或高度来更改布局，而不是根据屏幕的最小宽度来更改布局。例如，如果有一个双窗格布局，我们可能希望在屏幕宽度至少为 600dp 时使用该布局，但屏幕宽度可能会根据设备的屏幕方向是横向还是纵向而发生变化。在这种情况下，应使用"可用宽度"限定词，如下。

```
res/layout/main_activity.xml      # 屏幕宽度小于 600dp
res/layout-w600dp/main_activity.xml   # 可用宽度 7 英寸
```

目录中的布局文件名必须保持一致，但是它们的内容可以不同，以便提供优化的 UI 来支持相对应的屏幕尺寸。

（2）创建不同的 Bitmap 资源

应当为所有广义像素密度中的每一种都提供已经缩放好的适当的 Bitmap 资源，这将使应用在所有分辨率的设备上都获得优良的图像质量和呈现效果。为了生成这些图像资源，应当以矢量图的格式来制作原始图像资源，然后根据下面的缩放尺寸生成每一种分辨率的图像。

- 特高分辨率：2.0。
- 高分辨率：1.5。
- 中分辨率：1.0（基准）。
- 低分辨率：0.75。

Image Asset Studio

例如，要为特高分辨率设备生成一张 200 像素×200 像素的图像，那么需要为高分辨率设备生成 150 像素×150 像素的图像，为中分辨率设备生成 100 像素×100 像素的图像，为低分辨率设备生成 75 像素×75 像素的图像。

注意 低分辨率的资源并不总是必需的。当提供高分辨率资源时，系统将把它们对半缩放来适配低分辨率设备。

任务 2.3　托管项目至 GitHub

【任务介绍】

1. 任务描述

Git 是莱纳斯·托瓦兹（Linus Torvalds）为了帮助管理 Linux 内核开发而设计的一个开放源代码的版本控制软件，用以有效、高速地管理项目的版本。Git 采用分布式版本库机制，不需要每次都将文件推送到版本控制服务器，每个开发人员都可以从服务器中复制一份完整的版本库到本地，不用完全依赖于版本控制服务器。这使得代码的发布和合并更加便捷，也可以离线进行文件提交、创建分支以及查看历史版本信息等操作。

GitHub 是基于 Git 的、面向开源及私有软件的项目托管平台。用户在本地使用 Git 建立一个"本地仓库"，而 GitHub 就是一个"远程仓库"。本地可以通过 Git 可视化工具或命令行进行项目的管理，便于多人协同。

本任务通过搭建本地 Git 环境、在 Android Studio 中配置 GitHub 来实现将本地 Android 项目托管到 GitHub 中。

2. 运行结果

项目托管成功后，GitHub 中的项目浏览界面如图 2-11 所示。

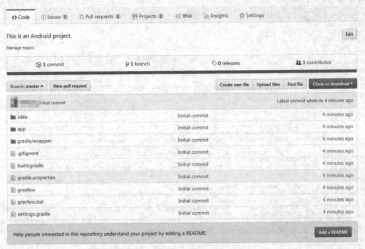

图 2-11　GitHub 中的项目浏览界面

【任务目标】

- 掌握搭建本地 Git 环境的方法。
- 掌握在 Android Studio 中配置 Git 和 GitHub 的方法。
- 掌握使用代码托管工具签入、签出项目的方法。

【实现思路】

- 下载并安装 Git 工具。

- 注册 GitHub 账号。
- 在 Android Studio 中配置 Git 和 GitHub，并检测是否成功。
- 签入一个 Android 项目并观察输出窗口信息。

任务指导书 2.3

托管项目至 GitHub

【实现步骤】

见电子活页任务指导书。

2.3 Android 代码调试

Android Studio 自带的调试程序能够对运行在 Android 手机或模拟器设备上的应用进行调试，并提供 Logcat 日志工具跟踪输出信息。

2.3.1 Logcat 与系统日志

系统日志会在调试应用时显示系统消息。这些消息包括运行在设备上的应用产生的信息。如果想利用系统日志来调试应用，需确保代码能够在应用处于开发阶段时写入日志消息和输出针对异常的堆叠追踪。

"Logcat"窗口（单击"View" > "Tool Windows" > "Logcat"打开）是调试 Android 应用的重要信息输出窗口。"Logcat"窗口常用于显示以下两种情况产生的信息。

① 程序强制关闭或者异常退出的情况，即 Force Closed。

② 程序无响应的情况，即 Application No Response［界面操作过程中线程响应超过 5s，或者 HandleMessage() 回调方法执行过程中线程响应超过 10s］。

"Logcat"窗口如图 2-12 所示。

图 2-12 "Logcat"窗口

"Logcat"窗口的工具栏中提供以下按钮。

① Clear logcat 🗑：单击此按钮可以清除显示的日志。

② Scroll to the end 🔽：单击此按钮可以跳转到日志底部并查看最新的日志消息。如果先单击此按钮，再单击日志中的某一行，则视图会在相应位置暂停滚动。

③ Up the stack trace ⬆ 和 Down the stack trace ⬇：单击相应按钮可以在日志的堆栈轨迹中进行上下导航，从而选择输出异常中显示的后续文件名（以及在编辑器中查看相应行号）。这与在日志中单击某个文件名时的行为相同。

④ Use soft wraps 🔁：单击此按钮可以启用换行并防止水平滚动（尽管所有非间断字符串仍

然需要进行水平滚动）。

⑤ Print 🖶：单击此按钮可以输出日志消息。在显示的对话框中选择输出偏好设置后，还可以选择将其保存为 PDF 格式。

⑥ Restart 🔄：单击此按钮可以清除日志并重启 Logcat。与"Clear logcat"按钮不同，此按钮可以恢复并显示之前的日志消息，因此当 Logcat 无响应而又不想失去日志消息时，此按钮是最有用的。

⑦ Logcat header ⚙：单击此按钮可以打开"Configure Logcat Header"对话框，在该对话框中，可以自定义各个日志消息的外观，例如是否显示日期和时间。

⑧ Screen capture 📷：单击此按钮可以截取屏幕画面。

⑨ Screen record ▶：单击此按钮可以录制设备屏幕的视频（时长不超过 3min）。

要在代码中写入日志消息，需使用 Log 类。android.util.Log 类为 Android 提供了一个日志工具类，其通过 Log.v()、Log.d()等方法向"Logcat"窗口输出调试信息。对于每种日志方法，第一个参数都应是唯一标记，第二个参数都应是消息。系统日志消息的标记是一个简短的字符串，指示消息所源自的系统组件（例如 ActivityManager）。标记可以是认为有用的任何字符串，例如当前类的名称。一种比较好的做法是，在要用作第一个参数的类中声明 TAG 常量。例如，可以按如下方式创建一条日志消息。

```
private static final String TAG = "MyActivity";
Log.i(TAG, "MyClass.getView() -get item number " + position);
```

Logcat 信息级别包括 Verbose（详细）、Debug（调试）、Info（信息）、Warning（警告）、Error（错误）、Assert（断言）。这些级别依次升高。不同级别的信息显示不同的颜色。Android Logcat 设置对话框如图 2-13 所示。

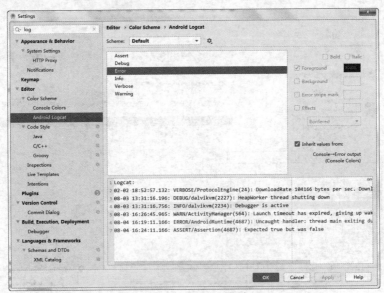

图 2-13　Android Logcat 设置对话框

"Logcat"窗口上方的下拉列表用于对日志消息进行过滤。

下面的示例演示了 Logcat 的使用方法。

```
import android.util.Log;
...
public class MyActivity extends Activity {
```

```
private static final String TAG = MyActivity.class.getSimpleName();
...
@Override
public void onCreate(Bundle savedInstanceState) {
    if (savedInstanceState != null) {
        Log.d(TAG, "onCreate() Restoring previous state");
        /* restore state */
    } else {
        Log.d(TAG, "onCreate() No saved state available");
        /* initialize app */
    }
}
}
```

2.3.2 启动调试

使用 Android Studio 调试程序的一般方法是：在代码编辑区域，在需要调试的行号处单击以设置断点，然后单击"Run">"Debug'app'"，或单击工具栏上的"Debug'app'"按钮 开始调试程序。Android Studio 会构建一个 APK，并用调试密钥签署该 APK，将其安装在选择的设备上，然后运行它并打开调试窗口，如图 2-14 所示。

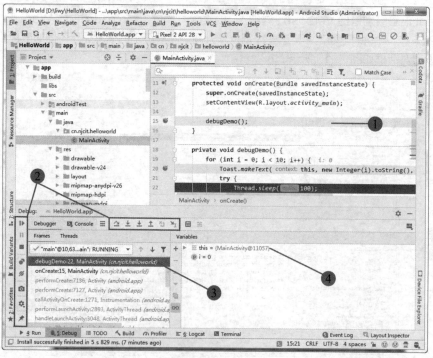

图 2-14 调试窗口

调试窗口包括以下内容。

① 当前程序停留的代码行。

② 调试相关的一些按钮。常用按钮提供的调试功能如下。

● Step Over（F8）：程序向下执行一行，如果当前行有方法调用，则这个方法执行完毕返回，然后到下一行。

- Step Into±（F7）：程序向下执行一行，如果当前行有用户自定义方法（非官方类库方法）调用，则进入该方法。
- Force Step Into±（Alt+Shift+F7）：程序向下执行一行，如果当前行有方法调用，则进入该方法。
- Step Out±（Shift+F8）：如果在调试的时候进入了一个方法，并觉得该方法没有问题，就可以使用"Step Out"按钮跳出该方法，返回该方法被调用处的下一行。
- Drop Frame：单击该按钮后，将返回当前方法的调用处重新执行，并且所有上下文变量的值也恢复到调用时的状态。只要调用链中还有上级方法，就可以跳到其中的任何一个方法。
- Run to Cursor（Alt+F9）：一直运行到光标所在的位置。
- Resume Program（F9）：一直运行程序，直到遇到下一个断点。
- View Breakpoints（Ctrl + Shift +F8）：查看设置过的所有断点并可以设置断点的一些属性。
- Mute Breakpoints：选中所有的断点并设置成无效。再次单击可以重新设置所有断点有效。

③ 程序调用栈区：该区域显示程序执行到断点处所调用过的所有方法，越下面的方法越早被调用。

④ 局部变量观察区。

2.3.3 执行调试

Android Studio 支持使用若干类型的断点来触发不同的调试操作。最常见的类型是行断点，程序执行到该断点所在的行时，暂停程序的执行。暂停时，可以检查变量、对表达式求值，然后继续逐行执行，以确定运行时错误的原因。

如果程序已处于运行状态，则单击工具栏上的"Attach Debugger to Android Proccess"按钮，即可在不必更新程序时添加断点。

当程序执行到该断点时，Android Studio 会暂停程序的执行。随后可以使用"Debugger"标签中的工具按钮来确定程序的状态。要检查变量的对象树，在"Variables"视图中将其展开。如果"Variables"视图不可见，单击"Restore Variables View"按钮。要在当前执行点对某个表达式求值，单击"Evaluate Expression"按钮。要查看所有断点和配置断点设置，单击"Debug"窗口左侧的"View Breakpoints"按钮，打开"Breakpoints"对话框，如图 2-15 所示。

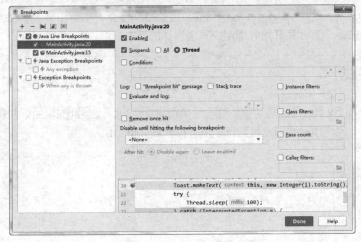

图 2-15 "Breakpoints"对话框

可以通过 "Breakpoints" 对话框左侧的列表启用或停用某个断点。如果停用了某个断点，Android Studio 不会在程序遇到该断点时将其暂停。从列表中选择断点可配置其设置，如可以将断点配置为初始处于停用状态，让系统在遇到其他断点时将其启用，还可以配置在遇到断点后是否应将其停用。要为任何异常设置断点，可以在断点列表中选择 "Exception Breakpoints"。

常见断点调试类型包括以下 4 类。

1. 条件断点

条件断点是指在程序满足某个条件的时候，能够使程序暂停执行的断点。具体做法是在 "Breakpoints" 对话框右侧的 "Condition" 文本框中输入条件，在条件成立后条件断点才起作用。条件断点在实际开发过程中非常有用。

2. 日志断点

首先在想要输出信息的位置设置一个断点，然后右击这个断点，在弹出的设置框中取消勾选 "Suspend"，使程序执行时不暂停。日志断点虽然叫作 "断点"，但是并不会暂停程序的执行，只是让程序在执行时输出日志信息、函数参数等。这些信息可以帮开发人员缩小代码异常的范围。

3. 方法断点

传统的调试方式是以行为单位的，即所谓单步调试。但是实际开发中很多时候我们关心的是某个函数的参数和返回值。使用方法断点，可以进行函数级别的调试。具体做法是在感兴趣的方法头所在行设置断点。方法断点的图标是一个红色的菱形◆。

4. 异常断点

异常断点用于对程序出现异常的语句进行监控。具体做法是单击 "Breakpoints" 对话框左上角的 ✚ 图标，在弹出的对话框中选择 "Exception Breakpoint"，并选择待监控的异常。

本章小结

本章主要介绍了在 Android Studio 中创建 Android 项目，以及为项目创建资源的方法，这是 Android 应用开发的基础。本章还介绍了基于 GitHub 托管项目，以及在 Android Studio 中调试 Android 代码的方法，这是 Android 程序员需具备的基本技能。本章和第 1 章主要介绍 Android 应用开发的基础知识，第 3 章开始介绍用户界面设计的基本知识。

动手实践

使用 Android Studio 的向导功能创建一个 Android Phone 类别的项目，并使用 GUI 模板创建一个登录界面。完成项目的构建后运行项目并托管到 GitHub。

第3章
设计用户界面

03

【学习目标】

子单元名称	知识目标	技能目标
子单元 1：认识布局	目标 1：理解视图对象的类层次结构 目标 2：理解 App UI 设计规范	掌握使用 Material Design 指导 UI 设计的方法
子单元 2：创建布局	目标 1：理解 View 对象的 XML 布局属性的含义 目标 2：理解 Design 编辑器窗口中控件属性的含义 目标 3：理解事件驱动模型	目标 1：掌握创建 XML 布局文件的方法 目标 2：掌握使用 Design 视图设计布局的方法 目标 3：掌握 View 对象的 XML 布局属性设置的方法
子单元 3：布局设计	目标 1：理解常用布局方式中属性的含义 目标 2：理解 ConstraintLayout 编辑器中控件属性的含义	目标 1：掌握使用线性布局设计用户界面的方法 目标 2：掌握使用约束布局设计用户界面的方法
子单元 4：优化布局	目标 1：了解复用布局的思想 目标 2：理解<include>、<merge>标签的含义	目标 1：掌握复用布局文件的方法 目标 2：掌握使用 Layout Inspector 优化布局的方法

3.1 认识布局

　　用户界面是应用核心功能的集中显示界面，用户界面的设计应该基于应用的整体风格，设计良好的用户界面能让用户根据直觉使用应用程序，也能让用户非常容易地完成所有任务。Google公司为开发者提供了一整套开发范例。虽然这些开发范例不是强制采用的，但按照开发范例来进行开发设计无疑可以让开发者对 Android 如何运行程序理解得更加清晰，也能保证用户的使用体验良好。

3.1.1　UI 概览

　　Android 应用中的所有用户界面元素都使用 View 和 ViewGroup 对象构建而成。View 对象用于在屏幕上绘制可供用户交互的内容。ViewGroup 对象用于存储其他 View 和 ViewGroup 对象，以便定义界面的布局。定义界面布局的视图层次结构如图 3-1 所示。

　　Android 提供了一系列 View 类和 ViewGroup 子类，可以提供常用输入控件（如按钮和文本域）和各种布局模式（如线性布局或相对布局）。

1. View 类

View 是 Android 中用户界面体现的基础单位。组成 Android 界面的基本 UI 元素由 android.view.View 提供并实现，该类是 Android 中用于绘制块状视图的基类，并负责在它所管辖的矩形区域中所有测量、布局、焦点转换、卷动以及按键/触摸手势的处理。作为一个用户界面对象，View 同时是用户交互关键点，担任着交互事件接受者的角色。

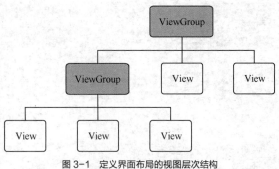

图 3-1 定义界面布局的视图层次结构

图 3-2 所示的 View 类架构显示了 View 类的继承关系。

图 3-2 View 类架构

从图 3-2 中可以看出，View 是所有与用户交互的组件（如 TextView、Button 等）的基类。View 的子类 ViewGroup 是布局类的基类，布局类可以包含其他 View 和 ViewGroup 并定义显示属性。

生成一个 View 可以通过硬编码或载入 XML 布局文件来实现。实现一个 View 的过程中，需要设置 View 的属性、设置 View 对焦点更改的事件、设置相关监听、设置 View 的可见性及动画效果等。

2. ViewGroup 子类

ViewGroup 是一个特殊的 View，它继承于 android.view.View，如图 3-3 所示。它的功能就是装载和管理下一层的 View 对象或 ViewGroup 对象，它是一个容纳其他元素的容器。ViewGroup 是布局管理器及 View 容器的基类。在 ViewGroup 中还定义了一个嵌套类 ViewGroup.LayoutParams，用于定义显示对象的位置、大小等属性，View 通过 LayoutParams 中的这些属性值来告诉父视图 View 对象将如何被放置。

图 3-3 ViewGroup 子类架构

从图 3-3 中可以看出，ViewGroup 是一个抽象类，所以真正充当容器的是它的子类，如帧布局（FrameLayout）、线性布局（LinearLayout）、绝对布局（AbsoluteLayout）、相对布局（RelativeLayout）和表格布局（TableLayout）等几个常用布局类。

3.1.2 布局规范

Material Design 是 Google 公司的设计师在 2014 年 I/O 开发者大会上发布的一种基于传统的设计原则，结合丰富的创意和科学技术所发明的一套全新的界面设计语言，包含视觉、运动、互动效果等特性。Material Design 提出了一种全新的 UI 设计语言标准，旨在为手机、平板电脑、台式机等提供更一致、更广泛的外观和感觉。

Material Design 并不是简单的扁平设计风格，而是一种注重卡片式设计、纸张的模拟、使用强烈对比色彩的设计风格。这种风格形成了独一无二的 Material Design。Material Design 的目标是提供一种优秀的设计原则和科学技术融合的可能性，并给不同平台带来一致性（Unify）的体验，而且可以在规范的基础上突出设计者自己的品牌性。

在 Material Design 中，对布局进行了如下规范设计。

1. 基准网格

手机、平板电脑和桌面设备的所有组件都与 8dp 的基准网格对齐；工具栏上的插图与 4dp 的基准网格对齐；文字与 4dp 的基准网格对齐。水平与垂直基准网格示例如图 3-4 所示（①为 24dp，②为 56dp，③为 8dp，④为 72dp）。

2. 比例关键线

界面元素的宽度与高度的比例（也就是宽高比），可以应用于所有的 UI 元素和屏幕尺寸。推荐的宽高比包括 16：9、3：2、4：3、1：1、3：4 和 2：3。比例关键线示例如图 3-5 所示。

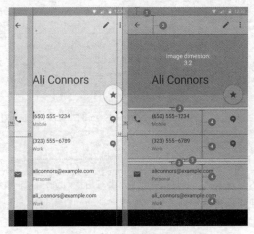

图 3-4　水平与垂直基准网格示例

图 3-5　比例关键线示例

3. 触控范围

为了确保信息密度和可用性的平衡，触控目标的尺寸应至少为 48dp×48dp。多数情况下，触控目标之间还有 8dp 的间隔。调整元素的宽、高至少为 48dp，确保在任何屏幕中元素的物理尺寸都至少为宽、高 9mm。建议的触控对象宽、高为 7~10mm。如图 3-6 所示，头像尺寸宽、高为

40dp，图标尺寸宽、高为 24dp，但是它们的触控范围均为 48dp。

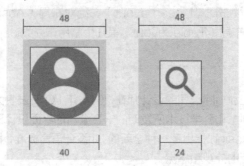

图 3-6　触控范围示例

3.2　创建布局

Android 提供两种方式创建用户界面的布局，一种是在 XML 布局文件中声明 UI 元素，另一种是在运行时实例化布局元素。

3.2.1　创建 XML 布局文件

在 Android Studio 中创建 XML 布局文件的一般步骤如下。

① 在 Android 项目的 res / layout 节点上右击，单击"New"＞"Layout Resource File"（见图 3-7），打开"New Layout Resource File"对话框。

② 在"File name"文本框中输入布局文件名，在"Root element"文本框中输入布局名称。单击"OK"按钮，完成 XML 布局文件的创建，如图 3-8 所示。

图 3-7　创建 XML 布局文件

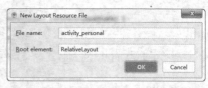

图 3-8　"New Layout Resource File"对话框

> 🔄 **【知识拓展】变体布局**
>
> 如果已有布局，并想要创建备用版本以针对不同屏幕尺寸或屏幕方向优化布局，则执行以下操作。
> ① 打开原始布局文件，并确保查看的是 Design 编辑器窗口（单击窗口底部的"Design"标签）。
> ② 在工具栏中单击"Layout Variants"按钮。在下拉列表中，单击建议的变体（如"Create Landscape Variant"）并完成创建，或单击"Create Other"继续执行下一步。
> ③ 在显示的对话框中，只需为目录名称定义资源限制符。可以在"Directory name"中输入资源限定词，或从"Available qualifiers"列表中选择一个，然后单击"Add"。
> ④ 添加所有限定词，单击"OK"。
> 如果有相同布局的多个变体，当单击"Layout Variants"时，可以轻松地通过显示的列表在它们之间进行切换。

Android Studio 为布局文件创建了两种视图：Design 视图和 Text 视图。在 Text 视图中可以看到，每个布局文件都包含一个根元素，该元素必须是一个 View 或者 ViewGroup 对象。一旦定义了根元素，就可以加入额外的布局对象或者 Widget 控件作为其子元素。例如 activity_main.xml 文件的嵌套设计。

在编译项目时，每个 XML 布局文件都被编译成一个 View 资源。在 Activity.onCreate()回调方法的实现中，调用 setContentView()方法，并将对布局资源的引用 R.layout.layout_file_name 传给它。

3.2.2　可视化界面编辑器

在 Android Studio 的 Layout Editor 中，可以通过将小部件拖曳到可视化界面编辑器来快速构建布局，无须手动编写 XML 布局文件。此编辑器可在各种 Android 设备和版本中预览布局，并且可以动态地调整布局大小以确保它可以很好地适应不同屏幕尺寸。Layout Editor 在使用约束布局方式构建新布局时尤为强大。

1. Design 编辑器窗口

当打开 XML 布局文件时，单击下方的"Design"标签，将显示 Design 编辑器窗口，如图 3-9所示。

Design 编辑器窗口的主要组成如下。

① Palette：提供小部件和布局的列表，可以将它们拖曳到编辑器内的布局中。

② Component Tree：显示布局的视图层次结构。在此处单击某个项目，将看到它在编辑器中被选中。

③ 工具栏：提供在编辑器中配置布局外观和编辑布局属性的按钮。

④ Design 编辑器：以设计视图和蓝图视图相结合的方式显示布局。

⑤ Attributes：针对当前选择的视图提供属性控件。

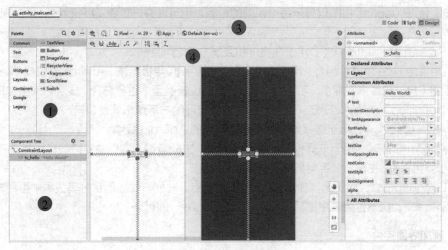

图 3-9　Design 编辑器窗口

2. Text 编辑器窗口

当打开 XML 布局文件时，单击下方的"Text"标签，将显示 Text 编辑器窗口，如图 3-10 所示。

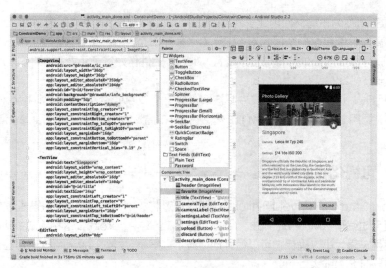

图 3-10　Text 编辑器窗口

在 Text 编辑器窗口中，通过单击窗口右侧的"Preview"，还可以查看"Palette"窗格、"Component Tree"窗格和 Design 编辑器。不过，Text 编辑器窗口不提供"Attributes"窗格。

3. 预览外观设计

Design 编辑器顶行的工具栏按钮可用于在编辑器中配置布局的外观，如图 3-11 所示。

图 3-11　Design 编辑器工具栏

① Design and blueprint：用于选择在编辑器中查看布局的方式。Design 视图显示布局的彩色预览，而 Blueprint 视图仅显示每个视图的轮廓。也可以并排查看 Design 视图和 Blueprint 视图。

② Screen orientation：用于在横屏和竖屏方向之间旋转。

③ Device type and size：用于选择设备类型（手机/平板电脑、Android TV 或 Wear OS）和屏幕配置（尺寸和像素密度）。可以从多个预配置的设备类型中进行选择，或从列表中选择"Add Device Definition"新建 AVD 定义。可以通过拖曳布局的右下角来调整设备尺寸。

④ API version：用于选择要在上面预览布局的 Android 版本。

⑤ AppTheme：用于选择将应用于预览的 UI 主题背景。它仅对支持的布局样式有效。因此，此列表中的许多主题背景会导致错误。

⑥ Language：用于选择显示 UI 字符串的语言。此列表仅显示字符串资源中可用的语言。如果要编辑译文，在下拉列表中选择"Edit Translations"即可。

4. 添加界面控件

在 Android Studio 中，通过将小部件从"Palette"窗格拖曳到 Design 编辑器，并在"Attributes"窗格中优化布局属性，来完成界面的布局工作。Design 编辑器会根据放置视图控件的布局类型指示控件与布局其余部分的关系。

在布局中检测到的任何错误均统计在状态栏中。可以单击"Show Warnings and Errors"查看错误信息。

 注意　在 Design 编辑器中编辑布局很难获得准确的外观，因此还需要在模拟器或真实设备上运行应用以验证结果。

5. 设置控件属性

可以在"Attributes"窗格中设置控件的属性，并同步到 XML 布局文件中。在编辑器中选择要查看的控件并编辑该控件的常用属性。如果选择的视图是 ConstraintLayout 的子项，则"Attributes"窗格在顶部提供一个带有多个控件的视图检查器，如图 3-12 所示。

Declared Attributes：列出布局文件中指定的属性。单击该部分右上角的 ✚ 图标可以添加属性。Layout：包含宽度/高度样式控件的视图检查器。Search ✎：单击此按钮可搜索特定的视图属性。

位于每个属性值右侧的指示器 ▮：当该值是资源引用时，指示器是非中空的；否则是中空的。单击指示器打开"Resources"对话框，在其中选择相应属性的资源引用。

系统会突出显示带有错误或警告的属性，以红色突出显示表示错误，以橙色突出显示表示警告。如果布局定义属性中存在无效条目，系统就会显示错误。如果在应该使用资源引用时使用了硬编码值，系统就会显示警告。

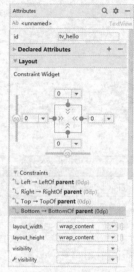

图 3-12　"Attributes"窗格

3.2.3　视图基本属性与事件

每个 View 和 ViewGroup 对象支持各自的 XML 属性，这些属性也被继承自这个类的任何 View 对象继承。常见的属性包括以下几项。

（1）android:id

每个 View 对象都有一个关联的 ID，用来唯一标识它。当应用程序被编译时，这个 ID 作为一个整数被引用。XML 中的 ID 语法如下。

```
android:id="@+id/id_index"
```

字符串前的"@"表示 XML 解析器应该解析和扩展剩下的 ID 字符串，并把它作为 ID 资源；"+"表示这是一个新的资源名字，它必须被创建且加入 R.java 文件中。

Android 框架提供了一些其他的 ID 资源。当引用一个 Android 资源 ID 时，不需要"+"，但是必须添加 Android 包名字空间，例如 android:id="@android:id/empty"。

（2）android:layout_width 和 android:layout_height

每个 ViewGroup 都必须包含一个 layout_width 和 layout_height 属性，用来指定宽度和高度。常见的做法是把 View 对象的大小设为和它的内容相匹配，或者尽可能地大到将其父控件填满（wrap_content 表示大小刚好足够显示当前控件里的内容，match_parent 表示填满父控件的空白）。也可以使用 px、in、mm、pt、dp/dip 和 sp 等单位来设置精确值。

（3）padding 相关属性

padding 可以设定上、下、左、右各个方向上的间距。可以使用 setPadding()方法来同时设定控件上、下、左、右的间距，或使用 setPaddingLeft()等方法来设定控件上、下、左、右的间距。

注意 padding 和 layout_margin 的区别（以一个按钮的 paddingLeft 和 layout_marginLeft 为例）：android:paddingLeft="30px"表示按钮上设置的内容（例如图像）离按钮左边边界 30px；android: layout_marginLeft="30px"表示整个按钮离左边设置的内容 30px。两者的区别如图 3-13 所示。

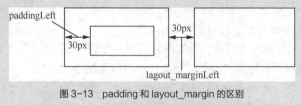

图 3-13　padding 和 layout_margin 的区别

表 3-1 列出了 XML 布局中的 View 常见 XML 属性与对应的方法。

表 3-1　View 常见 XML 属性与对应的方法

属性名称	对应方法	描述
android:clickable	setClickable()	设置 View 是否响应单击事件
android:visibility	setVisibility()	控制 View 的可见性
android:focusable	setFocusable()	控制 View 是否可以获取焦点
android:id	setId()	为 View 设置标识符，可通过 find ViewById()方法获取
android:longClickable	setLongClickable()	设置 View 是否响应长单击事件
android:soundEffectsEnabled	setSoundEffectsEnabled()	设置当 View 触发单击等事件时是否播放音效
android:saveEnabled	setSaveEnabled()	如果未设置，当 View 被冻结时将不会保存其状态
android:nextFocusLeft	setNextFocusLeftId()	定义当向左搜索时应该获取焦点的 View

在 Android 中，有很多方式可以用于捕获用户和程序的交互事件。例如，当一个 View 被触摸时，onTouchEvent()方法将被回调。在 View 类中，一个事件监听器就是一个包含了回调方法的接口。当 View 注册了事件监听器，用户在界面交互触发的时候，这个方法将被 Android 框架回调。事件监听器包含以下回调方法。

● onClick()回调方法：View.OnClickListener。用户单击时触发。
● onLongClick()回调方法：View.OnLongClickListener。用户长时间按住时触发。
● onFocusChange()回调方法：View.OnFocusChangeListener。焦点发生改变时触发。
● onKeyDown()回调方法：View.OnKeyListener。用户按键盘上的键时触发。
● onTouch()回调方法：View.OnTouchListener。用户触摸时触发。
● onCreateContextMenu()回调方法：View.OnCreateContextMenuListener。用户单击菜单时触发。

例如，给按钮设置事件监听器的一般方式如下。

```
mButton.setOnClickListener(new View.OnClickListener() {
    @Override
    public void onClick(View view) {
        …
```

```
    }
});
```

> **注意** 如果一个 View 既实现 onClick()回调方法,又实现 onTouch()回调方法,则可能监听不
> 到单击事件,这是由两种回调方法的返回值引起的。只有在 onTouch()回调方法返回 false
> 的情况下,onClick()回调方法才能被执行。

任务 3.1 设计 App 登录界面

【任务介绍】

1. 任务描述

参照微信登录界面,使用常用控件、线性布局和相对布局,实现 App
登录界面。

2. 运行结果

本任务运行结果如图 3-14 所示。

【任务目标】

- 掌握使用线性布局和相对布局创建 XML 布局文件的方法。
- 掌握常用控件基本属性的含义。
- 掌握常用控件的使用方法。
- 掌握可视化界面编辑器的使用方法。

【实现思路】

- 分析微信登录界面的特征,结合常用布局实现 App 登录界面整
  体布局效果。
- 分析微信登录界面的元素构成,准备图片、文字、样式等资源文件。
- 在布局的 Design 视图的"Attributes"窗格配置界面元素的相关
  属性。
- 运行 App 并观察运行结果。

图 3-14 登录界面运行结果

【实现步骤】

见电子活页任务指导书。

任务指导书 3.1

设计 App 登录界面

3.3 布局设计

布局指的是 Activity 中用户界面的结构。Android 为构建用户界面提供了灵活的布局,这些布
局包括线性布局、约束布局、表格布局、相对布局、帧布局和绝对布局等。布局里面还可以套用其
他的布局,这样就可以实现界面的多样化与设计的灵活性。

3.3.1　线性布局

线性布局中，ViewGroup 以线性方向显示它的子视图元素，即后一个元素垂直或水平显示在前一个子元素之后，如图 3-15 所示。

设置布局显示方式的属性是 android:orientation，其取值有两个：horizontal 表示水平显示（默认方式），vertical 表示垂直显示。

线性布局中有以下两个重要的属性。

（1）android:layout_weight

该属性用于给一个线性布局中的诸多视图的重要程度赋值。所有的视图都有一个 layout_weight 值，默认为 0。若赋一个高于 0 的值，则将父视图中的可用空间分割，分割大小

图 3-15　线性布局示例

具体取决于每一个视图的 layout_weight 值，以及该值在当前布局的整体 layout_weight 值和在其他视图屏幕布局的 layout_weight 值中所占的比例。

例如：

```xml
<?xml version="1.0" encoding="utf-8"?>
<LinearLayout xmlns:android="http://schemas.android.com/apk/res/android"
    android:layout_width="match_parent"
    android:layout_height="match_parent"
    android:paddingLeft="16dp"
    android:paddingRight="16dp"
    android:orientation="vertical">
    <EditText
        android:layout_width="match_parent"
        android:layout_height="wrap_content"
        android:hint="@string/to" />
    <EditText
        android:layout_width="match_parent"
        android:layout_height="wrap_content"
        android:hint="@string/subject" />
    <EditText
        android:layout_width="match_parent"
        android:layout_height="0dp"
        android:layout_weight="1"
        android:gravity="top"
        android:hint="@string/message" />
    <Button
        android:layout_width="100dp"
        android:layout_height="wrap_content"
        android:layout_gravity="right"
        android:text="@string/send" />
</LinearLayout>
```

显示效果如图 3-16 所示。

其他布局

图 3-16 线性布局界面

（2）android:gravity

该属性用于控制布局中控件的对齐方式。如果是为没有子控件的控件设置此属性，则表示其内容的对齐方式，例如 TextView 里面文字的对齐方式；如果是为有子控件的控件设置此属性，则表示其子控件的对齐方式。gravity 的常用值有 top、bottom、left、right、center 等，可以使用"|"将多个值连接。

> 注意 android:gravity 和 android:layout_gravity 的区别：android:layout_gravity 用于设置控件在布局容器中的对齐方式，而 android:gravity 用于设置控件内容的对齐方式。例如，设置 android:gravity="center"属性让 EditText 中的文字在 EditText 中居中显示，设置 android:layout_gravity="center"属性让 EditText 在父容器中居中显示。

3.3.2 约束布局

ConstraintLayout 是 2016 年 Google 公司在 I/O 开发者大会上发布的约束布局，用于减少布局的层级，同时提高布局性能。ConstraintLayout 支持的最低版本是 Android 2.3（Gingerbread）。同时需要 Android Studio 2.2 Preview 支持可视化编辑工具。

1. 添加 ConstraintLayout 依赖库

在 app/build.gradle 中添加如下依赖。

```
implementation 'androidx.constraintlayout:constraintlayout:1.1.3'
```

添加依赖后，新建的布局文件将以 ConstraintLayout 作为根节点，例如：

```
<?xml version="1.0" encoding="utf-8"?>
<androidx.constraintlayout.widget.ConstraintLayout
    xmlns:android="http://schemas.android.com/apk/res/android"
    xmlns:app="http://schemas.android.com/apk/res-auto"
    xmlns:tools="http://schemas.android.com/tools"
    android:layout_width="match_parent"
    android:layout_height="match_parent"
    app:layout_behavior="@string/appbar_scrolling_view_behavior"
    tools:context=".MainActivity"
```

```
    tools:showIn="@layout/activity_main">

    <fragment
        android:id="@+id/fragment"
        android:name="androidx.navigation.fragment.NavHostFragment"
        android:layout_width="0dp"
        android:layout_height="0dp"
        app:defaultNavHost="true"
        app:layout_constraintBottom_toBottomOf="parent"
        app:layout_constraintLeft_toLeftOf="parent"
        app:layout_constraintRight_toRightOf="parent"
        app:layout_constraintTop_toTopOf="parent"
        app:navGraph="@navigation/nav_graph" />
</androidx.constraintlayout.widget.ConstraintLayout>
```

2. ConstraintLayout 编辑器

ConstraintLayout 编辑器提供设计预览和蓝图功能，如图 3-17 所示。

- 显示约束 ⊙：用来控制是否显示约束。
- 自动约束 ⋓：用来设置自动吸附。例如两个按钮放在一起的时候自动按照一定的约束条件进行链接。
- 移除约束 ♫：用来移除所有的约束。将鼠标指针放到一个控件上，也会出现一个清理图标，单击该图标可以移除当前选中的控件的约束。
- 约束推断 ⚡：用来自动推断约束条件。运用这个按钮可以更智能、更快速地完成布局。

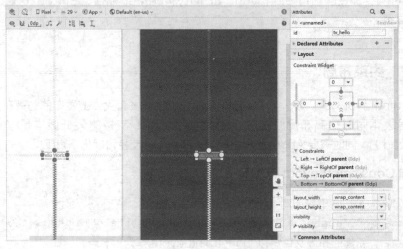

图 3-17　ConstraintLayout 编辑器

3. 手动创建约束

开发人员可以通过拖曳约束手柄来为布局手动创建约束。首先认识约束手柄。ConstraintLayout 编辑器为布局中的控件添加了一些约束手柄，如图 3-18 所示。

图 3-18　控件的约束手柄

- 改变尺寸的手柄 ■：拖曳该手柄可以改变控件的尺寸。

- 侧边约束手柄■：位于控件的四边，拖曳该手柄并指向另外的控件的一边，可以让该控件对齐到指向的控件。如果需要清除单个约束，单击该圆点即可。注意：左、右两边的手柄只能链接到另外一个控件的左、右两边，不能与上、下的手柄链接。
- 基线手柄■■■■■■：该手柄仅在有文字的控件中或者继承 TextView 的控件中使用，其作用是对齐两个控件的文字基线。注意：基线手柄只能链接到另一个控件的基线手柄。基线手柄不能与侧边约束手柄进行链接。

下面以一个示例演示在 ConstraintLayout 编辑器中创建约束的方法。在容器内添加一个 ImageView 和一个 TextView，设计效果如图 3-19 所示。

第一步，创建 ImageView 和 TextView 的约束，使 TextView 显示在 ImageView 的下方。方法是拖曳 TextView 的顶部约束手柄到 ImageView 的底部约束手柄至显示绿色提示线，然后设置 TextView 到 ImageView 的距离（既可以在拖曳的时候自动设置，也可以通过 Inspector 进行精确设置），完成约束的创建，如图 3-20 所示。

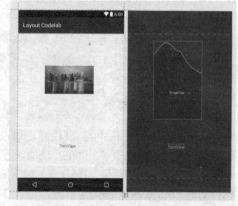

图 3-19　在容器内添加 ImageView 和 TextView 的设计效果

设置完约束后，无论怎么拖曳 ImageView，TextView 都自动依附在 ImageView 的下方，并自动间隔指定的距离。

第二步，创建 ImageView 与容器的约束。方法是拖曳 ImageView 顶部和两侧的约束手柄至容器边缘，并在 Inspector 编辑区域进行属性设置，如图 3-21 所示。

图 3-20　创建 TextView 和 ImageView 的约束

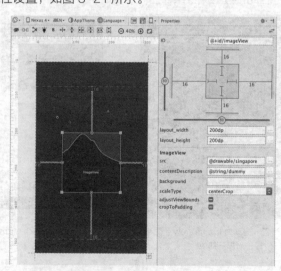

图 3-21　Inspector 编辑区域

主要操作包括以下几种。

- 设置 Margins：设置控件外围的上、下、左、右为 Margins。可以单击并拖曳手柄按钮设置不同的值来改变 Margins。图 3-21 中 Margins 设置为 16dp。
- 移除约束：在 Inspector 内单击连接控件与容器的线，可以移除约束。当然也可以右击已设置约束的控件，通过弹出的菜单命令来移除。
- 相对于约束来放置控件：如果一个控件有至少两个相对的链接，例如顶部和底部，或者左侧和右侧，就可以使用滑动条来调节控件在链接中的位置。还可以改变屏幕方向来进一步调整方位。

- 控制控件内部尺寸：Inspector 内部的线可以控制控件的内部尺寸，这些控制选项包括以下 3 类。
  - Fixed├──┤：此选项表示指定控件的高度和宽度。
  - AnySize├WWH┤：此选项表示让控件占用所有可用空间以适应约束（匹配约束）。AnySize 与 match_parent 不同，后者表示占用父 View 的所有可用空间。
  - Wrap Content >>>：此选项表示含有 Text 或者 Drawable 的 Widget 扩大到填满整个容器。

4. 自动创建约束

除了通过拖曳约束手柄实现控件之间的约束外，还可以通过 ConstraintLayout 编辑器实现自动创建控件之间的约束。下面的示例演示了自动创建约束的方法。

首先激活"自动约束"按钮 ，然后拖曳一个 ImageView 控件到布局中间直到提示线出现，将自动为 ImageView 创建与容器上、下、左、右的约束，如图 3-22 所示。

把 ImageView 拖曳到顶部对齐，并在 Inspector 中设置 ImageView 的尺寸 AnySize，确保它扩展填充父 View 的宽度。从"Palette"窗格中拖曳一个 TextView 和一个 PlainText 到布局上，将 TextView 和 PlainText 之间的距离调整为 48dp，此时就会自动创建两个控件的约束。在布局右下角放置两个按钮，选择右边的按钮并将它放置在接近右边界的位置，最后把左边的按钮放置在距离右边按钮 32dp 的位置。

自动创建约束效果如图 3-23 所示。

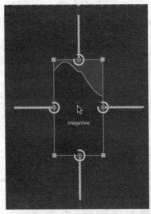

图 3-22　自动为 ImageView 创建与容器的约束

图 3-23　自动创建约束效果

拓展视频

RelativeLayout 布局

拓展视频

FrameLayout 布局

任务 3.2　设计 App "我"界面

【任务介绍】

1. 任务描述

参照微信"我"界面，使用常用控件、约束布局、线性布局，实现 App "我"界面。

2. 运行结果

本任务运行结果如图 3-24 所示。

【任务目标】

- 掌握使用约束布局创建 XML 布局文件的方法。
- 掌握约束布局、线性布局的结合使用方法。
- 掌握常用控件的使用方法。
- 熟练掌握可视化界面编辑器的使用方法。

【实现思路】

- 分析微信"我"界面的布局特征,使用约束布局实现 App "我"界面整体布局效果。
- 分析微信"我"界面的元素构成,准备图片、文字、样式等资源文件。
- 运行 App 并观察运行结果。

任务指导书 3.2

设计 App "我"界面

【实现步骤】

见电子活页任务指导书。

图 3-24　运行结果

3.4　优化布局

布局是 Android 应用里直接影响用户体验的关键部分。如果布局设计得不好,可能会造成大量的内存被占用而导致 UI 响应速度很慢,因此需要优化布局。复用布局是优化布局、删减多余 UI 层次的重要手段。本节主要探讨布局的复用与优化问题。

3.4.1　复用布局

在 Android 中,通常使用两种方式来复用布局:一种是通过<include>标签来复用布局,另一种是通过 Fragment 来复用布局。本小节仅介绍通过<include>标签复用布局的方法。Fragment 是 Android 实现界面碎片化的一种工具,详见 5.2 节。

<include>标签可以实现在一个布局文件中引用另一个布局文件,通常适合用于界面布局复杂、不同界面有共用布局的 App 中。例如一个 App 包含顶部布局、侧边栏布局、底部 Tab 栏布局、ListView 和 GridView 的每一项的布局等,将这些同一个 App 中有多个界面用到的布局抽取出来再通过<include>标签引用,布局有改动时只需要修改一处就可以了,既可以降低布局的复杂度,又可以做到布局的复用。

下面的示例使用<include>标签将 head.xml 布局文件包含在当前布局容器中。

```
<?xml version="1.0" encoding="utf-8"?>
<LinearLayout xmlns:android="http://schemas.android.com/apk/res/android"
  android:layout_width="fill_parent"
  android:layout_height="fill_parent"
  android:orientation="vertical" >

  <include
```

```
        android:layout_width="fill_parent"
        android:layout_height="fill_parent"
        android:layout_weight="1"
        layout="@layout/head" />

    <LinearLayout
        android:layout_width="match_parent"
        android:layout_height="match_parent"
        android:layout_weight="4"
        android:gravity="center_horizontal" >

        <Button …
            android:text="清空" />

        <Button …
            android:text="保存" />
    </LinearLayout>

</LinearLayout>
```

使用\<include\>标签时需要注意以下几点。

● 如果\<include\>标签指定了 ID，就不能直接把它里面的控件当成主布局中的控件直接获得，必须先获得这个 XML 布局文件，再通过这个布局文件的 findViewById()方法来获得其子控件。

例如，如果需要在相对布局中将一个控件放置在\<include\>标签包含的布局的下方，这时候就需要设置\<include\>标签顶级 View 的 ID，然后通过 View.findViewById()方法获取该控件。如果直接使用 findViewById()方法获取该控件，则会抛出 java.lang.NullPointerException 异常。

● 如果在一个布局文件里使用\<include\>标签多次导入相同的布局文件，则获取\<include\>标签中的控件有直接和间接两种方式，且只有间接方式能获取相同 ID 的控件。

例如，\<include\>标签的布局中有一个 ID 为 text 的 TextView 控件，则使用：

```
textView1 = (TextView) findViewById(R.id.text);
textView2 = (TextView) findViewById(R.id.text);
```

此时，只能获得 textView1 的引用。

如果使用：

```
textView1 = (TextView) findViewById(R.id.include1).findViewById(R.id.text);
textView2 = (TextView) findViewById(R.id.include2).findViewById(R.id.text);
```

此时，两个 TextView 控件都能获得。

● 使用\<include\>标签和\<merge\>标签的组合可以优化 UI 层次结构。

\<merge\>标签一般用于替换 FrameLayout 并减少布局层次结构中多余的视图组。例如，在一个 FrameLayout 中包含一个 ImageView 和一个 TextView。此时，使用 hierarchyviewer.bat 工具查看当前 UI 层次结构，可以看到有两个重复的 FrameLayout 节点，这就造成布局层次的浪费。此时，使用\<merge\>标签代替\<FrameLayout\>标签，便可解决 FrameLayout 节点重复造成的浪费。

注意 \<merge\>标签一般用于 XML 布局文件的根元素。如果在代码中使用 LayoutInflater.Inflater()方法加载一个以 merge 为根元素的布局文件，则需要使用 View 的 inflate (int resource, ViewGroup root, boolean attachToRoot)方法指定一个 ViewGroup 作为其容器，并且要设置 attachToRoot 的值为 true。

3.4.2　Layout Inspector

Layout Inspector 是 Android Studio 自带的一个布局检查器，用于优化布局的性能（替代以前的 Hierarchy Viewer 性能优化工具）。在 Android Studio 中运行 App 时，Layout Inspector 可以查看 App 中视图的层级。Layout Inspector 在查看 App 运行时产生的 XML 布局文件而不是编写的 XML 布局文件时尤其有用。

单击"Tools"＞"Layout Inspector"，在出现的"Choose Process"对话框中选择想要检查的应用进程，打开图 3-25 所示的"Layout Inspector"窗口。

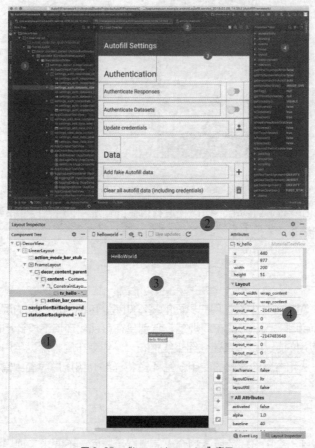

图 3-25　"Layout Inspector"窗口

"Layout Inspector"窗口包括以下区域。

① Component Tree：视图在布局中的层次结构，可以在"View Tree"窗格中单击视图以在屏幕截图中显示相同视图。

② 工具栏：Layout Inspector 的工具。

③ Screenshot：带视图可视边界的设备屏幕截图。

④ Attributes：选定视图的布局属性，视图的所有布局属性都将显示在"Attributes"窗格中。

如果布局包括重叠视图，则默认情况下，只有前面的视图可以在屏幕截图中单击。要让后面的视图可以在屏幕截图中单击，需要执行以下操作：在"Component Tree"窗格中右击前面的视图，然后取消选中"Show in preview"。此操作不会让视图内容消失，仅会让屏幕截图中的可单击边界消失，以便单击在它后面的视图。

如果设备上的布局发生变化，Layout Inspector 不会更新，必须再次单击"Tools">"Layout Inspector"，创建一个新的快照。每一个快照都将保存到 project-name/captures/内一个单独的扩展名为.li 的文件中。

另外，在 Android SDK 的 tools/bin 目录下，也有一个图层查看工具——UI Automator Viewer，对应的文件为 uiautomatorviewer.bat。UI Automator Viewer 通过截屏并分析 XML 布局文件的方式，为用户提供控件信息查看服务。"UI Automator Viewer"窗口如图 3-26 所示。

图 3-26　"UI Automator Viewer"窗口

通过使用 UI Automator Viewer，可以在没有代码的情况下，查看控件布局，并获取 UI 的 ID，用于之后的测试脚本编写。

本章小结

本章主要介绍了 Android 中设计用户界面的基本知识，包括用户界面的层次结构、创建界面布局的方法及基于 Material Design 的布局规范，特别是在可视化环境下设计用户界面的方法，这是开发一个 Android 应用的起点。本章还介绍了线性布局、约束布局等常见用户界面的布局方式，以及优化布局设计的方法和布局检查器的使用。第 4 章将详细介绍用户界面中常见控件的设计方法。

动手实践

使用约束布局设计一个图 3-27 所示的个人信息展示界面（不要求实现界面的交互功能）。

图 3-27　个人信息展示界面

第4章
UI控件设计

04

【学习目标】

子单元名称	知识目标	技能目标
子单元 1：文本控件设计	目标 1：理解控件设计的基本步骤 目标 2：理解文本控件的布局属性 目标 3：理解文本控件的设计规范	目标 1：掌握文本控件的设计方法 目标 2：掌握文本框的输入设定方法
子单元 2：按钮控件设计	目标 1：理解按钮控件的回调机制 目标 2：理解按钮控件的布局属性 目标 3：理解按钮控件的设计规范	目标 1：掌握按钮控件的设计方法 目标 2：掌握按钮控件的回调事件处理方法
子单元 3：图像控件设计	目标 1：理解图像控件的布局属性 目标 2：理解图像控件的设计规范	目标 1：掌握图像控件的设计方法 目标 2：掌握图像控件的 OOM 异常处理方法
子单元 4：选择控件和开关控件设计	目标 1：理解选择控件的布局属性 目标 2：理解选择控件的设计规范	目标 1：掌握选择控件的设计方法 目标 2：掌握选择控件的回调事件处理方法
子单元 5：进度条控件设计	目标 1：理解进度条控件的布局属性 目标 2：理解进度条控件的设计规范	目标 1：掌握进度条控件的设计方法 目标 2：掌握进度条控件的回调事件处理方法

4.1 文本控件设计

TextView 是 Android 提供的文本控件的父类。常用的文本控件包括 EditText、AutoCompleteTextView、MultiAutoCompleteTextView 等。

拓展视频

常见 UI 控件

4.1.1 控件设计基本步骤

Android 中控件的使用一般遵循以下步骤。

① 在布局中添加控件，并给控件添加 android:id 属性，例如：

```
<TextView
    android:id="@+id/message"
    …/>
```

② 在 Activity 中绑定控件，一般在 Activity 生命周期的 onCreate()方法中执行，例如：

```
private TextView mTextView;

@Override
public void onCreate(Bundle savedInstanceState) {
    …
    mTextView = (TextView) findViewById(R.id.message);
}
```

③ 定义控件的响应事件，如为 TextView 定义单击事件：

```
mTextView.setText("Hello Android…");
mTextView.setOnClickListener(new OnClickListener(){
    public void onClick(View arg0) {
        Toast.makeText(getApplicationContext(), "Hello World",Toast.LENGTH_
SHORT).show();
    }
});
```

4.1.2 TextView

android.widget.TextView 是 android.view.View 类的直接子类。TextView 自身的直接子类包括 Button、EditText 等，间接子类包括 AutoCompleteTextView、CheckBox、RadioButton 等。因此，TextView 在 Android 中是一个相当重要的控件。

TextView 常见布局属性有以下几项。

① android:text：设置显示文本。

② android:textColor：设置文本颜色。

③ android:textSize：设置文本大小，推荐度量单位为 sp。

④ android:textStyle：设置字形，包括 bold、italic 等，可以设置多个，用"|"分隔。

⑤ android:typeface：设置文本字体，必须是常量值 normal、sans、serif 和 monospace 之一。

⑥ android:ems：设置宽度为 n 个字符。

⑦ android:singleLine：设置单行显示。如果其和 layout_width 一起使用，当文本不能全部显示时，后面用"…"来表示。

⑧ android:ellipsize：设置当文本过长时，该控件如何显示。有如下设置值。

● start：省略号显示在开头。

● end：省略号显示在结尾。

● middle：省略号显示在中间。

● marquee：以跑马灯的方式显示（动画横向移动）。

下面是 TextView 布局的一个示例。

```
<LinearLayout
    xmlns:android="http://schemas.android.com/apk/res/android"
    android:layout_width="match_parent"
    android:layout_height="match_parent">
    <TextView
        android:id="@+id/text_view_id"
        android:layout_height="wrap_content"
        android:layout_width="wrap_content"
        android:text="@string/hello" />
</LinearLayout>
```

TextView 常见的用法就是通过 getText()方法和 setText()方法获取或设置 TextView 的文本。例如：

```
public class MainActivity extends AppCompatActivity {

    protected void onCreate(Bundle savedInstanceState) {
```

```
        super.onCreate(savedInstanceState);
        setContentView(R.layout.activity_main);

        final TextView helloTextView = (TextView)
findViewById(R.id.text_view_id);
        helloTextView.setText(R.string.user_greeting);
    }
}
```

4.1.3　EditText

EditText 是一个用于文本输入的控件。除了 TextView 中介绍的属性外，EditText 常见布局属性还有以下几项。

① android:hintText：显示文字提示信息。

② android:digits：设置允许输入哪些字符，如 0～9、.、+、-、*、/、%、\、n、(、)等。

③ android:capitalize：设置英文字母大写类型。有如下设置值：sentences 表示仅第一个字母大写；words 表示每一个单词首字母大写，用空格区分单词；characters 表示每一个英文字母都大写。

④ android:editable：设置是否可编辑。

⑤ android:inputMethod：为文本指定输入法，如 com.google.android.inputmethod.pinyin。

⑥ android:numeric：设置数字输入法。有如下设置值：integer、signed 和 decimal。

⑦ android:password：以"·"显示密码文本。

⑧ android:phoneNumber：设置为电话号码的输入方式。

文本控件设计经常需要对 EditText 的输入进行监听，例如软键盘 Enter 键的监听方法，代码如下：

```
mEditText.setOnEditorActionListener(new TextView.OnEditorActionListener() {
    public boolean onEditorAction(TextView v, int actionId, KeyEvent event)
{
        if (actionId == EditorInfo.IME_ACTION_DONE) {
            …
            return true;
        }

        return false;
    }
});
```

还有对 EditText 输入的监听，例如：

```
mEditText.addTextChangedListener(new TextWatcher() {
    @Override
    public void beforeTextChanged(CharSequence s, int start, int count, int
after) {
        //s      文本框中改变前的字符串信息
        //start文本框中改变前的字符串的起始位置
        //count文本框中改变前的字符串改变数量
        //after文本框中改变后的字符串与起始位置的偏移量
    }
```

```
    @Override
    public void onTextChanged(CharSequence s, int start, int before, int count)
{

    }

    @Override
    public void afterTextChanged(Editable s) {

    }
});
```

4.1.4　AutoCompleteTextView 和 MultiAutoCompleteTextView

AutoCompleteTextView 和 MultiAutoCompleteTextView 控件主要用于完成文本框的自动输入功能，常见的布局属性包括以下几项。

① android:completionHint：设置出现在下拉列表中的提示标题。

② android:completionThreshold：设置用户至少输入多少个字符才会显示提示。

③ android:dropDownHorizontalOffset：下拉列表与文本框之间的水平偏移。默认与文本框左对齐。

④ android:dropDownHeight：下拉列表的高度。

⑤ android:dropDownWidth：下拉列表的宽度。

⑥ android:dropDownVerticalOffset：垂直偏移量。

AutoCompleteTextView 和 MultiAutoCompleteTextView 的区别是：一个 AutoCompleteTextView 文本框完成一个自动输入提示，一个 MultiAutoCompleteTextView 文本框完成多个自动输入提示。

AutoCompleteTextView 示例布局如下。

```
<AutoCompleteTextView
    android:id="@+id/id_autotextView"
    android:layout_width="match_parent"
    android:layout_height="wrap_content"
    android:completionThreshold="3"
    android:hint="输入关键词" />
```

实现代码如下。

```
public class MainActivity extends AppCompatActivity {

    private AutoCompleteTextView acTextView = null;

    private String[] res = {"beijing1", "beijing2", "beijing3", "shanghai1",
"shanghai2", "guangzhou1", "shenzhen"};

    @Override
    protected void onCreate(Bundle savedInstanceState) {
        super.onCreate(savedInstanceState);
        setContentView(R.layout.activity_main);
```

```
    acTextView = (AutoCompleteTextView) findViewById(R.id.id_autotextView);
    eventsViews();
}

private void eventsViews() {
    ArrayAdapter<String> adapter = new ArrayAdapter<String>(this,
            android.R.layout.simple_list_item_1, res);

    acTextView.setAdapter(adapter);
}
}
```

显示效果如图 4-1 所示。

图 4-1 显示效果

 【知识拓展】TextInputLayout

TextInputLayout 是 com.google.android.material.textfield 包中的一个布局控件，主要用来嵌套 EditText，实现数据输入时的一些效果，如下。

● 当文本框获取焦点时，输入提示语会跳到文本框上方。

● 当文本框失去焦点时，如果文本框中没有文本，则输入提示语跳回文本框。

● 当输入不合规范时，会在文本框下方显示错误提示语。

● 当输入的是密码时，可以选择是否显示"显示密码"按钮及按钮的图案。

● 可以显示文本框中当前文本的长度和要求的长度等。

TextInputLayout 设计效果如图 4-2 所示。

需要特别注意的是，TextInputLayout 作为一个布局控件，不能独立存在，必须在 EditText 或 TextInputEditText 外层。

TextInputLayout 的布局属性有以下几项。

● app:passwordToggleEnabled：是否显示可以查看密码的 "Toggle" 按钮。

● app:passwordToggleDrawable：查看密码的 "Toggle" 按钮的图案。

图 4-2 TextInputLayout 设计效果

> **注意** 只有当嵌套的 EditText 或 TextInputEditText 的 InputType 是密码格式时才会显示这个图案。

- app:counterEnabled：是否显示文本长度计数器。
- app:counterMaxLength：文本长度计数器的最大长度。

> **注意** 文本长度计数器就是在文本框的右下角显示"X/Y"字样，X 表示当前文本框中的文本长度，Y 表示规定的最大输入长度。如果用户输入的文本长度超过 Y，则文本计数器中的文本会变色提示。

下面来分析登录界面的案例。

首先使用向导创建一个 Login Activity 类型的 Activity，部分布局如下。

```
<com.google.android.material.textfield.TextInputLayout
    android:layout_width="match_parent"
    android:layout_height="wrap_content">

    <AutoCompleteTextView
        android:id="@+id/email"
        android:layout_width="match_parent"
        android:layout_height="wrap_content"
        android:hint="@string/prompt_email"
        android:inputType="textEmailAddress"
        android:maxLines="1"
        android:singleLine="true" />

</com.google.android.material.textfield.TextInputLayout >
```

在登录界面中，为了输入用户名和密码，使用两个 TextInputLayout，每个 TextInputLayout 中各包含一个 AutoCompleteTextView 和一个 EditText。注意：TextInputLayout 中只能包含一个子 View。

在 AutoCompleteTextView 和 EditText 中都设置了 android:hint 属性，以便显示浮动标签。

> **注意** 如果要实现浮动标签的效果，只需要在 TextInputLayout 或者 EditText 中设置 android:hint 属性，而不能在两者中同时设置 android:hint 属性，否则两个浮动标签会重叠显示。

4.2 按钮控件设计

Button 是一个常见的按钮控件，相似的控件还有 ToggleButton、ImageButton、Zoom Button 等。

4.2.1 Button

Button 是一个按钮控件，用来响应用户的单击事件。对每个 Button 实例设置 setOnClickListener()方法，然后使当前 Activity 实现 OnClickListener 接口并重载接口方法 onClick()来处理按钮的响应事件。

例如，在布局中添加 Button 控件。

```
<Button
    android:id="@+id/id_btn"
    android:layout_width="match_parent"
    android:layout_height="wrap_content"
    android:text="Button"/>
```

在 Activity 中设置 Button 的单击事件。

```
mButton.setOnClickListener(new View.OnClickListener() {
    @Override
    public void onClick(View v) {
        // 点击按钮的响应事件处理
    }
});
```

为了实现更好的用户体验，可以给 Button 添加一个 StateListDrawable 资源作为其背景 Drawable。StateListDrawable 是一个在 Drawable 中定义的 XML 资源文件，可以在文件中添加不同的图像来表现 View 对象在不同状态下的外观。例如，一个按钮有多种状态（获取焦点、失去焦点、单击等），使用 StateListDrawable 可以根据不同的状态提供不同的背景。

在 XML 文件中描述这些状态列表。在唯一的 <selector> 标签下，使用 <item> 标签来代表一个图像。每个 <item> 标签使用各种属性来描述它所代表的状态需要的 Drawable 资源。在状态发生改变的时候，从上到下遍历这个状态列表，第一个和当前按钮状态匹配的 Drawable 资源将会被使用。

例如，定义一个 btn_default.xml，代码如下。

```
<selector xmlns:android="http://schemas.android.com/apk/res/android">

    <item
        android:drawable="@drawable/btn_default_normal"
        android:state_enabled="true"
        android:state_window_focused="false" />

    <item
        android:drawable="@drawable/btn_default_disabled"
        android:state_enabled="false"
        android:state_window_focused="false" />

    <item
        android:drawable="@drawable/btn_default_pressed"
        android:state_pressed="true" />

    <item
        android:drawable="@drawable/btn_default_focused"
        android:state_enabled="true"
        android:state_focused="true" />

    <item
        android:drawable="@drawable/btn_default_normal"
        android:state_enabled="true" />

    <item
```

```
        android:drawable="@drawable/btn_default_disabled_focused"
        android:state_focused="true" />

    <item android:drawable="@drawable/btn_default_disabled" />
</selector>
```

上面代码中的<selector>标签用于建立状态列表，里面的每个<item>标签用于说明状态并给予图像。然后在 Button 的布局属性中使用 android:background 属性来设置 Drawable 资源，例如：

```
<Button
    android:id="@+id/btnOne"
    android:layout_width="match_parent"
    android:layout_height="64dp"
    android:background="@drawable/btn_default"
    android:text="按钮"/>
```

在 Android 5.0 后，可以基于 Material Design 支持库实现更好的按钮效果。例如，定义 Button 样式如下。

```
<style name="ButtonTheme" parent="@style/Theme.AppCompat.Light.DarkActionBar">
    <item name="colorButtonNormal">#FF4081</item><!--正常状态下的颜色  -->
    <item name="colorControlHighlight">#22000000</item><!--覆盖色，按下的颜色  -->
</style>
```

然后，定义按钮布局如下。

```
<?xml version="1.0" encoding="utf-8"?>
<LinearLayout xmlns:android="http://schemas.android.com/apk/res/android"
    android:layout_width="match_parent"
    android:layout_height="match_parent"
    android:gravity="center"
    android:orientation="vertical"
    android:theme="@style/ButtonTheme">

    <Button
        style="@style/Widget.AppCompat.Button"
        android:layout_width="wrap_content"
        android:layout_height="wrap_content"
        android:text="普通"
        android:textColor="#DDFFFFFF" />

    <Button
        style="@style/Widget.AppCompat.Button.Small"
        android:layout_width="wrap_content"
        android:layout_height="wrap_content"
        android:text="小的"
        android:textColor="#DDFFFFFF" />

    <Button
        style="@style/Widget.AppCompat.Button.Borderless"
        android:layout_width="wrap_content"
        android:layout_height="wrap_content"
        android:text="透明的背景"
```

```
        android:theme="@style/Theme.AppCompat.Light" />
</LinearLayout>
```

运行时，按钮效果如图 4-3 所示。

图 4-3　按钮效果

4.2.2　ToggleButton

ToggleButton 是一种开关按钮，其状态只能是"选中"和"未选中"中的一种，并且需要通过 android:textOff 和 android:textOn 属性为不同的状态设置不同的显示文本。

示例布局文件如下。

```
<ToggleButton
    android:id="@+id/id_toggleBtn"
    android:layout_width="match_parent"
    android:layout_height="wrap_content"
    android:layout_marginBottom="20dp"
    android:textOff="关"
    android:textOn="开" />
```

代码如下。

```
mToggleButton.setOnCheckedChangeListener(new CompoundButton.OnCheckedChangeListener() {
    public void onCheckedChanged(CompoundButton buttonView, boolean isChecked) {
        if (isChecked) {
            // 开关按钮打开的事件处理
        } else {
            // 打开按钮关闭时的事件处理
        }
    }
});
```

还可以使用图标生成 Drawable 背景来优化显示，如图 4-4 所示。

图 4-4　ToggleButton 优化显示

Drawable 资源定义如下。

```
<?xml version="1.0" encoding="utf-8"?>
<selector xmlns:android="http://schemas.android.com/apk/res/android">
    <item android:state_checked="false" android:drawable="@mipmap/off" />
    <item android:state_checked="true" android:drawable="@mipmap/on" />
</selector>
```

【知识拓展】FloatingActionButton

FloatingActionButton 是 com.google.android.material.floating actionbutton 包中的一个浮动操作按钮，一般作为进阶操作的开关，在用户界面中通常是一个漂浮的小圆圈。它有自身独特的动态效果，例如变形、弹出、位移等，代表在当前界面上用户的特定操作。FloatingActionButton 设计效果如图 4-5 所示。

FloatingActionButton 的布局属性主要包括以下几项。

- android:src：FloatingActionButton 中显示的图标，Google 公司推荐的大小是 24dp×24dp。
- app:borderWidth：边框宽度，通常设置为 0，用于解决 Android 5.x 设备上阴影无法正常显示的问题。
- app:fabSize：FloatingActionButton 的尺寸，默认为 normal。Floating ActionButton 通常有两种尺寸——56dp×56dp（默认的 normal 大小）和 40dp×40dp（Mini 版），当然也可以使用其他尺寸。

图 4-5　FloatingAction Button 设计效果

- app:backgroundTint：按钮的背景颜色（Design Library 中的 FloatingActionButton 实现了一个默认颜色为主题中 colorAccent 的悬浮操作按钮）。
- app:rippleColor：单击按钮时的边缘阴影颜色。
- app:elevation：边缘阴影的宽度。
- app:pressedTranslationZ：单击按钮时，按钮边缘阴影的宽度，其值通常设置得比 app:elevation 的值大。
- app:layout_anchor：设置 FloatingActionButton 的锚点，即以哪个控件为参照。
- app:layout_anchorGravity：FloatingActionButton 相对于锚点的位置。

4.3　图像控件设计

常用的图像控件包括 ImageView、ImageSwitcher、Gallery 等。

4.3.1　ImageView

ImageView 是一个用于显示图像的控件。ImageView 常见布局属性有以下两项。

① android:src：设置 ImageView 的图像源。

② android:adjustViewBounds：设置图像是否保持宽高比。该属性需要与 android:maxWidth、android:MaxHeight 属性一起使用，单独使用没有效果。

例如：

```xml
<!-- 正常的图像 -->
<ImageView
    android:id="@+id/imageView1"
    android:layout_width="wrap_content"
    android:layout_height="wrap_content"
    android:layout_margin="5px"
    android:src="@mipmap/pic" />
```

```
<!-- 限制最大宽度与高度，并且设置调整边界来保持所显示图像的宽高比-->
<ImageView
    android:id="@+id/imageView2"
    android:layout_width="wrap_content"
    android:layout_height="wrap_content"
    android:layout_margin="5px"
    android:adjustViewBounds="true"
    android:maxHeight="200px"
    android:maxWidth="200px"
    android:src="@mipmap/pic" />
```

　　ImageView 常用的方法是通过 getDrawable()方法获取 Drawable,通过 setImageBitmap()、setImageDrawable()和 setImageResource()方法设置 ImageView 的显示图像。

 【知识拓展】OOM 异常处理

　　在为 ImageView 解码一幅图像时,有时会遇到 OOM 异常: java.lang.OutOfMemoryError: bitmap size exceeds VM budget。这往往是图像过大造成的。避免 OOM 异常的一种方法是在使用 decodeFile()/decode Resource()方法时, 指定一个 BitmapFactory.Options。利用 BitmapFactory.Options 的下列属性, 可以指定解码的选项。

- options:inPreferredConfig: 指定解码到内存中, 可选值定义在 Bitmap.Config 中。默认值是 ARGB_8888。如果在读取时加上 Config 参数, 可以有效减少加载的内存, 从而有效阻止抛出 OOM 异常。
- options:inJustDecodeBounds: 如果设置为 true,则并不会把图像的数据完全解码, 即 decodeXyz() 方法返回值为 null（不返回实际的 Bitmap）, 但是 Options 的 outWidth、outHeight 等参数中已解码出图像的基本信息, 如宽度、高度等。
- options:inSampleSize: 设置解码时的缩放比例。如 options.inSampleSize = 2 表示图像宽、高都为原来的 1/2, 即图像大小为原来的 1/4。要注意的是, options:inSampleSize 可能小于 0。

　　例如, 下面的 getOptionBitmap()方法的作用是获取压缩的图像。

```
public static Bitmap getOptionBitmap(String filePath) {
    BitmapFactory.Options options = new BitmapFactory.Options();
    options.inJustDecodeBounds = true;
    Bitmap bitmap = BitmapFactory.decodeFile(filePath, options);
    options.inJustDecodeBounds = false;
    int proportion = (int) (options.outHeight / WIDTH);
    if (proportion <= 0) {
        proportion = 1;
    }

    options.inSampleSize = proportion;
    options.inTempStorage = new byte[1024 * 1024 * 5];

    try {
        bitmap = BitmapFactory.decodeStream(new FileInputStream(new File(
                filePath)), null, options);
    } catch (FileNotFoundException e) {
        e.printStackTrace();
```

```
        }

    return bitmap;
}
```

4.3.2 ImageSwitcher

ImageSwitcher 是 Android 中控制图片展示效果的一个控件，常与 Gallery 结合使用。
ImageSwitcher 的重要方法有以下几个。

① setImageDrawable ()：绘制图片。

② setImageResource ()：设置图片资源库。

③ setImageURI ()：设置图片地址。

示例代码如下。

```
public class MainActivity extends AppCompatActivity {

    private ImageSwitcher mImageSwitcher;
    private LinearLayout mLinearLayout;
    private int[] mImageSmall = new int[]{R.mipmap.android_1,
            R.mipmap.android_2, R.mipmap.android_3, R.mipmap.android_4,
            R.mipmap.android_5, R.mipmap.android_6};
    private int[] mImage = new int[]{R.mipmap.android1,
            R.mipmap.android2, R.mipmap.android3, R.mipmap.android4,
            R.mipmap.android5, R.mipmap.android6};

    @Override
    protected void onCreate(Bundle savedInstanceState) {
        super.onCreate(savedInstanceState);
        setContentView(R.layout.activity_main);
        mLinearLayout = (LinearLayout) findViewById(R.id.linear_layout);

        mImageSwitcher = (ImageSwitcher) findViewById(R.id.image_switcher);
        mImageSwitcher.setFactory(new ViewFactory() {
            @Override
            public View makeView() {
                ImageView imageView = new ImageView(MainActivity.this);
                return imageView;
            }
        });
        mImageSwitcher.setInAnimation(this, android.R.anim.fade_in);
        mImageSwitcher.setOutAnimation(this, android.R.anim.fade_out);
        mImageSwitcher.setImageResource(mImage[0]);
        for (int i = 0; i < mImageSmall.length; ++i) {
            mLinearLayout.addView(getView(i));
        }

    }

    private View getView(final int i) {
        ImageView mImageView = new ImageView(this);
        mImageView.setImageResource(mImageSmall[i]);
        mImageView.setId(i);
        mImageView.setOnClickListener(new View.OnClickListener() {
```

```
        @Override
        public void onClick(View v) {
            mImageSwitcher.setImageResource(mImage[i]);
            Toast.makeText(MainActivity.this,
                    "您选择了第" + (v.getId() + 1) + "张图片", Toast.LENGTH_SHORT)
                    .show();
        }
    });

    return mImageView;
    }
}
```

运行效果如图 4-6 所示。

图 4-6　运行效果

任务 4.1　设计相册大图轮播界面

【任务介绍】

1. 任务描述

参照相册大图轮播界面，使用 ImageSwitcher 控件，设计相册大图轮播界面。

2. 运行结果

本任务运行结果如图 4-7 所示。

【任务目标】

- 掌握 ImageSwitcher 等图像控件的使用方法。
- 掌握创建图片资源、使用图片资源的方法。
- 了解 ImageSwitcher 控件逻辑代码的实现方法。
- 了解动画的使用方法。

图 4-7　运行结果

65

【实现思路】

- 使用 ImageSwitcher 控件，设计相册大图轮播界面。
- 为 ImageSwitcher 控件设置 OnTouchListener，通过 Touch 事件来切换图片。
- ImageSwitcher 控件响应 OnTouch 事件时，采用动画实现图片的切入和切出。
- 运行 App 并观察运行结果。

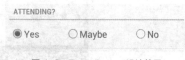

任务指导书 4.1

设计相册大图
轮播界面

【实现步骤】

见电子活页任务指导书。

4.4 选择控件和开关控件设计

Android 中的选择控件和开关控件包括 RadioButton、CheckBox、Switch、Chip 等。

4.4.1 RadioButton 与 RadioGroup

RadioButton 是一种双状态的按钮，或处于选中状态，或处于未选中状态。RadioButton 设计效果如图 4-8 所示。

多个单选按钮通常与 RadioGroup 同时使用，在布局时被 `<RadioGroup>` 标签所嵌套。当一个 RadioGroup 包含几个单选按钮时，选中其中一个的同时将取消其他选中的单选按钮。

ATTENDING?		
● Yes	○ Maybe	○ No

图 4-8　RadioButton 设计效果

RadioButton 布局的常用属性是 android:checked，值为 true 表示默认选中，值为 false 表示默认不选中。常用的方法是用 isCheck()方法判断 RadioButton 是否被选中，用 setChecked()方法设置 RadioButton 被选中。RadioGroup 常见的用法就是对其内部 RadioButton 的选中进行监听。

```
radioGroup.setOnCheckedChangeListener(new RadioGroup.OnCheckedChangeListener() {

    @Override
    public void onCheckedChanged(RadioGroup group, int checkedId) {
        switch (checkedId) {
            case R.id.radioButton_id1:

                break;
            …
        }
    }
});
```

下面的布局展示了在进行性别选择时的界面设计，代码如下。

```
<RadioGroup
    android:id="@+id/radioGroup"
    android:layout_width="wrap_content"
    android:layout_height="wrap_content"
    android:contentDescription="性别">
```

```
    <RadioButton
        android:id="@+id/radioMale"
        android:layout_width="wrap_content"
        android:layout_height="wrap_content"
        android:checked="true"
        android:text="男"></RadioButton>

    <RadioButton
        android:id="@+id/radioFemale"
        android:layout_width="wrap_content"
        android:layout_height="wrap_content"
        android:text="女"></RadioButton>
</RadioGroup>
```

4.4.2　CheckBox

CheckBox 是一种有双状态的特殊按钮，可以选中或者不选中。其使用方式与 RadioButton 类似，主要区别是在一组 CheckBox 中可以有多个被选中。CheckBox 设计效果如图 4-9 所示。

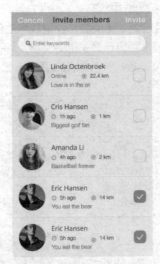

图 4-9　CheckBox 设计效果

下面是 CheckBox 状态监听事件的示例。

```
@Override
public void onCheckedChanged(CompoundButton buttonView, boolean isChecked) {
    int id = buttonView.getId();
    switch (id) {
        case R.id.id_c1:
            if (isChecked) {
                …
            }
            break;
        …
        default:
            break;
```

```
        }
    }
```

4.4.3 Switch

Switch 是在 Android 4.0 以后推出的开关控件。Google 公司在 API 21 后也推出了 support v7 包下 Material Design 风格的 SwitchCompa 控件。

Switch 的应用场景和 ToggleButton 类似，多应用于两种状态的切换。

Switch 的常见属性包括以下几项。

- android:typeface：设置字体类型。
- android:track：设置开关的轨迹图片。
- android:textOff：设置开关控件在关闭状态时显示的文字。
- android:textOn：设置开关控件在打开状态时显示的文字。
- android:thumb：设置开关的图片。
- android:switchMinWidth：开关最小宽度。
- android:switchPadding：设置开关与文字的空白距离。
- android:switchTextAppearance：设置文本的风格。
- android:checked：设置初始选中状态。
- android:splitTrack：是否设置一个间隙，让滑块与底部图片分隔（API 21 及以上）。
- android:showText：设置是否显示开关上的文字（API 21 及以上）。

SwitchCompat 控件的用法与 Switch 控件的用法基本一致，在此不赘述。下面的布局示例展示了 Switch 和 SwitchCompat 的用法。

```xml
<Switch
    android:id="@+id/switch1"
    android:layout_width="wrap_content"
    android:layout_height="wrap_content"
    android:layout_below="@+id/switch_tv"
    android:layout_marginTop="10dp"
    android:switchMinWidth="40dp"
    android:switchPadding="10dp"
    android:textOff="开"
    android:textOn="关"
    android:thumb="@drawable/thumb_selctor"
    android:track="@drawable/track_selctor"
    android:typeface="normal" />

<android.support.v7.widget.SwitchCompat
    android:id="@+id/switch_compat"
    android:layout_width="wrap_content"
    android:layout_height="wrap_content"
    android:layout_below="@+id/switch_compat_tv"
    android:layout_marginTop="10dp"
    android:switchMinWidth="40dp"
    android:switchPadding="10dp"
    android:typeface="normal" />
```

Switch 和 SwitchCompat 设计效果如图 4-10 所示。

控件设计基础

图 4-10　Switch 和 SwitchCompat 设计效果

4.5　进度条控件设计

Android 中的进度条控件包括 ProgressBar、SeekBar、RatingBar 等。

4.5.1　ProgressBar

ProgressBar 一般用在某项延续性工作的进展过程中。为了不让用户觉得程序无响应，需要有一个活动的进度条，表示此过程正在进行中；也可以用于某些操作的进度中的可视指示器，为用户呈现操作的进度。ProgressBar 有一个次要的进度条，用来显示中间进度，如流媒体播放的缓冲区的进度。一个进度条也可不确定其进度。在不确定模式下，进度条显示循环动画。这种模式常用于应用程序使用任务的长度是未知的情况下。

Android 中有两种样式的进度条——圆形进度条（默认）与长形进度条，如图 4-11 所示。

下面是一个 ProgressBar 的布局示例。

图 4-11　ProgressBar 的两种进度条

```
<ProgressBar
    android:id="@+id/determinateBar"
    style="@android:style/Widget.ProgressBar.Horizontal"
    android:layout_width="wrap_content"
    android:layout_height="wrap_content"
    android:progress="25"/>
```

其中的 style 属性用于设置 ProgressBar 的样式，包括以下几项。

- Widget.ProgressBar.Horizontal：长形进度条，模式由 android:indeterminate 属性决定。
- Widget.ProgressBar.Small：小号的圆形进度条。
- Widget.ProgressBar.Large：大号的圆形进度条。
- Widget.ProgressBar.Inverse：中号的圆形进度条，适用于亮色背景。
- Widget.ProgressBar.Small.Inverse：小号的圆形进度条，适用于亮色背景。
- Widget.ProgressBar.Large.Inverse：大号的圆形进度条，适用于亮色背景。

ProgressBar 的主要属性包括以下几项。

- android:max：进度条的最大值。
- android:progress：进度条已完成进度值。
- android:progressDrawable：设置进度条背景对应的 Drawable 对象。
- android:indeterminate：如果设置成 true，则进度条不精确显示进度。
- android:indeterminateDrawable：设置不显示进度的进度条的 Drawable 对象。
- android:indeterminateDuration：设置不精确显示进度的持续时间。

RatingBar

- android:secondaryProgress：二级进度条，类似于视频播放的进度条中一条表示当前
播放进度，一条表示缓冲进度，前者通过 android:progress 属性进行设置。

4.5.2 SeekBar

SeekBar 是 ProgressBar 的扩展，在其基础上增加了一个可拖动的滑块，通过拖动这个滑块改变 SeekBar 的数值。SeekBar 可以附加一个 SeekBar.OnSeekBarChangeListener 监听接口以获得用户操作的回调。例如：

```java
public class MainActivity extends AppCompatActivity {

    private SeekBar sb_normal;
    private TextView txt_cur;
    private Context mContext;

    @Override
    protected void onCreate(Bundle savedInstanceState) {
        super.onCreate(savedInstanceState);
        setContentView(R.layout.activity_main);
        mContext = MainActivity.this;
        bindViews();
    }

    private void bindViews() {
        sb_normal = (SeekBar) findViewById(R.id.sb_normal);
        txt_cur = (TextView) findViewById(R.id.txt_cur);
        sb_normal.setOnSeekBarChangeListener(new SeekBar.OnSeekBarChangeListener() {
            @Override
            public void onProgressChanged(SeekBar seekBar, int progress,
                    boolean fromUser) {
                txt_cur.setText("当前进度值:" + progress + "  / 100 ");
            }

            @Override
            public void onStartTrackingTouch(SeekBar seekBar) {
                Toast.makeText(mContext, "触碰SeekBar", Toast.LENGTH_SHORT).show();
            }

            @Override
            public void onStopTrackingTouch(SeekBar seekBar) {
                Toast.makeText(mContext, "放开SeekBar", Toast.LENGTH_SHORT).show();
            }
        });
    }
}
```

SeekBar 设计效果如图 4-12 所示。

图 4-12　SeekBar 设计效果

📐 任务 4.2　设计音乐播放器播放界面

【任务介绍】

1. 任务描述

参照 StylishMusicPlayer[1] 音乐播放器播放界面，使用 Progress Bar、ImageView、TextView 等控件，设计音乐播放器播放界面。

2. 运行结果

本任务运行结果如图 4-13 所示。

【任务目标】

● 掌握 ProgressBar 控件的使用方法。
● 掌握动画 XML 资源文件的创建与引用方法。
● 掌握图像 Drawable 资源文件的创建与引用方法。
● 初步了解异步消息处理机制及 Handler 的使用方法。

图 4-13　运行结果

【实现思路】

● 设计音乐播放器播放界面，使用 ProgressBar、Image View、TextView 等控件实现界面元素。
● 使用 ImageView 引用动画资源、Drawable 资源，实现动画等效果。
● 使用 MediaPlayer 对象播放 raw 中的音乐。
● 利用 Handler 和 ProgressBar 处理异步消息，实现进度条的控制和已播放时间的控制。
● 运行 App 并观察运行结果。

任务指导书 4.2

设计音乐播放器
播放界面

【实现步骤】

见电子活页任务指导书。

▨ 本章小结

本章在第 3 章界面布局的基础上，主要介绍了基本界面控件的知识，包括文本控件、按钮控件、图像控件、选择控件、开关控件和进度条控件，并介绍了 Material 支持库中基本控件的使用方法，实现了用户与界面的交互。在学习中应重点掌握这些控件的常见布局属性及事件处理的回调方法设计。第 5 章将介绍 Android 应用中界面组织管理的知识。

拓展视频

Android 事件处理
机制

---

[1] 源代码网址：https://github.com/ryanhoo/StylishMusicPlayer。

动手实践

设计一个图 4-14 所示的翻译 App 界面，并实现界面控件的基本交互事件。

图 4-14　翻译 App 界面

第5章
Activity与Fragment

05

【学习目标】

子单元名称	知识目标	技能目标
子单元 1：初识 Activity	目标 1：理解 Activity 与用户界面之间的关系 目标 2：理解 Activity 声明中各标签的含义 目标 3：理解 startActivity()和 startActivityForResult()方法中各参数的含义 目标 4：理解用户界面跳转与回调的流程 目标 5：理解 Activity 的生命周期方法和 3 种状态迁移	目标 1：掌握使用向导创建 Activity 的方法 目标 2：掌握在 AndroidManifest 中注册 Activity 的方法 目标 3：掌握使用 startActivity()和 startActivityForResult()方法实现界面跳转的方法 目标 4：掌握使用 Intent/Bundle 传递数据的方法 目标 5：掌握 Activity 的生命周期方法的实现
子单元 2：Fragment 布局	目标 1：了解 Fragment 的设计理念 目标 2：理解 Fragment 与 Activity 的关系 目标 3：理解 Fragment 的生命周期流程 目标 4：理解 Fragment 后退栈的管理机制 目标 5：理解 Fragment 与 Activity 通信的机制	目标 1：掌握创建 Fragment 的方法 目标 2：掌握添加 Fragment 到 Activity 的方法 目标 3：掌握使用 FragmentManager 管理 Fragment 的方法 目标 4：掌握 Fragment 与 Activity 通信的方法
子单元 3：Intent 与应用间的通信	目标 1：了解 Intent 的工作原理和设计目的 目标 2：理解 Intent 对象的基本组成 目标 3：理解 Intent 过滤器的设计思想 目标 4：理解隐式 Intent 解析的基本原则	目标 1：掌握使用 Intent 调用系统应用的方法 目标 2：掌握构造一个 Intent 访问特定应用的方法 目标 3：掌握 Activity 配置中的动作、类别、数据的设定方法 目的 4：掌握隐式 Intent 解析的方法

5.1 初识 Activity

Activity 是 Android 中四大组件之一，用户可与其提供的屏幕进行交互，如拨打电话、拍摄照片、发送电子邮件等。一个应用通常由多个彼此松散联系的 Activity 组成，以构成应用的多个用户界面。应用每次启动时有一个"主"Activity 界面被显示。一个 Activity 可以启动另一个 Activity，以实现界面的跳转，甚至可以启动其他应用的 Activity，以实现应用的交互。例如，相机应用可以启动电子邮件应用内用于撰写新电子邮件的 Activity，以便用户共享图片。

5.1.1　Activity 的创建与注册

一个应用可以包含多个 Activity 来组织每个用户界面。Android Studio 提供了 Activity 创建向导，并自动在 AndroidManifest.xml 中注册。

1. 创建 Activity

创建 Activity 的一般步骤如下。

① 在 Android Studio 中，右击项目 java 下的包节点，在弹出的菜单中选择"New">"Activity"，展开其子菜单，如图 5-1 所示。

图 5-1　创建 Activity

② 在 Activity 的子菜单中选择合适的 Activity 模板（如果没有特殊需求，则选择 Empty Activity），在创建向导的"New Android Activity"对话框中输入 Activity 的相关信息（如 Activity 的名称），如图 5-2 所示。

Activity 的模板

图 5-2　"New Android Activity"对话框

③ 单击"Finish"按钮，完成 Activity 的创建。

通过模板创建的 Activity 代码如下。

```
public class MainActivity extends AppCompatActivity {
```

```
    @Override
    protected void onCreate(Bundle savedInstanceState) {
        super.onCreate(savedInstanceState);
        setContentView(R.layout.activity_main);
        Toolbar toolbar = (Toolbar) findViewById(R.id.toolbar);
        setSupportActionBar(toolbar);

        FloatingActionButton fab = (FloatingActionButton) findViewById(R.id.fab);
        fab.setOnClickListener(new View.OnClickListener() {
            @Override
            public void onClick(View view) {
                Snackbar.make(view, "Replace with your own action", Snackbar.
LENGTH_LONG)
                        .setAction("Action", null).show();
            }
        });
    }

}
```

Activity 的主体包括两个主要部分：一个是 Content()方法，另一个是响应用户交互事件的行为。在 Activity 中，onCreate()方法用来初始化 Activity；setContentView()方法用来设置 UI 布局所使用的 Layout 资源；findViewById()方法用来获得对应的视图；setOnClickListener()方法用来对按钮进行监听。

2. 注册 Activity

项目中创建的每个 Activity 都必须在 AndroidManifest.xml 中声明。在使用模板创建 Activity 时，Android Studio 会附带创建 Activity 时使用的布局文件，并自动在 AndroidManifest.xml 中声明。

打开项目 app/src/main/下的 AndroidManifest.xml，可以看到如下声明信息。

```xml
<application
    android:allowBackup="true"
    android:icon="@mipmap/ic_launcher"
    android:label="@string/app_name"
    android:roundIcon="@mipmap/ic_launcher_round"
    android:supportsRtl="true"
    android:theme="@style/AppTheme">
    <activity android:name=".LoginActivity">
        <intent-filter>
            <action android:name="android.intent.action.MAIN" />

            <category android:name="android.intent.category.LAUNCHER" />
        </intent-filter>
    </activity>
    <activity
        android:name=".MainActivity"
        android:label="@string/title_activity_main"
        android:theme="@style/AppTheme.NoActionBar">
```

```
    </activity>
</application>
```

声明 Activity 的<activity>标签必须放在<application>标签内，其中的 android:name 描述 Activity 的名称，android:label 描述 Activity 界面标题栏文字，android:theme 描述 Activity 的显示风格。

注意　① 如果声明的 Activity 前有"."，如".MainActivity"，则表明该 Activity 在项目包的根目录。

② 如果是通过 New Class 并让 Class 继承 Activity 来创建 Activity 子类，则 Android Studio 是不会自动在 AndroidManifest.xml 中声明的，需要手动添加。

③ 如果在 Intent 中封装一个没有在 AndroidManifest.xml 中声明的 Activity，则会显示"Android.content.ActivityNotFoundException: Unable to find explicit activity class {xxx 包名/xxxActivity 名称}; have you declared this activity in your AndroidManifest.xml？"异常信息。

5.1.2　Activity 的生命周期

当用户运行应用程序时，应用程序的 Activity 实例会在不同的生命周期状态中变化。一般情况下，总有一个 Activity 被标记为用户在应用程序启动时看到的第一个用户界面。在 Activity 显示从屏幕上获取到焦点的过程中，Android 调用 Activty 的一系列生命周期方法来建立用户界面和其他组件。

如果用户的操作启动了新的界面，从而调用另外一个 Activity 或者启动了另外一个应用程序，则原来的 Activity 转到后台（此时 Activity 不可见，但其实例状态仍然保存），系统将会调用另外一个 Activity 的生命周期方法。

当一个 Activity 的状态发生变化时，可能会收到多个回调方法。onCreate()、onStop()、onResume()、onDestroy()等回调方法在不同的状态实现不同的功能。例如，当停止一个 Activity 时，一般需要释放大型对象，如网络或数据库连接。恢复该 Activity 时，需要重新获得必要的资源和恢复被中断的 Activity。这些状态转换是所有的 Activity 生命周期的一部分。

拓展视频

Activity 的生命周期

Activity 的生命周期如图 5-3 所示。

表 5-1 所示是 Activity 的生命周期回调方法的详细说明。

这些方法共同定义 Activity 的整个生命周期。可以通过实现这些方法监控 Activity 生命周期中的 3 个嵌套循环。

保存 Activity 的状态

- Activity 的整个生命周期发生在 onCreate()调用与 onDestroy()调用之间。Activity 应在 onCreate()方法中执行"全局"状态设置（例如定义布局），并释放 onDestroy()方法中的所有其余资源。例如，如果 Activity 有一个在后台运行的线程，用于从网络上下载数据，它可能会在 onCreate()方法中创建该线程，然后在 onDestroy()方法中停止该线程。

- Activity 的可见生命周期发生在 onStart()调用与 onStop()调用之间。在这段时间，用户可以在屏幕上看到 Activity 并与其交互。当一个新 Activity 启动，并且此 Activity 不再可见时，系统会调用 onStop()方法。系统可以在调用这两个方法之间保留向用户显示 Activity 所需的资源。例如，可以在 onStart()方法中注册一个 BroadcastReceiver 以监控影响 UI 的变化，并在用户无法再看到显示的内容时在 onStop()方法中将其取消注册。在 Activity 的整个生命周期中，当 Activity 在对用户可见和隐藏两种状态中交替变化时，系统可能会多次调用 onStart()方法和 onStop()方法。

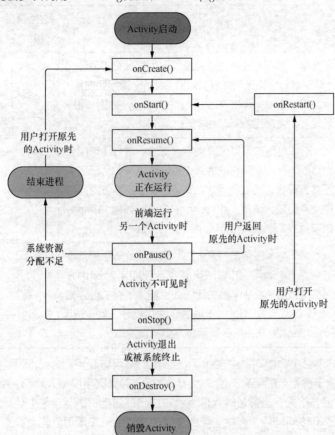

图 5-3　Activity 的生命周期

表 5-1　Activity 的生命周期回调方法

方法	说明	之后是否可终止	之后调用
onCreate()	当 Activity 第一次创建时被调用。方法中完成所有的正常静态设置，如创建一个视图、绑定列表的数据等。如果能捕获到 Activity 状态，这个方法传递进来的 Bundle 对象将存放 Activity 当前的状态	否	onStart()
onRestart()	在 Activity 被停止后重新启动时调用该方法	否	onStart()
onStart()	在 Activity 对于用户可见前调用该方法。如果 Activity 回到前台，则接着调用 onResume()方法；如果 Activity 隐藏，则调用 onStop()方法	否	onResume() 或 onStop()
onResume()	在 Activity 开始与用户交互前调用该方法。这时该 Activity 处于 Activity 栈的顶部，并且接收用户的输入	否	onPause()
onPause()	在系统准备恢复其他 Activity 时调用该方法。它通常用来提交一些还没保存的更改到持久数据中，停止一些动画或其他消耗 CPU 的操作等。无论在该方法里面进行	是	onResume() 或 onStop()

方法	说明	之后是否可终止	之后调用
onPause()	何种操作，都需要较快速地完成。因为如果它不返回，下一个 Activity 将无法恢复。如果 Activity 返回到前台，则会调用 onResume()方法；如果 Activity 变得对用户不可见，则会调用 onStop()方法	是	onResume()或 onStop()
onStop()	当 Activity 对用户不可见时调用该方法。该方法可能会因为当前 Activity 正在被销毁或另一个 Activity 已经恢复正准备重载它而被调用。如果 Activity 正准备返回与用户交互，则会调用 onRestart()方法；如果 Activity 正在被释放，则会调用 onDestroy()方法	是	onRestart()或 onDestroy()
onDestroy()	在 Activity 被销毁前调用该方法。这是 Activity 能接收到的最后一个调用。该方法可能会因为调用 finish()方法而使得当前 Activity 被关闭，或系统为了保护内存临时释放这个 Activity 的实例而被调用。可以用 isFinishing()方法来区分这两种不同的情况	是	–

- Activity 的前台生命周期发生在 onResume()调用与 onPause()调用之间。在这段时间，Activity 位于屏幕上的所有其他 Activity 之前，并具有用户输入焦点。Activity 可频繁转入和转出前台。例如，当设备转入休眠状态或出现对话框时，系统会调用 onPause()方法。由于此状态转变可能经常发生，因此这两个方法中应采用适度轻量级的代码，以避免因转变速度慢而让用户等待。

运行以下代码，通过单击返回键、Home 键等查看日志信息，以了解 Activity 生命周期的执行过程。

```java
public class CycleActivity extends AppCompatActivity {
    private final static String TAG = "LWY_LEARNING_ANDROID";

    @Override
    protected void onCreate(Bundle savedInstanceState) {
        super.onCreate(savedInstanceState);
        setContentView(R.layout.activity_cycle);
        Log.i(TAG, "start onCreate!");
    }

    @Override
    protected void onStart() {
        super.onStart();
        Log.i(TAG, "start onStart!");
    }

    @Override
    protected void onRestart() {
        super.onRestart();
        Log.i(TAG, "start onRestart!");
```

```
    }

    @Override
    protected void onResume() {
        super.onResume();
        Log.i(TAG, "start onResume!");
    }

    @Override
    protected void onPause() {
        super.onPause();
        Log.i(TAG, "start onPause!");
    }

    @Override
    protected void onStop() {
        super.onStop();
        Log.i(TAG, "start onStop!");
    }

    @Override
    protected void onDestroy() {
        super.onDestroy();
        Log.i(TAG, "start onDestroy!");
    }

}
```

处理配置变更

5.1.3　用户界面的跳转及数据传递

一个 Android 应用可以由一个或者多个 Activity 组成，这些 Activity 之间通过相互调用来切换，并且可以调用其他应用中的 Activity。

拓展视频

用户界面的跳转及数据传递

1. 界面的跳转

在 Android 中，通过调用另一个 Activity 以实现用户界面的跳转的方式有以下两种。

（1）显式调用

Activity 之间可以通过在 Intent 中设置明确的被调 Activity 来显式地相互调用，例如：

```
Intent mIntent = new Intent();
mIntent.setClass(getApplicationContext(), OtherAcitivity.class);
startActivity(mIntent);
```

使用 startActivity()调用的 Activity 必须在调用者应用包的 AndroidManifest.xml 文件中有对应的<activity>标签声明。

在 Android 中有两种 Context：一种是 Application Context（通过 getApplicationContext()方法返回应用的上下文，生命周期是整个应用，应用被销毁它才会被销毁），另一种是 Activity Context（使用 Activity.this 的 Context 返回当前 Activity 的上下文）。通常在各种类和方法间传递的是 Activity Context。

（2）隐式调用

Activity 之间也可以通过在 Intent 中设置 Action 等信息来隐式地调用其他应用中的 Activity。

79

例如，下面的方法用来调用网页浏览器的 Activity。

```
private void openBaidu() {
    Uri uri = Uri.parse("http://www.baidu.com");
    Intent mIntent = new Intent(Intent.ACTION_VIEW, uri);
    startActivity(mIntent);
}
```

默认情况下，系统会根据 Intent 中所包含的统一资源标识符（Uniform Resource Identifier, URI）数据来确定 Intent 所需的适当 MIME 类型。也可以在 Intent 中使用 setType()方法来指定与 Intent 相关联的数据类型而不必包含具体的 URI。设置 MIME 类型可以进一步指定应接收 Intent 的 Activity 类型。

在使用隐式调用时，应该调用 queryIntentActivities()方法确认是否存在可以响应相应 Intent 的 Activity。如果有多个 Activity，还应该提供应用选择器。例如：

```
Intent intent = new Intent(Intent.ACTION_SEND);
List<ResolveInfo> possibleActivitiesList =
        queryIntentActivities(intent, PackageManager.MATCH_ALL);

// 判断设备是否有 2 个以上的应用可以处理该 Intent
if (possibleActivitiesList.size() > 1) {
    // 显示处理选择对话框
    String title = getResources().getString(R.string.chooser_title);
    Intent chooser = Intent.createChooser(intent, title);
    startActivity(chooser);
} else if (intent.resolveActivity(getPackageManager()) != null) {
    startActivity(intent);
}
```

2. 界面之间数据的传递

用户界面之间的切换常常伴随着数据的传递和回调。下面介绍两种传递数据的方法。

（1）使用 Intent.putExtra()方法传递数据

Activity 之间传递数据可以直接使用 Intent.putExtra()方法，例如：

```
private void transDataByIntent() {
    Intent mIntent = new Intent();
    mIntent.setClass(getApplicationContext(), ShowImageAcitivity.class);
    mIntent.putExtra("imageId", R.drawable.logo);
    startActivity(mIntent);
}
```

图 5-4 所示是 putExtra()方法支持的 value 数据类型，除了常见的 char、int、String 等，还包括 Parcelable、Serializable 及 Bundle 等。

在接收端，通过类似如下的语句获取 Intent 传递的数据。

```
Intent mIntent = getIntent();//获取从上一个 Activity 中传递过来的 Intent 对象

if (mIntent!= null) {
    String value = mIntent.getStringExtra(key); //从 Intent 中根据 key 获取 value
    …
}
```

（2）使用 Bundle 传递数据

Activity 之间的数据传递一般借助 Bundle 来完成。Bundle 保存的数据是以键值对的形式存在的，可以从 String 类型的 key 中获得任意类型的对象。

Bundle 封装了一些常用的方法，如图 5-5 所示。

图 5-4　putExtra()方法支持的 value 数据类型　　　　图 5-5　Bundle 封装的方法

下面是对常用方法的说明。

- clear()：清除此 Bundle 映射中所有保存的数据。
- clone()：复制当前 Bundle。
- containsKey(String key)：返回指定 key 的值。
- hasFileDescriptors()：指示是否包含任何捆绑打包文件描述符。
- isEmpty()：如果 Bundle 对象为空，则返回 true。
- getString(String key)：返回指定 key 的字符。
- putString(String key, String value)：插入一个给定 key 的字符串值。

Bundle 除了支持全部的基本类型（如 byte、char、boolean、short、int、long、float、double 等），还支持数组和 List。

- readFromParcel(Parcel parcel)：读取这个 parcel 的内容。在 Android 中，Parcel 是一个存储基本数据类型和引用数据类型的容器，通过 IBinder 来绑定数据在进程间传递数据。
- remove(String key)：清除指定 key 的值。
- writeToParcel(Parcel parcel, int flags)：写入这个 parcel 的内容。

使用 Bundle 传递数据一般遵循如下步骤。

在传递数据的 Activity 中：

① 新建一个 Bundle 类；

② 通过 Bundle.putString(key, value)等方法将数据存入 Bundle；

③ 通过 Intent.putExtras(Bundle)方法将数据附加到 Intent 对象上。

例如：

```
private void transDataByBundle() {
    Intent mIntent = new Intent();
    mIntent.setClass(getApplicationContext(), ShowImageAcitivity.class);
    Bundle mBundle = new Bundle();
```

```
    mBundle.putInt("imageId", R.drawable.logo);
    mBundle.putString("activityName", "数据来自Bundle");
    mIntent.putExtras(mBundle);
    startActivity(mIntent);
}
```

在接收数据的 Activity 中：

① 新建一个 Bundle 类；

② 通过 Intent.getExtras()方法从 Intent 对象获取封装的数据包；

③ 通过 Bundle.getString(key)等方法从 key 中获取数据。

例如：

```
Intent mIntent = this.getIntent();
Bundle mBundle = mIntent.getExtras();
int drawableId = mBundle.getInt("imageId");
String msg = mBundle.getString("activityName");
```

3. 界面跳转的回调

当一个 Activity 调用另一个 Activity 时，有时需要从被调的 Activity 回传数据，并根据回传数据做出相应的处理，这时需要用到 startActivityForResult() 方法。该方法的原型是：

拓展视频

startActivityFor
Result 处理机制

```
startActivityForResult(Intent intent, int requestCode)
```

其中，requestCode 标示本次 Activity 调用的请求码。

例如：

```
public static final int mRequestCode = 1;
Intent intent = new Intent();
intent.setClass(MainActivity.this, TargetActivity.class);
Bundle mBundle = new Bundle();
mBundle.putString("msg", "Hello Android");
intent.putExtras(mBundle);
startActivityForResult(intent, requestCode);
```

注意 不能在 Activity 调用了 **startActivityForResult()**方法之后调用 **finish()**方法，否则无法接收返回结果。

在 Activity 调用了 startActivityForResult()方法后，需要重载 onActivityResult()方法。该方法的原型是：

```
onActivityResult(int requestCode, int resultCode, Intent data)
```

其中，requestCode 用于判断是哪个 startActivityForResult()方法产生的回调，resultCode 是被调 Activity 返回的结果码，data 是回调返回的数据封装。

例如：

```
@Override
protected void onActivityResult(int requestCode, int resultCode,
    Intent data) {

    if (mRequestCode == requestCode) {
    switch (resultCode) {
```

```
        case Activity.RESULT_OK:
            Bundle bundle = data.getExtras();
            String strReturn = bundle.getString("msg");
            Toast.makeText(getApplicationContext(), strReturn,
                    Toast.LENGTH_LONG).show();
            break;
        …
    }
}

super.onActivityResult(requestCode, resultCode, data);
}
```

被调 Activity 一般通过 setResult()方法返回主调 Activity。该方法的原型是：

```
setResult(int resultCode, Intent data)
```

或

```
setResult(int resultCode)
```

其中，resultCode 的值用来判断处理是否成功，包括 RESULT_OK 和 RESULT_CANCELED，分别表示成功和不成功。

例如：

```
Intent intent = new Intent();
Bundle bundle = new Bundle();
bundle.putString("msg","信息已收到");
intent.putExtras(bundle);
setResult(Activity.RESULT_OK, intent);
finish();
```

其中的 finish()方法用于结束一个 Activity 的生命周期。

 【知识拓展】使用 Application 共享数据

　　Application 和 Activity、Service 一样是 Android 框架中的一个系统组件，当 Android 启动时系统会创建一个 Application 对象，用来存储系统的一些信息。

　　Android 会为每个程序运行时创建且仅创建一个 Application 对象，所以 Application 可以说是单例（Singleton）模式的一个类，且 Application 对象的生命周期是整个程序中最长的，它的生命周期就等于这个程序的生命周期。因为它是全局的、单例的，所以在不同的 Activity、Service 中获得的对象都是同一个对象。因此，通过 Application 来进行数据传递、数据共享、数据缓存等操作非常方便。

　　自定义 Application 并实现数据共享的一般步骤如下。

　　① 新建一个类，继承 Application。例如：

```
public class MyApp extends Application {
    private String myState;

    public String getState() {
        return myState;
    }

    public void setState(String s) {
        myState = s;
    }
}
```

② 在 AndroidManifest.xml 的<application>标签中，添加 android:name 属性。例如：

```
<application
    android:name="icc.learning_android.helloandroid.MyApp"
    android:allowBackup="true"
    android:icon="@mipmap/ic_launcher"
    android:label="@string/app_name"
    android:roundIcon="@mipmap/ic_launcher_round"
    android:supportsRtl="true"
    android:theme="@style/AppTheme">
    <activity …>
    …
</application>
```

③ 在使用时使用如下形式即可。

```
MyApp appState = ((MyApp) getApplicationContext());
mTextView.setText(appState.getState());
```

任务 5.1　设计 App 注册界面并跳转到登录界面

【任务介绍】

1. 任务描述

参照微信注册界面和登录界面，实现 App 注册界面到登录界面的跳转。跳转后，登录界面自动填写注册的相关信息。

2. 运行结果

本任务运行结果如图 5-6 和图 5-7 所示。

图 5-6　注册界面运行结果

图 5-7　登录界面运行结果

任务指导书 5.1

设计 App 注册界面
并跳转到登录界面

【任务目标】

● 掌握用户界面跳转的设计方法。

- 掌握 Activity 之间数据传递的方法。
- 掌握用户界面中控件事件的处理方法。

【实现思路】

- 创建两个 Activity，并用 Intent 实现跳转界面及数据的传递。
- 使用 Application 实现登录信息的保存。
- 实现 TextWatcher 接口，从而实现对多个文本框的监听。
- 运行 App 并观察运行结果。

【实现步骤】

见电子活页任务指导书。

5.2 Fragment 布局

Fragment 是 Android API 11 引入的概念，主要是为了给大屏幕（如平板电脑）上更加动态和灵活的 UI 设计提供支持。Fragment 的思想是将 UI 分割成若干个 Fragment，每个 Fragment 是一个自成体系的布局组成部分，它可以根据屏幕的方向和尺寸改变自身的尺寸和布局位置。Fragment 为开发者和设计师提供了一种全新的方法，使屏幕组件可以自由拉伸、堆叠、缩放和隐藏，这让他们设计的应用变得有弹性、可堆叠，从而适应不同设备的屏幕规格。

5.2.1 初识 Fragment

以一个典型的新闻阅读应用为例。如果设备是平板电脑，则用一个 Fragment 显示标题列表，用另一个 Fragment 显示选中标题的新闻内容，这两个 Fragment 都在一个 Activity 上并排显示，显示效果如图 5-8（a）所示。如果设备是手机，则用一个 Activity 显示标题列表，用另一个 Activity 显示选中标题的新闻内容，显示效果如图 5-8（b）所示。

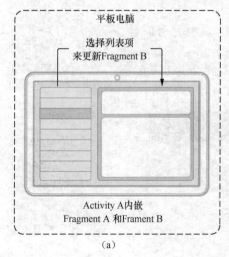

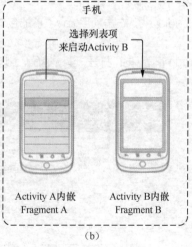

初识 Fragment

图 5-8 平板电脑与手机组织界面的对比

通过这个例子可以看出，使用 Fragment 布局用户界面非常灵活和方便。

手机中最常见的 Fragment 布局方式是通过 TabLayout+ViewPager+Fragment 实现分页滑

动效果，如图 5-9（a）所示的 EVCARD 应用，用 TabLayout 实现上方的 4 个标签页，将相关 Fragment 通过 ViewPager 组合在一起，并实现与上方的 TabLayout 联动。另一种是图 5-9（b）所示的应用的设计效果，底部通过 NavigationView 实现 5 个导航按钮，上方通过将相关 Fragment 与 ViewPager 组合在一起来显示相关页面的内容。

Fragment 与 Activity 的关系

（a）   （b）

图 5-9　Fragment 组织界面示例

5.2.2　Fragment 的创建与引用

一个 Activity 中可以嵌套多个 Fragment。Android Studio 提供了创建 Fragment 的向导。

1. 创建 Fragment

创建 Fragment 的一般步骤如下。

① 在 Android Studio 中，右击项目 java 下的包节点，单击 "New" > "Fragment"。

② 选择合适的 Fragment 模板，打开 "New Android Component" 对话框，如图 5-10 所示。

拓展视频

Fragment 的创建与应用（平板电脑运行）

拓展视频

Fragment 的创建与应用（手机运行）

图 5-10　"New Android Component" 对话框

③ 在"New Android Component"对话框的"Configure Component"界面输入相关信息，单击"Finish"按钮，完成 Fragment 的创建。

以下是一个 Blank 型 Fragment 自动生成的代码框架。

```java
public class BlankFragment extends Fragment {
    private static final String ARG_PARAM1 = "param1";
    private static final String ARG_PARAM2 = "param2";

    private String mParam1;
    private String mParam2;

    private OnFragmentInteractionListener mListener;

    public BlankFragment() {
        // 空的构造方法
    }

    public static BlankFragment newInstance(String param1, String param2) {
        BlankFragment fragment = new BlankFragment();
        Bundle args = new Bundle();
        args.putString(ARG_PARAM1, param1);
        args.putString(ARG_PARAM2, param2);
        fragment.setArguments(args);
        return fragment;
    }

    @Override
    public void onCreate(Bundle savedInstanceState) {
        super.onCreate(savedInstanceState);
        if (getArguments() != null) {
            mParam1 = getArguments().getString(ARG_PARAM1);
            mParam2 = getArguments().getString(ARG_PARAM2);
        }
    }

    @Override
    public View onCreateView(LayoutInflater inflater, ViewGroup container,
                        Bundle savedInstanceState) {
        return inflater.inflate(R.layout.fragment_blank, container, false);
    }

    public void onButtonPressed(Uri uri) {
        if (mListener != null) {
            mListener.onFragmentInteraction(uri);
        }
    }

    @Override
    public void onAttach(Context context) {
        super.onAttach(context);
        if (context instanceof OnFragmentInteractionListener) {
            mListener = (OnFragmentInteractionListener) context;
        } else {
```

```
        throw new RuntimeException(context.toString()
                + " must implement OnFragmentInteractionListener");
    }
}

@Override
public void onDetach() {
    super.onDetach();
    mListener = null;
}

public interface OnFragmentInteractionListener {
    void onFragmentInteraction(Uri uri);
}
}
```

Google 公司推荐使用 newInstance()工厂方法来生成 Fragment 的实例。onCreate()方法通过调用 getArguments()方法从生成 Fragment 实例的对象（如 Activity）获取传递的参数。onCreateView()方法主要用于加载 Fragment 的布局，并绑定布局中的控件。OnFragment InteractionListener 接口是实现 Fragment 和与之关联的 Activity 之间进行信息传递的桥梁，具体实现过程参见 5.2.4 小节。

2. 添加 Fragment

在 Acitivity 中添加 Fragment 有两种方法。

（1）在 Activity 的布局文件里声明 Fragment

采用这种方法可以像为 View 指定布局属性一样为 Fragment 指定布局属性。例如，下面是包含 Fragment 的布局示例的核心代码。

```xml
<?xml version="1.0" encoding="utf-8"?>
<RelativeLayout
    xmlns:android="http://schemas.android.com/apk/res/android"
    android:layout_width="fill_parent"
    android:layout_height="fill_parent"
    android:orientation="vertical">

    <fragment
        android:id="@+id/master"
        android:layout_width="350dp"
        android:layout_height="match_parent"
        android:layout_below="@+id/titleBar"
        android:layout_marginTop="43dp"
        android:layout_weight="1"
        class="us.eventlocations.androidtab.fragments.MasterFragmentCounty" />

    <FrameLayout
        android:id="@+id/details"
        android:layout_width="925dp"
        android:layout_height="match_parent"
        android:layout_marginTop="0dp"
        android:layout_toRightOf="@id/divider" />

</RelativeLayout>
```

<fragment>标签中的 class（或 android:name）属性指定了布局中实例化的 Fragment 类。当系统创建 Activity 布局时，它实例化布局文件中指定的每一个 Fragment，并为它们调用 onCreateView()方法，以获取每一个 Fragment 的布局。系统直接在<fragment>标签的位置插入 Fragment 返回的 View。

每个 Fragment 都需要一个唯一标识 ID。为 Fragment 提供 ID 有以下 3 种方法。

- 用 android:id 属性提供一个唯一的标识。
- 用 android:tag 属性提供一个唯一的字符串。
- 如果上述两个属性都没有，系统会使用其容器视图的 ID。

（2）在代码中添加 Fragment 到一个 ViewGroup

采用这种方法只需要简单指定用来放置 Fragment 的 ViewGroup，就可以在 Activity 运行的任何时候，将 Fragment 添加到 Activity 布局中。具体步骤如下。

① 从 Activity 中调用 getSupportFragmentManager()方法获得 FragmentManager 实例和 FragmentTransaction 实例。一般方法是：

```
FragmentManager fragmentManager = getSupportFragmentManager();
FragmentTransaction fragmentTransaction = fragmentManager.beginTransaction();
```

FragmentTransaction 中提供了对 Activity 中的 Fragment 进行添加、移除或者替换 Fragment 等操作的方法。

② 调用 FragmentTransaction 的 add()方法添加 Fragment，并指定要添加的 Fragment 以及要将其插入哪个视图之中。例如：

```
ExampleFragment fragment = new ExampleFragment();
fragmentTransaction.add(R.id.fragment_container, fragment);
fragmentTransaction.commit();
```

传入 add()方法的第一个参数是 Fragment 被放置的 ViewGroup，它由资源 ID 指定；第二个参数就是要添加的 Fragment。

 注意 一旦通过 FragmentTransaction 对 Fragment 做出改变，就必须调用 commit() 方法提交这些改变。

5.2.3　Fragment 的管理

Android 使用 FragmentManager 来管理 Fragment。

1. Fragment 事务管理

获取 FragmentManager 实例的方法是在 Activity 中调用 getSupportFragmentManager() 方法。

FragmentManager 的功能包括以下几点。

- 使用 findFragmentById()方法或 findFragmentByTag()方法获取 Activity 中存在的 Fragment。例如：

```
DetailFragment details = (DetailFragment) getFragmentManager()
    .findFragmentById(R.id.details);
```

- 使用 popBackStack()方法从后退栈弹出 Fragment。例如：

```
getSupportFragmentManager().popBackStack(null,FragmentManager.POP_BACK_ST
ACK_INCLUSIVE);
```

● 使用 addOnBackStackChangedListener()方法注册一个监听后退栈变化的监听器。例如：

```
getSupportFragmentManager().addOnBackStackChangedListener(
    new FragmentManager.OnBackStackChangedListener() {
        public void onBackStackChanged() {
            // 更新 UI 界面
        }
    });
```

● 使用 FragmentManager 打开一个 FragmentTransaction 来执行 Fragment 的事务，如添加或删除 Fragment。

在 Activity 中使用 Fragment 的一大特点是能根据用户的输入对 Fragment 进行添加、删除、替换及执行其他动作，以响应用户的互动。提交给 Activity 的一系列变化被称为事务，并且可以用 FragmentTransaction 中的方法处理。也可以将每一个事务保存在由 Activity 管理的后退栈中，并且允许用户通过导航回退 Fragment 变更。

每个事务是在同一时间内要执行的一系列的变更。可以为一个给定的事务用相关方法设置想要执行的所有变化，例如 add()方法、remove()方法和 replace()方法，然后调用 commit()方法将事务提交给 Activity。

然而，在调用 commit()方法之前，可以用 addToBackStack()方法把事务添加到一个后退栈中。这个后退栈由所在的 Activity 管理，并且允许用户通过导航回退到前一个 Fragment 状态。

下面的代码演示了如何使用一个 Fragment 代替另一个 Fragment，同时在后退栈中保存被代替的 Fragment 状态。

```
FragmentManager manager = getSupportFragmentManager();
FragmentTransaction transaction = manager.beginTransaction();
Fragment fragment = new DetailFragment();
transaction.replace(R.id.account_name, fragment);
transaction.addToBackStack(null);
transaction.commit();
```

在这个例子中，fragment 替换了当前在布局容器中用 R.id.account_name 标识的所有 Fragment，替代的事务被保存在后退栈中。因此用户可以回退该事务，可通过按返回键还原之前的 Fragment。

如果添加多个变更事务［例如另一个 add()方法或者 remove()方法］并调用 addToBackStack()方法，那么在调用 commit()方法之前的所有应用的变更被作为一个单独的事务添加到后退栈中，并且按返回键可以将它们一起回退。

事务中动作的执行顺序可以随意，但是将变更添加到 FragmentTransaction 中的顺序应注意以下两点。

● 必须要在最后调用 commit()方法。
● 如果将多个 Fragment 添加到同一个容器中，那么添加顺序决定了它们在视图层次里显示的顺序。

在删除 Fragment 事务时，如果没有调用 addToBackStack()方法，那么事务一提交，Fragment 就会被销毁，而且用户无法回退它。然而，当移除一个 Fragment 时，如果调用了 addToBackStack()方法，那么之后 Fragment 会被停止，如果用户回退，它将被恢复。

对于每一个 Fragment 事务，在提交之前通过调用 setTransition()方法来应用一系列事务动作。调用 commit()方法后，事务并不会马上执行，而是采取预约方式在 Activity 的 UI 线程中等待，直到线程能执行的时候才执行。如果有必要，可以在 UI 线程中调用 executePendingTransactions()方法来立即执行由 commit()方法提交的事务，但一般不需要这样做，除非有其他线程在等待事务的执行。

注意 只能在 Activity 保存状态之前用 commit()方法提交事务。如果尝试在 Activity 保存状态之后提交事务，会抛出一个异常。这是因为如果 Activity 需要被恢复，提交后的状态会丢失。对于这类丢失提交的情况，可使用 commitAllowingStateLoss()方法代替 commit()方法来解决这个异常。

2. Fragment 生命周期管理

和 Activity 一样，Fragment 也需要通过实现相应的生命周期方法来管理自身的状态。Fragment 的生命周期类似于 Activity 的生命周期，在创建一个 Fragment 实例（继承 Fragment 或其子类）时，需要实现类似 Activity 的回调方法，例如 onCreate()方法、onStart()方法、onPause()方法和 onStop()方法。Fragment 的生命周期如图 5-11 所示。

拓展视频

Fragment 的
生命周期

下面简要叙述几个常用生命周期方法的作用。

- onCreate()。当创建 Fragment 时调用此方法。在实现代码中，可以初始化想要在 Fragment 中保持的必要组件，在 Fragment 处于暂停或者停止状态之后可重新启用它们。

- onCreateView()。在第一次为 Fragment 绘制用户界面时调用此方法。这个方法必须返回所绘出的 Fragment 的根 View。如果Fragment没有用户界面可以返回 null。

- onPause()。系统回调该方法作为用户离开 Fragment 的第一个回调（这并不总意味着 Fragment 被销毁）。在当前用户会话结束之前，通常要在这里提交应该持久化的变化。

大部分应用程序都应该至少为每个 Fragment 实现上述 3 个方法。当然 Fragment 比 Activity 还要多出几个生命周期方法，这些额外的方法是为了与 Activity 的交互而设立的，如下。

- onAttach()。当 Fragment 被绑定到 Activity 时被调用（在这个方法中可以获得所在的 Activity）。

- onActivityCreated()。当 Activity 的 onCreate()方法返回时被调用。

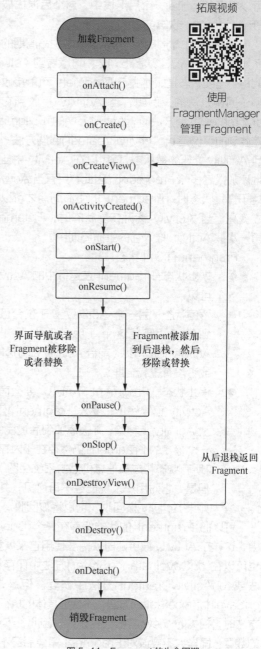

图 5-11 Fragment 的生命周期

- onDestroyView()。当与 Fragment 关联的视图体系正被移除时被调用。
- onDetach()。当 Fragment 从 Activity 中删除时被调用。

Fragment 不能独立存在，它必须嵌入 Activity，而且 Fragment 的生命周期直接受所在的 Activity 的影响。例如，当 Activity 被暂停时，它拥有的所有 Fragment 都被暂停；当 Activity 被销毁时，它拥有的所有 Fragment 都被销毁；而当 Activity 处于运行状态时［在 onResume()方法之后，onPause()方法之前］，可以单独地操作每个 Fragment。当执行针对 Fragment 的事务时，可以将事务添加到一个后退栈中，这个后退栈被 Activity 管理，后退栈中的每一个条目都是一个 Fragment 的一次事务。

Activity 生命周期与 Fragment 生命周期的关系如图 5-12 所示。从图 5-12 中可以看到 Activity 的每个连续状态是如何决定 Fragment 可能接收到哪个回调方法的。例如，当 Activity 接收到它的 onCreate()回调方法时，Activity 中的 Fragment 接收到的仅仅是 onActivityCreated()回调方法。一旦 Activity 处于恢复状态，就可以在 Activity 中自由地添加或者移除 Fragment。因此，只有当 Activity 处于恢复状态时，Fragment 的生命周期才可以独立变化。当 Activity 离开恢复状态时，Fragment 再一次被 Activity 推入它的生命周期中。

Fragment 有 3 种状态。

- 恢复状态：Fragment 在运行中的 Activity 可见。
- 暂停状态：另一个 Activity 处于前台且得到焦点，但是这个 Fragment 所在的 Activity 仍然可见（前台 Activity 部分透明，或者没有重载全屏）。
- 停止状态：Fragment 不可见。要么宿主 Activity 已经停止，要么 Fragment 已经从 Activity 上移除，并被添加到后退栈中。一个停止的 Fragment 仍然存在于内存中（所有状态和成员信息仍然由系统保留）。但是，它对用户来说已经不再可见，并且如果 Activity 被回收，它也将被回收。

可以把 Fragment 的状态保存在一个 Bundle 中，这样在 Activity 被重建时就需要使用它来恢复。

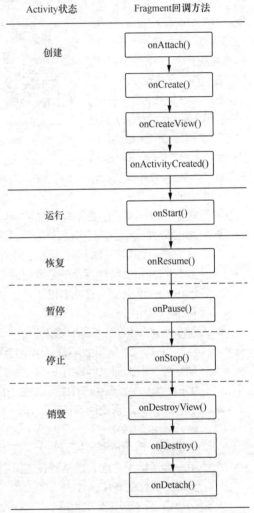

图 5-12　Activity 生命周期与 Fragment 生命周期的关系

也可以在 onSaveInstanceState()方法中保存状态并在 onCreate()方法、onCreateView()方法或 onActivityCreated()方法中恢复。但是，Android 只保证在 onDestroy()方法之前调用 onSaveInstanceState()方法，不保证具体的执行顺序。因此有可能在调用 onSaveInstanceState()方法时，相关的 View 容器已经无效。因此，不应该在 onSaveInstanceState()方法中处理 View 的数据。同样，不应该对 Fragment 重建后已不存在的对象进行保留，Bundle 携带的数据应尽可能地少，以降低内存泄露的风险。如果确实需要进行 View 的处理，可以通过 FragmentManager 触发 onSaveInstanceState()方法：getFragmentManager().saveFragmentInstanceState()。

saveFragmentInstanceState()方法将返回 Fragment.SavedState 对象，这个对象中包含 Fragment 的状态［含有在 onSaveInstanceState()方法中保存的 Bundle］，该状态通过 setInitialSavedState()方法可以在新的 Fragment 中进行恢复。

Fragment 与 Activity 的生命周期的最大不同就是存储到后退栈中的过程。Activity 在停止时自动被系统压入停止栈，并且这个栈是被系统管理的；而 Fragment 被压入 Activity 所管理的一个后退栈，并且只有在删除 Fragment 后并明确调用 addToBackStack()方法时才被压入。

5.2.4　Fragment 与 Activity 通信

Fragment 在运行中经常要向其宿主 Activity 发布和获取信息。

1.　Activity 传递信息给 Fragment

Activity 向 Fragment 传递信息主要使用以下两种方法。

（1）通过 Arguments 参数传递

在宿主 Activity 中，实例化一个 Fragment，并通过 setArguments()方法设置参数，例如：

```
ContentFragment myFragment = new ContentFragment ();
Bundle bundle = new Bundle();
bundle.putString("argument ",values);//这里的 values 就是要传的值
myFragment.setArguments(bundle);
```

在 Fragment 的 onCreatView()方法中，通过 getArguments()方法获取 Bundle 对象，然后通过 getString()方法的 key 获取传递过来的值。

推荐使用 newInstance()方法创建 Fragment 并获取参数，例如：

```
public class ContentFragment extends Fragment {
    private String mArgument;
    public static final String ARGUMENT = "argument";

    @Override
    public void onCreate(Bundle savedInstanceState) {
        super.onCreate(savedInstanceState);
        // mArgument = getActivity().getIntent().getStringExtra(ARGUMENT);
        Bundle bundle = getArguments();
        if (bundle != null)
            mArgument = bundle.getString(ARGUMENT);
    }

    /**
     * 传入需要的参数，设置给 arguments
     *
     * @param argument
     * @return
     */
    public static ContentFragment newInstance(String argument) {
        Bundle bundle = new Bundle();
        bundle.putString(ARGUMENT, argument);
        ContentFragment contentFragment = new ContentFragment();
        contentFragment.setArguments(bundle);
        return contentFragment;
    }
}
```

也可以在宿主 Activity 中，通过调用如下语句来传递并生成 Fragment。

```
myFragment = ContentFragment.newInstance(values);
```

（2）在 Fragment 的 onAttach()方法中获取

首先在宿主 Activity 中定义方法，例如：

```
public String getTitles(){
    return "hello";
}
```

然后在 Fragment 的 onAttach()方法中强制转换为宿主 Activity，并调用该方法获取，例如：

```
@Override
public void onAttach(Activity activity) {
    super.onAttach(activity);
    titles = ((MainActivity) activity).getTitles();
}
```

2. Fragment 传递信息给 Activity

Fragment 向 Activity 传递信息主要使用接口来实现。下面通过实例来演示传递过程。

宿主 Activity 中有一个 TextView，包含的 Fragment 中有一个 EditText 和一个 Button。单击 Fragment 中的 Button，使得 Activity 中的 TextView 显示 EditText 的内容。

设计步骤如下。

① 在 Fragment 中定义一个接口，代码如下。

```
public interface Submit {
    public void submit(String userStr);
}
```

② 在 Fragment 中实现 onAttach()方法，代码如下。

```
@Override
public void onAttach(Activity activity) {
    super.onAttach(activity);

    try {
        mCallback = (Submit) activity;

    } catch (ClassCastException e) {
        throw new ClassCastException(activity.toString()
            + " must implement OnHeadlineSelectedListener");
    }
}
```

③ 在 Fragment 中实现 onActivityCreated()方法，并实现按钮回调，代码如下。

```
public void onActivityCreated(Bundle savedInstanceState) {
    super.onActivityCreated(savedInstanceState);
    initview();
}

private void initview() {
    userEdt = (EditText) getView().findViewById(R.id.username_edt);
    inBtn = (Button) getView().findViewById(R.id.interface_btn);
    inBtn.setOnClickListener(new OnClickListener() {
        @Override
        public void onClick(View arg0) {
            mCallback.submit(userEdt.getText().toString().trim());
```

```
        }
    });
}
```

④ 在宿主 Activity 中实现接口并重写接口中的方法，代码如下。

```
public class MainActivity extends AppCompatActivityimplements Submit {
    TextView txt;

    @Override
    protected void onCreate(Bundle savedInstanceState) {
        super.onCreate(savedInstanceState);
        setContentView(R.layout.activity_main);
        initview();
    }

    private void initview() {
        Fragment fragment = new MyFragment();
        FragmentTransaction fm =
getSupportFragmentManager().beginTransaction();
        fm.replace(R.id.fragment, fragment);
        fm.commit();
    }

    @Override
    public void submit(String userStr) {
        Toast.makeText(getApplicationContext(), "username:"
            + userStr, Toast.LENGTH_LONG).show();
    }
}
```

拓展视频

Fragment 使用
项目实例

任务 5.2 设计 App 引导页面

【任务介绍】

1. 任务描述

参照携程旅行 App，设计一个 App 引导页面，有左右滑动功能、提前结束功能。结束滑动后
进入主界面，下次再运行此 App 时，则跳过引导页面。

2. 运行结果

本任务运行结果如图 5-13 和图 5-14 所示。

【任务目标】

- 掌握 ViewPager 控件的使用方法。
- 掌握 FragmentPagerAdapter 类的使用方法。

【实现思路】

- 在启动 Activity 中通过 SharedPreferences 对象的属性值确定是否显示引导页面。
- 实现引导页面 Activity，并在布局中添加 ViewPager。

任务指导书 5.2

设计 App 引导页面

图 5-13　第一个引导页面　　　　图 5-14　最后一个引导页面

- 在 drawable 下自定义小圆点 point_normal.xml、point_select.xml 等系列资源文件。
- 定义引导页面容器 Fragment，并实现 FragmentPagerAdapter 来切换引导页面。
- 运行 App 并观察运行结果。

【实现步骤】

见电子活页任务指导书。

5.3　Intent 与应用间的通信

Android 中提供了 Intent 机制来协助应用之间的交互与通信。Intent 负责对应用中一次操作的动作、动作涉及的数据及附加数据等信息进行描述。Android 则负责根据此 Intent 的描述找到对应的组件，将 Intent 传递给调用的组件，并完成组件的调用。因此，Intent 相当于应用之间的通信网络，是对执行某个操作的抽象描述。通过 Intent 发布一个任务，可以不用确切知道哪个应用组件将会执行该任务，只需关心该任务是否被执行、是否按照要求完成，剩下的细节由系统自动完成。Intent 不仅可用于应用之间的交互，也可用于应用内部组件之间的交互。

5.3.1　初识 Intent

抽象的 Intent 对象有显式和隐式两种类型。

拓展视频

显式 Intent

1. 显式 Intent

显式 Intent 按名称（完全限定类名）指定要启动的组件。通常，开发人员会在当前项目中使用显式 Intent 来启动本项目中的组件，这是因为开发人员知道要启动的 Activity 或 Service 的类名。创建显式 Intent 启动 Activity 或 Service 时，系统将立即启动 Intent 对象中指定的应用组件。

例如，启动新 Activity 以响应用户操作，或者启动 Service 以在后台下载文件。

```
Intent downloadIntent = new Intent(this, DownloadService.class);
downloadIntent.setData(Uri.parse(fileUrl)); // 将URL型字符串 fileUrl 转换为URL类型
startService(downloadIntent);
```

2. 隐式 Intent

隐式 Intent 不会指定特定的组件，而是声明要执行的常规操作，从而允许其他应用中的组件来处理它。创建隐式 Intent 时，系统通过将 Intent 的内容与在设备上其他应用的清单文件中声明的 Intent 过滤器进行比较，从而找到要启动的相应组件。如果 Intent 与 Intent 过滤器匹配，则系统将启动该组件，并向其传递 Intent 对象；如果多个 Intent 过滤器兼容，则系统会显示一个对话框，支持用户选取要使用的应用。

拓展视频

隐式 Intent

例如，如果希望用户与他人共享内容，可以使用 ACTION_SEND 操作创建 Intent，并添加指定共享内容的 extra。使用该 Intent 调用 startActivity()方法时，用户可以选取共享内容所使用的应用。

```
// 封装处理字符串的 Intent
Intent sendIntent = new Intent();
sendIntent.setAction(Intent.ACTION_SEND);
sendIntent.putExtra(Intent.EXTRA_TEXT, textMessage);
sendIntent.setType("text/plain");

// 判断是否存在能处理该 Intent 的 Activity
if (sendIntent.resolveActivity(getPackageManager()) != null) {
    startActivity(sendIntent);
}
```

在执行 startActivity()方法前，系统将检查已安装的所有应用，确定哪些应用能够处理这种 Intent（含 ACTION_SEND 操作并携带"text/plain"数据的 Intent）。如果只有一个应用能够处理，则该应用将立即打开并为其提供 Intent。如果有多个应用能够处理，则系统将显示一个应用选择对话框，使用户能够选取要使用的应用。更为重要的是，要检查有没有匹配的 Activity 来处理这个隐式 Intent，否则会报 ActivityNot FoundException 异常。

PendingIntent

也可以通过 Intent 的 createChooser()方法强制使用应用选择器，方法如下。

```
Intent sendIntent = new Intent(Intent.ACTION_SEND);
String title = getResources().getString(R.string.chooser_title);
// 创建处理选择对话框
Intent chooser = Intent.createChooser(sendIntent, title);

// 判断是否存在能处理该 Intent 的 Activity
if (sendIntent.resolveActivity(getPackageManager()) != null) {
    startActivity(chooser);
}
```

5.3.2 Intent 对象

Intent 是一种运行时绑定（Runtime Binding）机制，它能在程序运行的过程中附加相应的组件、动作、数据、类别和附加信息。

Intent 声明的一般形式如下。

```
Intent <Intent_name> = new Intent ( <ACTION>, <Data> );
```

1. 组件

Intent 对象通过组件来显式设置 Intent 的访问对象。指定的方法是 setComponent()方法、

setClass()方法或者 setClassName()方法，通过 getComponent()方法读取组件。

例如，下面的方法通过 setComponent()方法启动系统短信发送程序。

```
private void startMMS() {
    Intent intent = new Intent( );
    ComponentName comp = new ComponentName("com.android.mms",
"com.android.mms.ui.ConversationList");
    intent.setComponent(comp);
    intent.setAction("android.intent.action.VIEW");
    startActivity(intent);
}
```

ComponentName 对象是目标组件的完全限定类名（如 com.android.mms.ui.Conversation List）和应用程序所在的包在清单文件中的名字（如 com.android.mms）的组合。其中组件名字中的包名不必一定和清单文件中的包名一样。

组件名字是可选的，如果设置了，Intent 对象传递到指定类的实例；如果没有设置，Android 使用 Intent 中的其他信息来定位合适的目标组件。

显式方式常用于应用内部的消息传递，例如应用中一个 Activity 启动一个相关的 Service 或者启动另一个 Activity。

2. 动作

动作是一个字符串，是对 Intent 执行动作的描述，这个动作可以是系统预定义的。Android 中的动作类型如表 5-2 所示。

表 5-2　Android 中的动作类型

常量	目标组件	动作
ACTION_CALL	Activity	初始化一次电话呼叫
ACTION_EDIT	Activity	提供可编辑的数据
ACTION_MAIN	Activity	作为程序入口启动，没有输入或输出
ACTION_SYNC	Activity	同步服务端和移动端的数据
ACTION_BATTERY_LOW	BroadcastReceiver	电量低的警告
ACTION_HEADSET_PLUG	BroadcastReceiver	耳机已经插入或拔出设备
ACTION_SCREEN_ON	BroadcastReceiver	屏幕已经被打开
ACTION_TIMEZONE_CHANGED	BroadcastReceiver	时区设置已经发生变化

其中，ACTION_MAIN 声明如下。

```
public static final String ACTION_MAIN = "android.intent.action.MAIN";
```

动作也可以是自己定义的字符串。自定义动作字符串应该包含应用程序包名前缀，如 ch05.intentproject.newAction。

一个 Intent 对象的动作通过 setAction()方法设置，通过 getAction()方法读取。

动作在很大程度上决定了剩下的 Intent 该如何构建，特别是数据和附加信息。因此，用户应该尽可能明确指定动作，并将其紧密关联到其他 Intent 字段。即应该定义用户的组件能够处理 Intent 对象的整个协议，而不仅仅是单独定义一个动作。

3. 数据

数据是作用于 Intent 上的数据的 URI 和数据的 MIME 类型。在 Android 中，传给 Intent 的数据用 URI 格式表示，因此需要使用 Uri.parse()方法将字符串格式化。不同的动作有不同的数据规格。例如，如果动作字段是 ACTION_EDIT，则数据字段将包含用于编辑文档的 URI；如果动作字段是 ACTION_CALL，则数据字段是一个"tel:Uri"和将拨打的号码；如果动作字段是 ACTION_VIEW，则数据字段是一个"http:Uri"，其接收 Activity 将被调用去下载和显示 URI 指向的数据。

例如，下面的方法启动系统拨号程序。

```
private void startCALL(){
    Intent intent = new Intent( );
    intent.setAction(intent.ACTION_DIAL);
    intent.setData(Uri.parse("tel://10086"));
    startActivity(intent);
}
```

当为某个组件匹配一个可以处理数据的 Intent 时，通常除了要了解数据的 URI 以外，还要知道数据的类型（MIME 类型）。在许多情况下，数据类型能够从 URI 中推测，特别是 content:Uri，它表示位于设备上的能被 ContentProvider 访问的数据。

除了使用 setData()方法指定数据的 URI 外，还可以使用 setType()方法指定 MIME 类型，使用 setDataAndType()方法指定数据的 URI 和 MIME 类型。通过 getData()方法读取 URI，通过 getType()方法读取类型。

4．类别

类别是一个字符串，描述了应该处理 Intent 的组件类型信息。可以在一个 Intent 对象中指定任意数量的类别描述。Intent 类定义了许多 Category 常量，如表 5-3 所示。

表 5-3　Android 中的 Category 常量

常量	含义
CATEGORY_BROWSABLE	目标 Activity 可以使用浏览器来显示诸如图片或电子邮件消息
CATEGORY_GADGET	该 Activity 可以被包含在另外一个装载小工具的 Activity 中
CATEGORY_HOME	该 Activity 显示主屏幕，也就是用户按 Home 键看到的界面
CATEGORY_LAUNCHER	该 Activity 可以作为一个任务的第一个 Activity，并且列在应用程序启动器中
CATEGORY_PREFERENCE	该 Activity 是一个选项面板

其中，CATEGORY_HOME 声明如下。

```
public static final String CATEGORY_HOME = "android.intent.category.HOME";
```

在 AndroidManifest.xml 中，android.intent.action.MAIN 和 android.intent.category.LAUNCHER 分别标记 Activity 开始新的任务和转到启动列表界面。

向 Intent 对象添加一个类别使用 addCategory()方法，删除一个之前添加的类别使用 removeCategory()方法，获取 Intent 对象中的所有类别使用 getCategories()方法。

例如，下面的方法返回 Home 界面。

```
private void back2Main(){
    Intent intent = new Intent();
    intent.setAction(Intent.ACTION_MAIN);
    intent.addCategory(Intent.CATEGORY_HOME);
    intent.setFlags(Intent.FLAG_ACTIVITY_NEW_TASK);
```

```
    startActivity(intent);
}
```

5. 附加信息

Intent 对象有一系列的 put()方法和一系列的 get()方法，分别用于插入对应的附加数据和读取数据。

正如有些操作使用特定类型的数据 URI 一样，有些操作也使用特定的 Extra 数据。可以使用各种 putExtra() 方法添加 Extra 数据，每种方法均接收两个参数：key 和 value。还可以创建一个包含所有 Extra 数据的 Bundle 对象，然后使用 putExtras()方法将 Bundle 插入 Intent。

例如，使用 ACTION_SEND 创建用于发送电子邮件的 Intent 时，可以使用 EXTRA_EMAIL 键指定"目标"收件人，并使用 EXTRA_SUBJECT 键指定"主题"。

Intent 类将为标准化的数据类型指定多个 EXTRA_* 常量。如需声明自己的 Extra 键（对于应用接收的 Intent），应确保将应用的软件包名称作为前缀。例如：

```
static final String EXTRA_GIGAWATTS = "com.example.EXTRA_GIGAWATTS";
```

6. 标志

标志用于指示 Android 如何启动一个组件（如 Activity）和启动之后如何对待它（如 Activity 是否属于当前的后退栈）。例如：

```
Intent intent = new Intent(this,xxx.class);
intent.addFlags(Intent.FLAG_ACTIVITY_BROUGHT_TO_FRONT);
```

启动 Activity 时，可以通过在传递给 startActivity()方法的 Intent 中加入相应的标志，修改 Activity 与其任务的默认关联方式。可用于修改默认关联方式的标志包括以下 3 类。

（1）FLAG_ACTIVITY_NEW_TASK

在新任务中启动 Activity。如果已为正在启动的 Activity 运行任务，则该任务会转到前台并恢复其最后状态，同时 Activity 会在 onNewIntent()方法中收到新 Intent。

（2）FLAG_ACTIVITY_SINGLE_TOP

如果正在启动的 Activity 是当前 Activity（位于后退栈的顶部），则现有实例会接收对 onNewIntent()方法的调用，而不是创建 Activity 的新实例。

（3）FLAG_ACTIVITY_CLEAR_TOP

如果正在启动的 Activity 已在当前任务中运行，则会销毁当前任务顶部的所有 Activity，并通过 onNewIntent()方法将此 Intent 传递给 Activity 已恢复的实例（现在位于顶部），而不是启动该 Activity 的新实例。FLAG_ACTIVITY_CLEAR_TOP 通常与 FLAG_ACTIVITY_NEW_TASK 结合使用。一起使用时，通过这些标志，可以找到其他任务中的现有 Activity，并将其放入可从中响应 Intent 的位置。

5.3.3 Intent 解析

隐式 Intent 由于没有明确指定要访问的组件对象，通常要通过 Intent 封装的动作、数据和类别等来判断待启动的组件，这个过程就是 Intent 解析。

1. Intent 过滤器

在 Android 上，用户的操作行为由各种不同的事件组成，系统会将每个事件都抽象为 Intent 对象，然后为这些 Intent 对象寻找与需求相适应的具体组件和方法。

在隐式 Intent 调用中，需要通过一种策略去确定被关联的组件，这个策略是通过比较 Intent 对象的内容和 Intent 过滤器来完成的。

Intent 过滤器是应用清单文件中的一个表达式，它指定该组件要接收的 Intent 类型。例如，通过为 Activity 声明 Intent 过滤器，可以使其他应用能够直接使用某一特定类型的 Intent 启动 Activity。相反，如果没有为 Activity 声明任何 Intent 过滤器，则 Activity 只能通过显式 Intent 启动。

图 5-15 演示了隐式 Intent 通过系统传递以启动其他 Activity 的过程。

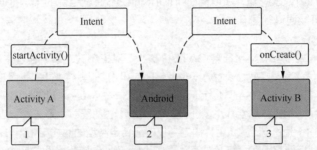

图 5-15　隐式 Intent 启动其他 Activity

Activity A 创建包含操作描述的 Intent，并将其传递给 startActivity() 方法。Android 系统搜索所有应用中与 Intent 匹配的 Intent 过滤器。找到匹配项之后，该系统调用匹配 Activity（Activity B）的 onCreate() 方法并将其传递给 Intent，以此启动匹配 Activity。

Activity、Service 和 BroadcastReceiver 为了告知系统能够处理哪些隐式 Intent，可以有一个或多个 Intent 过滤器。Intent 过滤器关联到潜在的接收 Intent 的组件。Intent 过滤器声明组件的能力和界定它能处理的 Intent。如果一个组件没有任何 Intent 过滤器，那么它仅能接收显式 Intent，而声明了 Intent 过滤器的组件可以接收显式 Intent 和隐式 Intent。

2. 构造 Intent 过滤器

一个 Intent 过滤器是一个 IntentFilter 类的实例，每个 Intent 过滤器均由应用清单文件中的 <intent-filter> 标签定义［但有一个例外，BroadcastReceiver 的 Intent 过滤器通过调用 Context.registerReceiver() 方法动态地注册，它直接创建一个 Intent 过滤器对象］，并嵌套在相应的应用组件中。Intent 过滤器包括 3 个方面：动作、数据（包括 URI 和 MIME）、类别。在 <intent-filter> 内部，可以使用以下 3 个标签中的一个或多个指定要接收的 Intent 类型。

- <action>：在 android:name 属性中声明接收的 Intent 操作。该值必须是操作的文本字符串值，而不是类常量。
- <data>：使用一个或多个指定数据 URI 的各个方面（android:scheme、android:host、android:port、android:path 等）和 MIME 类型的属性声明接收的数据类型。
- <category>：在 android:name 属性中声明接收的 Intent 类别。该值必须是操作的文本字符串值，而不是类常量。

例如，以下是一个使用包含 Intent 过滤器的 Activity 声明，当数据类型为文本时，系统将接收 ACTION_SEND Intent。

```xml
<activity android:name="ShareActivity">
  <intent-filter>
    <action android:name="android.intent.action.SEND"/>
    <category android:name="android.intent.category.DEFAULT"/>
    <data android:mimeType="text/plain"/>
```

```
    </intent-filter>
</activity>
```

我们可以创建一个包括多个<action>、<data>或<category>的 Intent 过滤器。创建时，仅需确定组件能够处理这些 Intent 过滤器元素的任意组合。

Intent 过滤器要检测隐式 Intent 的 3 个字段（Intent 对象的 Extra 和 Flag 在 Intent 过滤器方面并不发挥作用），其中任何一个检测失败，Android 都不会传递 Intent 给该组件。然而，因为一个组件可以有多个 Intent 过滤器，所以一个 Intent 即使不通过组件的某个 Intent 过滤器检测，其他 Intent 过滤器仍可能通过检测。

注意 ①为了接收隐式 Intent，必须将 CATEGORY_DEFAULT 类别包含在 Intent 过滤器中。startActivity() 方法和 startActivityForResult() 方法将按照已声明 CATEGORY_DEFAULT 类别的方式处理所有 Intent。如果未在 Intent 过滤器中声明此类别，则隐式 Intent 不会解析出目标 Activity。②使用 Intent 过滤器时，无法安全地防止其他应用启动组件。尽管 Intent 过滤器将组件限制为仅响应特定类型的隐式 Intent，但如果开发者确定组件名称，则其他应用有可能通过使用显式 Intent 启动应用组件。如果必须确保只有当前项目才能启动某一组件，则需要针对该组件将 android:exported 属性设置为 false。

为了更好地了解 Intent 过滤器的行为，我们分析以下清单文件中截取的片段。

```xml
<activity android:name="MainActivity">
    <!-- App 的入口 Activity -->
    <intent-filter>
        <action android:name="android.intent.action.MAIN" />
        <category android:name="android.intent.category.LAUNCHER" />
    </intent-filter>
</activity>

<activity android:name="ShareActivity">
    <!-- 该 Activity 能够处理"SEND"型动作和 text 型数据 -->
    <intent-filter>
        <action android:name="android.intent.action.SEND"/>
        <category android:name="android.intent.category.DEFAULT"/>
        <data android:mimeType="text/plain"/>
    </intent-filter>
    <!-- 该 Activity 能够处理"SEND"型动作和多媒体数据 -->
    <intent-filter>
        <action android:name="android.intent.action.SEND"/>
        <action android:name="android.intent.action.SEND_MULTIPLE"/>
        <category android:name="android.intent.category.DEFAULT"/>
        <data android:mimeType="application/vnd.google.panorama360+jpg"/>
        <data android:mimeType="image/*"/>
        <data android:mimeType="video/*"/>
    </intent-filter>
</activity>
```

第一个 Activity——MainActivity 是应用的主要入口点。当用户最初使用启动器图标启动应用时，该 Activity 将被打开。

第二个 Activity——ShareActivity 旨在便于共享文本和媒体内容。用户可以通过 MainActivity

导航进入此 Activity，也可以从发出隐式 Intent（与两个 Intent 过滤器之一匹配）的另一应用直接进入 ShareActivity。

说明: MIME 类型 application/vnd.google.panorama360+jpg 是一个指定全景照片的特殊数据类型，可以使用 Google 公司的 panorama API 对其进行处理。

3. 动作过滤规则

虽然一个 Intent 对象仅包含一个动作，但是一个 Intent 过滤器可以列出不止一个动作。一个 Intent 过滤器必须至少包含一个<action>标签，否则它将阻塞所有的 Intent。例如:

```
<intent-filter>
  <action android:name="android.intent.action.VIEW" />
  <action android:name="android.intent.action.EDIT" />
  <action android:name="android.intent.action.PICK" />
  <!--下面的声明必须存在，否则组件不被匹配 -->
  <category android:name="android.intent.category.DEFAULT" />
</intent-filter>
```

对动作的过滤规则是: Intent 对象中指定的动作必须匹配 Intent 过滤器动作列表中的一个。如果 Intent 或 Intent 过滤器没有指定动作，则可能产生两种结果: 如果 Intent 过滤器没有指定动作，没有一个 Intent 被匹配，所有的 Intent 都检测失败，即没有 Intent 能够通过 Intent 过滤器; 如果 Intent 对象没有指定动作，但指定了其他属性，将自动通过检测（前提是 Intent 过滤器的动作列表不为空）。

4. 类别过滤规则

清单文件中的<intent-filter>标签以<category>标签列出类别，例如:

```
<intent-filter >
  <category android:name="android.intent.category.DEFAULT" />
  <category android:name="android.intent.category.BROWSABLE" />
  …
</intent-filter>
```

对类别的过滤规则是: Intent 对象中的每个类别必须匹配 Intent 过滤器中的一个。即 Intent 过滤器能够列出额外的类别，但是 Intent 对象中的类别都必须能够在 Intent 过滤器中找到，只要有一个类别在 Intent 过滤器列表中没有，就算类别检测失败。因此，原则上如果一个 Intent 对象中没有类别（类别字段为空），那么应该总是通过类别检测，而不管 Intent 过滤器中有什么类别。但是有一个例外，Android 中所有传递给 Context.startActivity()方法的隐式 Intent 至少包含 android.intent.category.DEFAULT 类别。

5. 数据过滤规则

当匹配一个 Intent 到一个能够处理数据的组件时，通常需要知道数据的类型和它的 URI。在许多情况下，数据类型能够从 URI 中推测。每个<data>标签指定一个 URI 和数据类型。例如:

```
<intent-filter … >
  <data android:mimeType="video/mpeg" android:scheme="http" …/>
  <data android:mimeType="audio/mpeg" android:scheme="http" … />
  …
</intent-filter>
```

URI 有 android:scheme、android:host、android:port、android:path 这 4 个属性，本书不做详细介绍。

对数据的过滤规则是：数据检测既要检测 URI，也要检测数据类型。规则如下。

① 一个 Intent 对象既不包含 URI，也不包含数据类型：仅当 Intent 过滤器也不指定任何 URI 和数据类型时，才能通过检测，否则不能通过检测。

② 一个 Intent 对象包含 URI，但不包含数据类型：仅当 Intent 过滤器也不指定数据类型且它们的 URI 匹配时，才能通过检测。例如，"mailto:"和"tel:"都不指定实际数据类型。

③ 一个 Intent 对象包含数据类型，但不包含 URI：仅当 Intent 过滤器也只包含数据类型且与 Intent 对象相同时，才能通过检测。

④ 一个 Intent 对象既包含 URI，也包含数据类型（或数据类型能够从 URI 中推断）：数据类型部分，只有与 Intent 过滤器之一匹配才算通过；URI 部分，它的 URI 要出现在 Intent 过滤器中，或者它有"content:"或"file: Uri"，又或者 Intent 过滤器没有指定 URI。

说明：当比较 Intent 对象和 Intent 过滤器的 URI 时，仅仅比较 Intent 过滤器中出现的 URI 属性。例如，如果一个 Intent 过滤器仅指定了 android:scheme，则所有有此 android:scheme 的 URI 都匹配 Intent 过滤器；如果一个 Intent 过滤器指定了 android:scheme 和 android:authority，但没有指定 android:path，则所有匹配 android:scheme 和 android:authority 的 URI 都通过检测，而不管它们的 android:path 是否匹配；如果 4 个属性都指定了，则要都匹配才能算是匹配。不过，Intent 过滤器中的 android:path 可以包含通配符来匹配 Intent 对象的 android:path 中的一部分。

6. 通用匹配

<data>标签的 android:type 属性指定数据的 MIME 类型。Intent 对象和 Intent 过滤器都可以用"*"通配符匹配子类型字段，例如"text/*""audio/*"表示任何子类型。

通常，组件能够从文件或 ContentProvider 获取本地数据。因此，它们的 Intent 过滤器仅列出数据类型且不必明确指出"content:"和"file:scheme"的名字。这是一种典型的情况，如一个<data>标签描述如下。

```
<data android:mimeType="image/*" />
```

这表明该组件能够从 ContentProvider 中获取 image 数据并显示它。

因为大部分可用数据由 ContentProvider 分发，所示 Intent 过滤器指定一个数据类型但不指定 URI 是非常通用的一种做法。

本章小结

本章首先介绍了 Android 四大组件的第一个组件——Activity，介绍了 Activity 的创建、生命周期管理及 Activity 之间的显式与隐式调用，这是本章的重点知识；然后介绍了使用 Fragment 实现碎片化布局设计的知识，包括 Fragment 的创建与管理，Fragment 添加到用户界面的方法，重点介绍了 Fragment 与 Activity 之间通信的方法；最后介绍了 Android 中组件之间通信的桥梁 Intent，介绍了 Intent 的构成及解析方法。第 6 章我们将详细介绍大批量的数据在用户界面中显示的方法。

动手实践

设计一个图 5-16 所示的联系人平板电脑 App 界面，并实现单击界面左侧联系人列表，右侧显示该联系人详情的左右互动效果（联系人信息可以来自测试数据）。

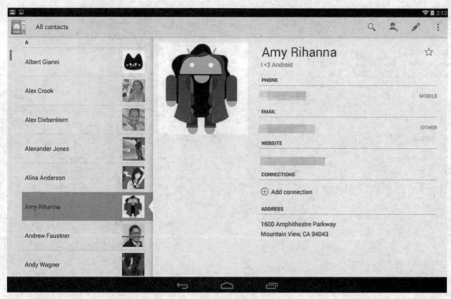

图 5-16　联系人平板电脑 App 界面

第6章
列表与适配器

06

【学习目标】

子单元名称	知识目标	技能目标
子单元1：适配器设计	目标1：理解适配器的设计模式 目标2：理解常用适配器参数的含义	掌握常用适配器的设计方法
子单元2：CardView与RecyclerView	目标1：理解列表/网格视图的应用场景 目标2：理解大批量数据的呈现机制 目标3：理解卡片式视图的应用场景 目标4：理解列表视图的数据优化	目标1：掌握列表/网格控件的设计方法 目标2：掌握列表/网格控件的回调事件处理方法 目标3：掌握 CardView 控件的设计方法 目标4：掌握 RecyclerView 控件的设计方法
子单元3：ViewPager与PagerAdapter	目标1：理解容器控件的主要功能 目标2：理解容器控件的应用场景	目标1：掌握常用容器控件的设计方法 目标2：掌握使用 TabLayout+ ViewPager+Fragment 实现标签页的方法

6.1 适配器设计

拓展视频

适配器设计

当需要将一批数据（例如全部联系人信息）显示在用户界面上时，如果在布局文件里为每个数据项都设计一个显示控件，这将为布局的加载带来很大的性能损耗，而且不可行（因为数据项的数量是变化的）。适配器（Adapter）正是解决这个问题的"利器"。

6.1.1 初识适配器

Android 中适配器是数据和适配器控件（AdapterView 如 ListView[1]、GridView、Gallery、Spinner 等）之间的桥梁，负责将数据集中的每个数据项显示在适配器控件的子 View 上，并能快速地修改要绑定的控件的外观和功能。

适配器将数据绑定到用户界面的设计模式如图 6-1 所示。在 Activity 等 Context 中获取要显示在用户界面上的数据集，并通过构造 Adapter 对象将数据集传递给 Adapter 类。在 Adapter 中，通过 LayoutInflater 对象加载 AdapterView 中每个 Item 的布局，并通过 findViewById 绑定布局中的控件。在数据适配的过程中，通过遍历数据集中的每个对象，将对象的属性值与数据容器控件

---

[1] ListView 是用于显示一组列表项的列表视图。ListView 中的列表项可以是一串文字，也可以是包含文字和图片的用户自定义的组合项。

布局中的控件进行绑定，就完成了数据的适配。

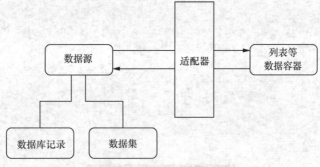

图 6-1　适配器的设计模式

在多数情况下，用户不需要创建自己的适配器。Android 提供了一系列适配器来将数据绑定到 UI Widget 上，包括 BaseAdapter、ArrayAdapter<T>、CursorAdapter、HeaderViewListAdapter、ListAdapter、ResourceCursorAdapter、Simple Adapter、SimpleCursorAdapter、SpinnerAdapter、WrapperListAdapter 等，比较常用的有 BaseAdapter、ArrayAdapter<T>、SimpleCursorAdapter、与 RecyclerView 配合使用的 RecycleView.Adapter、与 Fragment 配合使用的 FragmentPagerAdapter 等。

ListView

6.1.2　常用适配器设计

本小节介绍几个常用适配器的设计方法。

1. ArrayAdapter

ArrayAdapter 的数据源主要是数组，常见的构造方法如下。

```
public ArrayAdapter(Context context, int resource, int textViewResourceId,
List<T> objects)
ArrayAdapter(Context context, int resource, List<T> objects)
```

其中，resource 是 Android 定义的数据显示风格常量，如 android.R.layout.simple_spinner_item、simple_selectable_list_item 等。

ArrayAdapter 的使用示例如下。

```
public class MainActivity extends AppCompatActivity {
    private ListView listView;
    private ArrayList<String> list;
    private ArrayAdapter<String> arrayAdapter;

    @Override
    protected void onCreate(Bundle savedInstanceState) {
        super.onCreate(savedInstanceState);
        setContentView(R.layout.activity_main);
        listView = (ListView) findViewById(R.id.first_lv);

        //初始化数据
        list = new ArrayList<String>();
        for (int i = 1; i < 20; i++) {
```

```
                list.add("数据" + i);
            }
        //初始化适配器
        arrayAdapter = new ArrayAdapter<String>(MainActivity.this,
                android.R.layout.simple_list_item_1, list);
        //设置适配器
        listView.setAdapter(arrayAdapter);
    }

}
```

显示效果如图6-2所示。

图6-2　显示效果

2. SimpleAdapter

SimpleAdapter是一个简单的适配器，构造方法如下。

```
public SimpleAdapter (Context context, ListMap<String, ?> data, int resource,
String[] from, int[] to )
```

参数说明如下。

- context：AdapterView所在的Activity。
- data：一个泛型，一般使用ArrayList数据集，而且每一个ArrayList中的一行（Map）就代表呈现出的一个子Item。
- resource：子Item的视图布局资源文件。
- from：一个数组，主要是ArrayList中的每项数据列名（Map中的key）。
- to：将from的值显示在int型的ID数组中，这个ID数组就是Layout的XML文件中命名ID形成的唯一int型标识符。

SimpleAdapter的使用示例如下。

```
public class MainActivity extends AppCompatActivity {
    private ArrayList<Map<String, Object>> myList;
    private HashMap<String, Object> myMap;
    private ListView mListView;
    private SimpleAdapter simpleAdapter;
    private ImageView icon;
    private TextView name_tv, desc_tv;

    @Override
    public void onCreate(Bundle savedInstanceState) {
        super.onCreate(savedInstanceState);
        setContentView(R.layout.simple_adpter);
```

```
    mListView = (ListView) findViewById(R.id.simple_adapter_lv);
    //初始化 simpleAdapter
    simpleAdapter = new SimpleAdapter(this, getMyList(),
            R.layout.simple_adapter_item, new String[]{"icon", "name", "desc"},
            new int[]{R.id.icon, R.id.name, R.id.desc});
    //设置适配器
    mListView.setAdapter(simpleAdapter);
    }

    public ArrayList<Map<String, Object>> getMyList() {
        myList = new ArrayList<Map<String, Object>>();
        myMap = new HashMap<String, Object>();
        //放入数据，如果从数据库读取数据，可以将 cursor 类型数据转换成 map 类型数据
        myMap.put("icon", R.drawable.a2);
        myMap.put("name", "支付宝");
        myMap.put("desc", "支付宝支付为大家!");
        myList.add(myMap);
        …
        return myList;
    }
}
```

显示效果如图 6-3 所示。

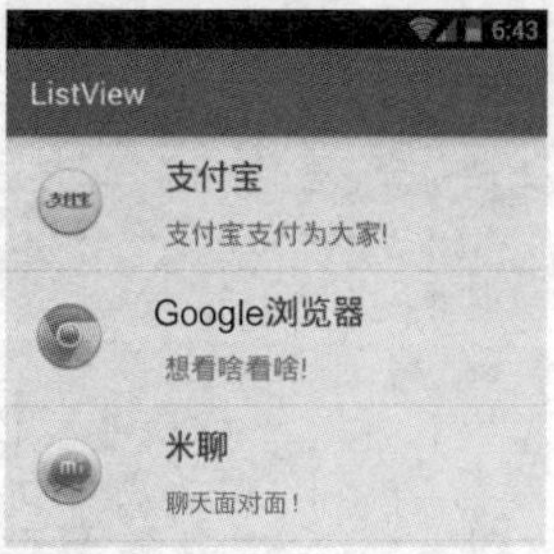

3. BaseAdapter

BaseAdapter 是 Android 中一个万能的适配器。使用 BaseAdapter
一般遵循以下步骤。

① 定义 AdapterView 的子 Item 的布局。

② 获取待显示数据集。

③ 实现 BaseAdapter 实例，主要实现一个构造方法（主要用于传
递数据集合），并重载 BaseAdapter 的如下 4 个方法。

图 6-3　显示效果

- getCount()方法：返回数据集中的数据项个数。
- getItem()：返回数据集中的一个数据项。
- getItemId()：返回数据项索引。
- getView()：返回数据项的显示视图。该方法往往通过 LayoutInflater 加载每个数据项的
  布局，将数据集中的每个数据项的子数据元素与数据项布局中的每个控件进行绑定。

④ 应用适配器，一般格式如下。

```
AdapterView.setAdapter(myBaseAdapter);
```

下面看一个 BaseAdapter 的使用示例。

ListView 中的每个 Item 的布局如下。

```xml
<?xml version="1.0" encoding="utf-8"?>
<RelativeLayout xmlns:android="http://schemas.android.com/apk/res/android"
    android:layout_width="match_parent"
    android:layout_height="match_parent">

    <ImageView
        android:id="@+id/custom_icon"
```

```
            android:layout_width="85dp"
            android:layout_height="85dp" />

    <RelativeLayout android:id="@+id/tv_rLayout" …>
        <TextView android:id="@+id/name" … />
        <TextView android:id="@+id/desc" … />
    </RelativeLayout>

    <Button android:id="@+id/download" … />

</RelativeLayout>
```

自定义的 BaseAdapter 适配器如下。

```java
public class CustomAdapter extends BaseAdapter {

    private Context context;
    private ArrayList<Map<String, Object>> list;
    private LayoutInflater inflater;

    public CustomAdapter(Context context, ArrayList<Map<String, Object>> list) {
        this.inflater = LayoutInflater.from(context);
        this.context = context;
        this.list = list;
    }

    @Override
    public int getCount() {
        return list.size();
    }

    @Override
    public Object getItem(int position) {
        return list.get(position);
    }

    @Override
    public long getItemId(int position) {
        return position;
    }

    @Override
    public View getView(final int position, View convertView, ViewGroup parent) {
        ViewHolder holder = null;
        if (holder == null) {
            holder = new ViewHolder();

            if (convertView == null) {
                //适配并绑定单个 Item 的显示布局
                convertView = inflater.inflate(R.layout.custom_adapter_item, null);
            }
```

```
            //如果 ViewHolder 映射关系不存在，则构造映射关系；如果存在则直接复用
            holder.icon = (ImageView) convertView.findViewById(R.id.custom_icon);
            holder.name = (TextView) convertView.findViewById(R.id.name);
            holder.desc = (TextView) convertView.findViewById(R.id.desc);
            holder.download = (Button) convertView.findViewById(R.id.download);
            convertView.setTag(holder);
        } else {
            //取出 ViewHolder 复用
            holder = (ViewHolder) convertView.getTag();
        }

        //从 list 中设置图标到布局显示
        holder.icon.setBackgroundResource((Integer) list.get(position).get("icon"));
        Integer res = (Integer) list.get(position).get("icon");
        holder.name.setText((String) list.get(position).get("name"));
        holder.desc.setText((String) list.get(position).get("desc"));

        //设置 Button 监听
        holder.download.setOnClickListener(new View.OnClickListener() {
            @Override
            public void onClick(View v) {
                ViewHolder holder = new ViewHolder();
                Log.d("click_debug", list.get(position).get("name") + "开始下载");
                …
            }
        });

        return convertView;
    }

    class ViewHolder {
        private ImageView icon;
        private TextView name, desc;
        private Button download;
    }
}
```

（1）关于 ViewHolder

① ViewHolder 只是一个静态类，不是 Android 的 API 方法。

② ViewHolder 的作用在于减少对 findViewById()方法的调用。先把对 Item 中的控件引用保存在 ViewHolder 里，再通过 convertView.setTag(holder)方法把 Item 中的控件与承载的数据绑定到一起，实现数据与 View 的分离。

（2）关于 convertView 中的 Tag

① Tag 与 ID 的作用不同。Tag 从本质上讲就是给相关联的 View 一些额外的信息。Tag 经常用来存储一些 View 的数据，这样非常方便而且不用使用另外的、单独的数据结构。

② setTag()方法的作用是给 View 对象一个标签。标签可以是任何内容，这里把它设置成一个 ViewHolder。用了 setTag()方法，这个标签就是 ViewHolder 实例化后对象的一个属性。之后对于 ViewHolder 实例化的对象 Holder 的操作，都会因为 Java 的引用机制而一直存活并改变 convertView 的内容，而不是每次都新建一个对象。这样就达到了重用的目的。

AdapterView 所在的 Activity 代码如下。

```java
public class MainActivity extends AppCompatActivity {
    private ListView mListView;
    private CustomAdapter customAdapter;
    private ArrayList<Map<String, Object>> myList;
    private Map<String, Object> myMap;

    @Override
    protected void onCreate(@Nullable Bundle savedInstanceState) {
        super.onCreate(savedInstanceState);
        setContentView(R.layout.custom_adapter);
        mListView = (ListView) findViewById(R.id.custom_adapter_lv);
        ArrayList<Map<String, Object>> list = getMyList();
        customAdapter = new CustomAdapter(BaseAdapterActivity.this, list);
        mListView.setAdapter(customAdapter);
    }

    public ArrayList<Map<String, Object>> getMyList() {
        //同 SimpleAdapter 示例
        …
        return myList;
    }
}
```

显示效果如图 6-4 所示。

图 6-4　显示效果

【知识拓展】SimpleCursorAdapter

　　SimpleCursorAdapter 的数据源来自数据库的查询结果，构造方法如下。

```java
public SimpleCursorAdapter (Context context, int layout, Cursor c, String[]
from, int[] to)
```

　　其中，参数 c 是数据库的查询结果，其余参数同 SimpleAdapter。

 注意　SimpleCursorAdapter 是 ListAdapter 的实现类，用于绑定一个动态的 Cursor。使用 SimpleCursorAdapter 所适配的数据表一定要有_id 这个字段名称，否则会出现"找不到_id 字段"的错误。

SimpleCursorAdapter 的使用示例如下。

```java
public class MainActivity extends AppCompatActivity {
    private ListView simpleCursorListView;
    private SimpleCursorAdapter simpleCursorAdapter;

    @Override
    protected void onCreate(@Nullable Bundle savedInstanceState) {
        super.onCreate(savedInstanceState);
        setContentView(R.layout.simple_cursor_activity);
        //初始化 ListView 控件
        simpleCursorListView = (ListView) findViewById(R.id.simple_cursor_lv);
        //实例化内容接收者
        ContentResolver resolver = getContentResolver();
        //此处访问查询联系人的方法和ContactsContract.Contacts.CONTENT_URI 效果相同
        /* Uri uri=Uri.parse("content://com.android.contacts/contacts");
         *  Cursor cursor =resolver.query(uri,null,null,null,null);*/
        //通过内容接收者去查询数据，返回 Cursor 数据集
        //注意:People.CONTENT_URI 被 ContactsContract.Contacts.CONTENT_URI 替代
        Cursor cursor = resolver.query(ContactsContract.Contacts.CONTENT_URI,
            null, null, null, null);


        if (cursor == null) {
            Log.d("cursor", "cursor is null");
        }


        //实例化 simpleCursorAdapter
        /* Context: 表示当前的 Context, 即 SimpleCursorAdapterActivity.this
        *layout: 单条数据的布局文件 ID
        *Cursor: 数据库查询返回的数据集
        *from: 数据集需要显示的字段
        *to: 布局文件中与显示字段对应的资源 ID
        *flags: 定义该适配器的行为
        */
        simpleCursorAdapter = new SimpleCursorAdapter(this,
                R.layout.simple_cursor_item,
                cursor,
                new String[]{ContactsContract.Contacts.DISPLAY_NAME,
                            ContactsContract.Contacts.NAME_RAW_CONTACT_ID},
                        new int[]{R.id.call_name, R.id.call_number}, 0);
        //设置适配器到 ListView
        simpleCursorListView.setAdapter(simpleCursorAdapter);
        /* while (cursor.moveToNext()){
            String name =cursor.getString(
                    cursor.getColumnIndex(ContactsContract.Contacts.
DISPLAY_NAME));
            Log.d("contact name:",name);
        }*/
    }
}
```

6.1.3 适配器应用

本小节介绍 6.1.2 小节中常用适配器在适配器控件中的应用方法。

1. Spinner

Spinner 是下拉列表框控件，它提供一种快速的选择方式。默认情况下，它显示当前选中的下拉列表项；触摸后，显示其他可选项的下拉列表项，用户可以做出新的选择。Spinner 设计效果如图 6-5 所示。

Spinner 的主要布局属性包括以下几项。

- android:dropDownHorizontalOffset：设置下拉列表框的水平偏移距离。
- android:dropDownVerticalOffset：设置下拉列表框的水平竖直距离。
- android:dropDownSelector：设置下拉列表框被选中时的背景。
- android:dropDownWidth：设置下拉列表框的宽度。

图 6-5 Spinner 设计效果

- android:gravity：设置里面组件的对齐方式。
- android:popupBackground：设置下拉列表框的背景。
- android:prompt：设置对话框模式的下拉列表框的提示信息（标题），只能引用 string.xml 中的资源 ID，而不能直接写字符串。
- android:spinnerMode：下拉列表框的模式。有两个可选值：dialog 表示对话框风格的窗口，dropdown 表示下拉菜单风格的窗口（默认）。
- android:entries：可选属性。使用数组资源设置下拉列表框的列表项。

Spinner 的使用一般遵循以下步骤。

① 生成一个 ArrayAdapter，用于适配 Spinner 下拉列表框的内容。

② 通过 adapter.setDropDownViewResource()方法设置下拉列表框样式。

③ 使用 Spinner.setAdapter()方法将数据源绑定到 Spinner。

④ 使用 Spinner.setOnItemSelectedListener()方法响应下拉列表框的选择。

示例代码如下。

```java
public class MainActivity extends AppCompatActivity
        implements AdapterView.OnItemSelectedListener {

    private Spinner spinner;

    // 数据源
    private String[] city = {"北京", "上海", "广州", "深圳", "长沙", "南京", "杭州"};
    private List<String> list;
    private ArrayAdapter adapter;

    @Override
    protected void onCreate(Bundle savedInstanceState) {
        super.onCreate(savedInstanceState);
        setContentView(R.layout.activity_main);

        initViews();
```

```
        setData();

        adapter = new ArrayAdapter(this, android.R.layout.simple_list_item_1, list);
        adapter.setDropDownViewResource(android.R.layout.simple_spinner_
dropdown_item);
        spinner.setAdapter(adapter);
        spinner.setOnItemSelectedListener(this);
    }

    private void setData() {
        for (int i = 0; i < city.length; i++) {
            list.add(city[i]);
        }
    }

    private void initViews() {
        list = new ArrayList<>();
        spinner = (Spinner) findViewById(R.id.id_spinner);
    }

    @Override
    public void onItemSelected(AdapterView<?> parent, View v, int position,
long id) {
        String cityName = (String) adapter.getItem(position);
        …
    }

    @Override
    public void onNothingSelected(AdapterView<?> parent) {

    }
}
```

2. GridView

GridView 是一种在平面上可显示多个条目的可滚动的栅格视图组件，该组件中的条目通过一个适配器和该组件进行关联。GridView 设计效果如图 6-6 所示。

GridView 的常用布局属性有以下几项。

- android:columnWidth：设置列的宽度。关联方法为 setColumnWidth()方法。
- android:numColumns：设置列数。关联方法为 setNumColumns()方法。
- android:horizontalSpacing：设置两列之间的间距。关联方法为 setHorizontalSpacing()方法。
- android:verticalSpacing：设置两行之间的间距。关联方法为 setVerticalSpacing()方法。
- android:stretchMode：设置缩放模式。关联方法为 setStretchMode()方法。

图 6-6　GridView 设计效果

示例代码如下。

```java
public class MainActivity extends AppCompatActivity {
    private int[] images = {…};
    private String[] text = {…};

    @Override
    protected void onCreate(Bundle savedInstanceState) {
        super.onCreate(savedInstanceState);
        setContentView(R.layout.activity_grid_view__main);
        GridView gridView = (GridView) findViewById(R.id.gridView);
        gridView.setAdapter(new GridAdapter(this, images, text));
    }

    private class GridAdapter extends BaseAdapter {
        private LayoutInflater layoutInflater;
        private int[] images;
        private String[] text;

        public GridAdapter(Context context, int[] images, String[] text) {
            this.images = images;
            this.text = text;
            layoutInflater = LayoutInflater.from(context);
        }

        @Override
        public int getCount() {
            return images.length;
        }

        @Override
        public Object getItem(int position) {
            return images[position];
        }

        @Override
        public long getItemId(int position) {
            return position;
        }

        @Override
        public View getView(int position, View convertView, ViewGroup parent) {
            View v = layoutInflater.inflate(R.layout.item_gridview_layout, null);
            ImageView iv = (ImageView) v.findViewById(R.id.iv_gridView_item);
            TextView tv = (TextView) v.findViewById(R.id.tv_gridView_item);
            iv.setImageResource(images[position]);
            tv.setText(text[position]);
            return v;
        }
    }
}
```

3. Gallery

Gallery 是一个锁定中心条目并且拥有水平滚动列表的视图，一般用于一组相同尺寸图片的显示。Gallery 设计效果如图 6-7 所示。

图 6-7　Gallery 设计效果

Gallery 的重要布局属性有以下几项。

- android:animationDuration：设置布局变化时动画的转换所需的时间（ms）。仅在动画开始时计时。
- android:spacing：设置图片间距。
- android:unselectedAlpha：设置未选中的条目的透明度。该值必须是 float 类型。

示例代码如下。

```
public class MainActivity extends AppCompatActivity implements ViewFactory {
    int index = 0;
    ImageSwitcher imageSwitcher;
    int[] image = {…};

    @Override
    protected void onCreate(Bundle savedInstanceState) {
        super.onCreate(savedInstanceState);
        setContentView(R.layout.gallery);
        imageSwitcher = (ImageSwitcher) findViewById(R.id.imageswitcher);
        imageSwitcher.setFactory(this);
        imageSwitcher.setImageResource(image[index]);
        Gallery gallery = (Gallery) findViewById(R.id.gallery);
        gallery.setAdapter(new ImageAdapter());
        gallery.setOnItemClickListener(new OnItemClickListener() {
            public void onItemClick(AdapterView<?> arg0, View arg1, int arg2,
long arg3) {
                imageSwitcher.setImageResource(image[arg2]);
            }
        });
    }

    class ImageAdapter extends BaseAdapter {
        public int getCount() {
            return image.length;
        }

        public Object getItem(int position) {
            return image[position];
```

```
        }

        public long getItemId(int position) {
            return image[position];
        }

        public View getView(int position, View convertView, ViewGroup parent) {
            ImageView imageView = new ImageView(GalleryActivity.this);
            imageView.setPadding(10, 50, 10, 5);
            imageView.setImageResource(image[position]);
            return imageView;
        }
    }
    /*设置工厂的时候，系统需要返回一个新的 ImageView，此处直接是默认
的就可以了*/
    public View makeView() {
        return new ImageView(this);
    }
}
```

ExpandableList
View

任务 6.1　设计音乐播放器歌曲列表界面

【任务介绍】

1．任务描述

参照音乐播放器歌曲列表界面，使用 ListView 控件和 Base Adapter 适配器，设计音乐播放器歌曲列表界面。

2．运行结果

本任务运行结果如图 6-8 所示。

【任务目标】

● 掌握 ListView 控件的使用方法。
● 掌握 BaseAdapter 适配器的使用方法。
● 掌握创建图片资源、使用图片资源的方法。

图 6-8　运行结果

【实现思路】

● 定义歌曲 Music 实体类，用来表示一首歌曲的图片、歌名、歌手信息。
  然后在 Activity 中虚拟一批 Music 对象。
● 在 Activity 布局中添加 ListView 控件（或继承 ListActivity），并定
  义列表中每个子项的布局文件。
● 自定义 BaseAdapter 适配器，并将虚拟的 Music 对象集合与子项布
  局中的控件进行适配。
● 实现 BaseAdapter 适配器并应用于 ListView 对象。

任务指导书 6.1

设计音乐播放器
歌曲列表界面

● 运行 App 并观察运行结果。

【实现步骤】

见电子活页任务指导书。

6.2 CardView 与 RecyclerView

RecyclerView 是 Android 5.0 中新增的控件，是 ListView 的升级版，也用于显示大量的数据。RecyclerView 常置于 SwipeRefreshLayout 布局中，并用 CardView 显示 RecyclerView 的数据项。

6.2.1 CardView

CardView 是 Android 5.0 中新增的界面控件，扩展于 Frame Layout，主要以卡片的形式显示内容。CardView 设计效果如图 6-9 所示。

CardView 实现在一个卡片布局中显示相同的内容。卡片布局可以设置圆角和阴影，还可以布局其他的 View。CardView 既可作为一般的布局使用，又可作为 ListView 和 RecyclerView 的 Item 使用。

图 6-9　CardView 设计效果

使用 CardView 时需要在 app/build.gradle 中添加如下依赖。

```
implementation "androidx.cardview:cardview:1.0.0"
```

CardView 的主要属性包括以下几项。

● android:cardCornerRadius：在 XML 文件中设置卡片圆角的大小。
● android:cardBackgroundColor：在 XML 文件中设置卡片背景颜色。
● android:elevation：在 XML 文件中设置卡片阴影的大小。
● card_view:cardElevation：在 XML 文件中设置 z 轴阴影的大小。
● card_view:cardMaxElevation：在 XML 文件中设置阴影最大高度。
● card_view:cardCornerRadius：在 XML 文件中设置卡片圆角的大小。
● card_view:contentPadding：在 XML 文件中设置卡片内容与边框的间隔。
● card_view:contentPaddingBottom：在 XML 文件中设置卡片内容与下边框的间隔。类似的属性还有 card_view:contentPaddingTop、card_view:contentPaddingLeft、card_view:contentPaddingRight、card_view:contentPaddingStart 和 card_view:contentPaddingEnd。
● card_view:cardUseCompatPadding：CardView 中是否使用 CompatPadding 来绘制阴影。该属性设置仅对 Android 5.0 及以上的 CardView 有用，Android 5.0 以下默认添加此 Padding。
● card_view:cardPreventConrerOverlap：CardView 中是否使用 PreventCorner Overlap 来让内容不和圆角重叠。该属性设置仅对 Android 5.0 以下的 CardView 有用。

下面的示例是一个典型的包含图片和文字的 CardView 的设计框架。

```
<androidx.cardview.widget.CardView
    android:id="@+id/card_view"
    android:layout_width="match_parent"
    android:layout_height="wrap_content"
```

```
   android:layout_marginBottom="5dp"
   android:layout_marginLeft="@dimen/activity_horizontal_margin"
   android:layout_marginRight="@dimen/activity_horizontal_margin"
   android:layout_marginTop="5dp"
   card_view:cardBackgroundColor="@android:color/white"
   card_view:cardCornerRadius="10dp"
   card_view:cardElevation="24dp">

   <RelativeLayout …">
       <ImageView
           android:id="@+id/img"
           … />

       <TextView
           android:id="@+id/text_desc"
           … />
   </RelativeLayout>
</androidx.cardview.widget.CardView >
```

6.2.2 RecyclerView

与 ListView 相比，RecyclerView 具有如下优点。

① RecyclerView 封装了 ViewHolder 的回收复用。也就是说 Recycler View 将 ViewHolder 标准化，编写适配器面向的是 ViewHolder 而不再是 View。复用的逻辑被封装，写起来更加简单。

拓展视频

RecyclerView

② RecyclerView 专门抽取出相应的类来控制 Item 的显示，使其扩展性非常强。例如，想实现横向或者纵向滑动列表效果可以通过 LinearLayout Manager 类来实现（与 GridView 效果对应的是 GridLayoutManager，与瀑布流效果对应的是 StaggeredGridLayoutManager 等）。也就是说 RecylerView 不再拘泥于 ListView 的线性展示方式，它可以实现 GridView 等多种效果。若想控制 Item 的分隔线，可以通过继承 RecyclerView 的 ItemDecoration 类，然后针对自己的业务需求编写代码。

③ RecyclerView 实现了通过 ItemAnimator 类进行 Item 动画的增删控制。针对增删的动画，RecyclerView 有自己默认的实现方法。

使用 RecyclerView 需要添加如下依赖。

```
implementation "androidx.recyclerview:recyclerview:1.1.0"
// 控制通过触摸和鼠标驱动选择的项目
implementation "androidx.recyclerview:recyclerview-selection:1.1.0"
```

为了实现下拉刷新，通常将 RecyclerView 放在 SwipeRefreshLayout 中，常见布局形式如下。

```
<?xml version="1.0" encoding="utf-8"?>
<androidx.coordinatorlayout.widget.CoordinatorLayout
   xmlns:android="http://schemas.android.com/apk/res/android"
   xmlns:app="http://schemas.android.com/apk/res-auto"
   xmlns:tools="http://schemas.android.com/tools"
   …>
   <!--工具栏-->
   <com.google.android.material.appbar.AppBarLayout
       android:layout_width="match_parent"
       android:layout_height="wrap_content"
```

```
        android:theme="@style/AppTheme.AppBarOverlay">

        < androidx.appcompat.widget.Toolbar
            android:id="@+id/toolbar"
            … />
    </com.google.android.material.appbar.AppBarLayout >

    <!--下拉刷新控件-->
    <androidx.swiperefreshlayout.widget.SwipeRefreshLayout
        android:id="@+id/grid_swipe_refresh"
        android:layout_width="match_parent"
        android:layout_height="match_parent"
        app:layout_behavior="@string/appbar_scrolling_view_behavior">

        <androidx.recyclerview.widget.RecyclerView
            android:id="@+id/grid_recycler"
            android:layout_width="match_parent"
            android:layout_height="match_parent" />
    </androidx.swiperefreshlayout.widget.SwipeRefreshLayout >
</androidx.coordinatorlayout.widget.CoordinatorLayout>
```

RecyclerView 的架构如图 6-10 所示。

（1）RecycleView.Adapter<ViewHolder>

使用 RecyclerView 之前，需要一个继承 Recycler View.Adapter 的适配器，其作用是将数据与每一个 Item 的界面进行绑定。

RecyclerView.Adapter 主要实现 3 个方法。

- getItemCount()：类似于 BaseAdapter 的 getCount()方法，获取数据集总的条目数。
- onCreateViewHolder()：创建 ViewHolder，为每个 Item 载入一个 View。
- onBindViewHolder()：将数据绑定至 View Holder，即用于适配渲染数据到 View 中。

例如：

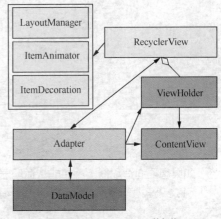

图 6-10　RecyclerView 的架构

```
public class ImageRecyclerAdapter
       extends RecyclerView.Adapter<ImageRecyclerAdapter.ViewHolder> {

    private List<ViewModel> items;
    private int itemLayout;

    public ImageRecyclerAdapter (List<ViewModel> items, int itemLayout) {
        this.items = items;
        this.itemLayout = itemLayout;
    }

    @Override
    public ViewHolder onCreateViewHolder(ViewGroup parent, int viewType) {
        View v = LayoutInflater.from(
                parent.getContext()).inflate(itemLayout, parent, false);
```

```
        return new ViewHolder(v);
    }

    @Override
    public void onBindViewHolder(ViewHolder holder, int position) {
        ViewModel item = items.get(position);
        holder.text.setText(item.getText());
        holder.image.setImageBitmap(null);
        Picasso.with(holder.image.getContext())
                .cancelRequest(holder.image);
        Picasso.with(holder.image.getContext())
                .load(item.getImage()).into(holder.image);
        holder.itemView.setTag(item);
    }

    @Override
    public int getItemCount() {
        return items.size();
    }

    public static class ViewHolder extends RecyclerView.ViewHolder {
        public ImageView image;
        public TextView text;

        public ViewHolder(View itemView) {
            super(itemView);
            image = (ImageView) itemView.findViewById(R.id.image);
            text = (TextView) itemView.findViewById(R.id.text);
        }
    }
}
```

如果想要向适配器上添加或从适配器上移除条目，需要明确通知适配器，代码如下。

```
public void add(ViewModel item, int position) {
    items.add(position, item);
    notifyItemInserted(position);
}

public void remove(ViewModel item) {
    int position = items.indexOf(item);
    items.remove(position);
    notifyItemRemoved(position);
}
```

（2）LayoutManager

LayoutManager 是 RecyclerView 的布局管理器，它设置每一项 View 在 RecyclerView 中的位置布局以及控件 Item View 的显示或者隐藏，还可以管理滚动和循环利用。

LayoutManager 是一个抽象类，系统为其提供了 3 个实现类。

● LinearLayoutManager：线性布局管理器，支持横向、纵向滑动列表，如图 6-11（a）所示。例如：

```
mRecyclerView.setHasFixedSize(true);
RecyclerView.LayoutManager layoutManager = new LinearLayoutManager(getActivity());
mRecyclerView.setLayoutManager (layoutManager);
```

- GridLayoutManager: 网格布局管理器，支持横向、纵向滑动列表，设计效果类似图 6-6。例如：

```
GridLayoutManager layoutManager = new GridLayoutManager(getActivity(),columNum);
layoutManager.setOrientation(OrientationHelper.HORIZONTAL);
mRecyclerView.setLayoutManager (layoutManager);
```

- StaggeredGridLayoutManager: 瀑布式布局管理器，支持横向、纵向滑动列表，如图 6-11（b）所示。例如：

```
StaggeredGridLayoutManager layoutManager =
new StaggeredGridLayoutManager(2, OrientationHelper.VERTICAL);
mRecyclerView.setLayoutManager (layoutManager);
```

（a）   （b）

图 6-11　RecyclerView 列表布局与瀑布式布局示例

除此以外，也可以继承 RecyclerView.LayoutManager 来实现一个自定义的 LayoutManager。

（3）ItemDecoration

ItemDecoration 是一个抽象类，用于设计 RecyclerView 的分割线并通过 RecyclerView 的 addItemDecoration()方法进行设置。这个类包含 3 个方法。

- onDraw(): 在 ItemView 内部绘制图形。
- onDrawOver(): 在 ItemView 内容之上绘制图形。
- getItemOffsets(): 设置 ItemView 四边的边距。

下面是 ItemDecoration 的实现示例，核心代码如下。

```
public class DividerItemDecoration extends RecyclerView.ItemDecoration {

    private static final int[] ATTRS = new int[]{
            android.R.attr.listDivider
    };

    public static final int HORIZONTAL_LIST = LinearLayoutManager.HORIZONTAL;
    public static final int VERTICAL_LIST = LinearLayoutManager.VERTICAL;
```

```
    private Drawable mDivider;
    private int mOrientation;

    public DividerItemDecoration(Context context, int orientation) {
        final TypedArray a = context.obtainStyledAttributes(ATTRS);
        mDivider = a.getDrawable(0);
        a.recycle();
        setOrientation(orientation);
    }

    public void setOrientation(int orientation) {
        if (orientation != HORIZONTAL_LIST && orientation != VERTICAL_LIST) {
            throw new IllegalArgumentException("invalid orientation");
        }
        mOrientation = orientation;
    }


    @Override
    public void onDraw(Canvas c, RecyclerView parent) {
        if (mOrientation == VERTICAL_LIST) {
            drawVertical(c, parent);
        } else {
            drawHorizontal(c, parent);
        }
    }

    public void drawVertical(Canvas c, RecyclerView parent) {
        final int left = parent.getPaddingLeft();
        final int right = parent.getWidth() - parent.getPaddingRight();
        final int childCount = parent.getChildCount();

        for (int i = 0; i < childCount; i++) {
            final View child = parent.getChildAt(i);
            final RecyclerView.LayoutParams params = (RecyclerView.LayoutParams)
child
                    .getLayoutParams();
            final int top = child.getBottom() + params.bottomMargin;
            final int bottom = top + mDivider.getIntrinsicHeight();
            mDivider.setBounds(left, top, right, bottom);
            mDivider.draw(c);
        }
    }

    public void drawHorizontal(Canvas c, RecyclerView parent) {
        final int top = parent.getPaddingTop();
        final int bottom = parent.getHeight() - parent.getPaddingBottom();
        final int childCount = parent.getChildCount();

        for (int i = 0; i < childCount; i++) {
            final View child = parent.getChildAt(i);
            final RecyclerView.LayoutParams params = (RecyclerView.LayoutParams)
```

```
child
                .getLayoutParams();
        final int left = child.getRight() + params.rightMargin;
        final int right = left + mDivider.getIntrinsicHeight();
        mDivider.setBounds(left, top, right, bottom);
        mDivider.draw(c);
        }
    }


    @Override
    public void getItemOffsets(Rect outRect, int itemPosition, RecyclerView
parent) {
        if (mOrientation == VERTICAL_LIST) {
            outRect.set(0, 0, 0, mDivider.getIntrinsicHeight());
        } else {
            outRect.set(0, 0, mDivider.getIntrinsicWidth(), 0);
        }
    }
}
```

（4）ItemAnimator

RecyclerView 对于 Item 的添加和删除是默认开启动画的。可以通过 RecyclerView.Item
Animator 类定制动画，然后通过 RecyclerView.setItemAnimator()方法进行使用。下面是使用
DefaultItemAnimator 的示例。

```
mRecyclerView.setItemAnimator(new DefaultItemAnimator());
```

（5）单击事件

Context 可以通过 onRecyclerView.addOnItemTouchListener 监听手势事件，也可以通过
适配器自己提供回调。例如，在 Adapter 类中添加以下接口。

```
public interface OnRecyclerViewItemClickListener {
    void onItemClick(View view, int position);
    void onItemLongClick(View view, int position);
}


private OnRecyclerViewItemClickListener mOnItemClickListener = null;
public void setOnItemClickListener(
        OnRecyclerViewItemClickListener listener) {
    this.mOnItemClickListener = listener;
}
```

在 Adapter 类中的 onBindViewHolder()方法回调该接口。

```
@Override
public void onBindViewHolder(MyViewHolder holder, final int position) {
    holder.tv.setText( mDatas.get(position));
    if( mOnItemClickListener!= null){
        holder.itemView.setOnClickListener( new OnClickListener() {

            @Override
            public void onClick(View v) {
                mOnItemClickListener.onClick(position);
            }
```

```
        });

        holder.itemView.setOnLongClickListener( new OnLongClickListener() {
            @Override
            public boolean onLongClick(View v) {
                mOnItemClickListener.onLongClick(position);
                return false;
            }
        });
    }
}
```

最后，在 Activity 或其他位置为 RecyclerView 添加项目单击事件。

```
mAdapter.setOnItemClickListener(
        new ImageRecyclerAdapter.OnRecyclerViewItemClickListener() {
    @Override
    public void onItemClick(View view, DataModel data) {
        // 列表项的点击事件处理
    }
});
```

6.2.3　RecyclerView+SwipeRefreshLayout 应用

RecyclerView 的典型应用是放置在 SwipeRefreshLayout 中，实现下拉刷新和上拉加载，如图 6-12 所示。

图 6-12　RecyclerView+ SwipeRefreshLayout 应用示例

SwipeRefreshLayout 是 Google 公司在 support v4 19.1 的 Library 更新的一个下拉刷新组件。SwipeRefreshLayout 组件只接收一个子组件，即需要刷新的那个组件。它使用监听机制来通知拥有该组件的监听器有刷新事件发生，即 Activity 必须实现通知（Notification）的接口。该 Activity 负责处理事件刷新和刷新相应的视图。一旦监听者接收到该事件，刷新过程中应处理的位置就被处理了。

使用 SwipeRefreshLayout 需要添加如下依赖。

```
implementation "androidx.swiperefreshlayout:swiperefreshlayout:1.0.0"
```

SwipeRefreshLayout 主要包括以下几个方法。

- setOnRefreshListener(): 设置下拉监听，当用户下拉的时候执行回调。
- setColorSchemeColors(): 设置进度条的颜色变化，最多可以设置 4 种颜色。
- setProgressBackgroundColor(): 设置进度条的背景色。
- setProgressViewOffset(): 设置进度条距离屏幕顶部的距离。
- setRefreshing(): 设置 SwipeRefreshLayout 当前是否处于刷新状态。一般在请求数据的时候设置为 true，在数据被加载到 View 后设置为 false。
- setSize(): 设置进度条的大小。有两个值：DEFAULT、LARGE。

1. 下拉刷新

下面的代码演示了获取 SwipeRefreshLayout 控件并且设置 OnRefreshListener 监听器，同时实现里面的 onRefresh()方法，在该方法中进行网络请求最新数据，然后刷新 RecyclerView 列表并设置 SwipeRefreshLayout 的进度条的隐藏或者显示效果。具体代码如下。

```java
mSwipeRefreshLayout = (SwipeRefreshLayout).findViewById(R.id.swiperefreshlayout);
mSwipeRefreshLayout.setProgressBackgroundColorSchemeResource( android.R.
color.white);
mSwipeRefreshLayout.setColorSchemeResources(
        android.R.color.holo_blue_light,
        android.R.color.holo_red_light,
        android.R.color.holo_orange_light,
        android.R.color.holo_green_light);
mRecyclerView = (RecyclerView) findViewById(R.id.recycler);
GridLayoutManager gridLayoutManager = new GridLayoutManager(this, 2);
mRecyclerView.setLayoutManager(gridLayoutManager);
mRecyclerView.setAdapter(new InstanceAdapter(this));

adapter.setOnItemClickListener(new InstanceAdapter.OnItemClickListener() {
    @Override
    public void onItemClick(View view, int position) {
        …
    }
});

mSwipeRefreshLayout.setOnRefreshListener(
    new SwipeRefreshLayout.OnRefreshListener() {
        @Override
        public void onRefresh() {
            new Handler().postDelayed(new Runnable() {
                @Override
                public void run() {
                    …
                    adapter.addRefreshBeans(temp);
                    mSwipeRefreshLayout.setRefreshing(false);
                }
            }, 3000);
        }
    });
```

```
mRecyclerView.setOnScrollListener(new RecyclerView.OnScrollListener() {
    @Override
    public void onScrollStateChanged(RecyclerView recycler, int newState) {
        super.onScrollStateChanged(recycler, newState);
        …
    }

    @Override
    public void onScrolled(RecyclerView recyclerView, int dx, int dy) {
        super.onScrolled(recyclerView, dx, dy);
        …
    }
});
```

在上面的代码中，要使用 SwipeRefreshLayout 实现下拉刷新，只需设置 OnRefreshListener 监听器；要实现上拉加载更多数据给 RecyclerView，需要添加 OnScrollListener 判断是否已经下拉滑动到底部，然后开始加载更多数据。

2. 上拉加载

SwipeRefreshLayout 只提供了下拉刷新功能，没有提供上拉加载功能。要实现上拉加载功能，需要在 RecyclerView 底部添加上拉到底的标识，因此需要重新定义 RecyclerView 的适配器。例如：

```
public class RefreshAdapter extends RecyclerView.Adapter<RecyclerView.ViewHolder> {
    private final static int TYPE_CONTENT=0;//正常内容
    private final static int TYPE_FOOTER=1;//下拉刷新

    @Override
    public int getItemViewType(int position) {
        if (position==listData.size()){
            return TYPE_FOOTER; //判断滑动到最底部时，返回的ViewType为TYPE_FOOTER
        }
        return TYPE_CONTENT;
    }

    @Override
    public RecyclerView.ViewHolder onCreateViewHolder(ViewGroup parent, int
viewType) {
        if (viewType==TYPE_FOOTER){
            View view = LayoutInflater.from(getApplicationContext())
                    .inflate(R.layout.activity_main_foot, parent, false);
            return new FootViewHolder(view);
        }
        else {
            View view = LayoutInflater.from(getApplicationContext())
                    .inflate(R.layout.activity_main_item, parent, false);
            MyViewHolder myViewHolder = new MyViewHolder(view);
            return myViewHolder;
        }
    }

    @Override
    public void onBindViewHolder(RecyclerView.ViewHolder holder, final int
```

```
position) {
        if (getItemViewType(position)==TYPE_FOOTER){

        }
        else{
            MyViewHolder viewHolder= (MyViewHolder) holder;
            viewHolder.textView.setText("第" + position + "行");
        }
    }

    @Override
    public int getItemCount() {
        return listData.size()+1; //由于手动增加了一个 Footer, 因此 Item 个数需要加 1
    }

    private class MyViewHolder extends RecyclerView.ViewHolder {
        private TextView textView;
        public MyViewHolder(View itemView) {
            super(itemView);
            textView = itemView.findViewById(R.id.textItem);
        }
    }

    private class FootViewHolder extends RecyclerView.ViewHolder{
        private ContentLoadingProgressBar progressBar;
        public FootViewHolder(View itemView) {
            super(itemView);
            progressBar=itemView.findViewById(R.id.pb_progress);
        }
    }
}
```

activity_main_foot.xml 布局如下。

```
<LinearLayout xmlns:android="http://schemas.android.com/apk/res/android"
    android:layout_width="match_parent"
    android:layout_height="wrap_content">

    <android.support.v4.widget.ContentLoadingProgressBar
        android:id="@+id/pb_progress"
        style="?android:attr/progressBarStyle"
        android:layout_width="match_parent"
        android:layout_height="wrap_content"
        android:layout_gravity="center_horizontal" />
</LinearLayout>
```

重写设置上拉加载的接口方法，代码如下。

```
public abstract class onLoadMoreListener extends RecyclerView.OnScrollListener {
    private int countItem;
    private int lastItem;
    private boolean isScolled = false;//是否可以滑动
    private RecyclerView.LayoutManager layoutManager;

    /**
```

```
 * 加载回调方法
 * @param countItem 总数量
 * @param lastItem  最后显示的position
 */
protected abstract void onLoading(int countItem, int lastItem);

@Override
public void onScrollStateChanged(RecyclerView recyclerView, int newState) {
    //拖动或者惯性滑动时isScolled设置为true
    if (newState == SCROLL_STATE_DRAGGING || newState == SCROLL_STATE_SETTLING) {
        isScolled = true;
    } else {
        isScolled = false;
    }

}

@Override
public void onScrolled(RecyclerView recyclerView, int dx, int dy) {
    if (recyclerView.getLayoutManager() instanceof LinearLayoutManager) {
        layoutManager = recyclerView.getLayoutManager();
        countItem = layoutManager.getItemCount();
        lastItem = ((LinearLayoutManager) layoutManager)
            .findLastCompletelyVisibleItemPosition();
    }

    if (isScolled && countItem != lastItem && lastItem == countItem - 1) {
        onLoading(countItem, lastItem);
    }
}
}
```

最后，给 RecyclerView 添加监听。

```
mRecyclerView.addOnScrollListener(new onLoadMoreListener() {
    @Override
    protected void onLoading(int countItem,int lastItem) {
        handler.postDelayed(new Runnable() {
            @Override
            public void run() {
                getData("loadMore"); // loadMore 是一个标识判断
            }
        },1000);
    }
});
```

任务 6.2 设计 App "通讯录" 界面

【任务介绍】

1. 任务描述

参照微信"通讯录"界面，使用 RecyclerView 控件和 RecyclerView.Adapter 适配器，通过

ContentResolver 获取手机联系人信息，设计 App "通讯录" 界面。

2. 运行结果

本任务运行结果如图 6-13 所示。

【任务目标】

- 掌握 RecyclerView 控件的使用方法。
- 掌握 RecyclerView.Adapter 适配器的使用方法。
- 了解通过 ContentResolver 获取手机联系人信息的方法。
- 了解动态获取手机联系人权限的方法。

图 6-13　运行结果

【实现思路】

- 通过 ContentResolver 获取手机联系人信息。
- 将获取到的手机联系人信息，按照首字母进行组织（使用
  pinyin4j.jar）。
- 根据列表子项信息的差异，设计对应的子项布局文件。
- 参照微信 "通讯录" 界面，通过 RecyclerView 控件和 Recycler
  View.Adapter 适配器对按照首字母组织的手机联系人信息进行展示。
- 运行 App 并观察运行结果。

任务指导书 6.2

设计 App
"通讯录" 界面

【实现步骤】

见电子活页任务指导书。

6.3　ViewPager 与 PagerAdapter

ViewPager 是 Android 中的一个容器控件，它常借助 PagerAdapter 将多个 Fragment 组合，实现多屏界面的滑动。

6.3.1　ViewPager

ViewPager 是 Android SDK 扩展包 androidx.viewpager.widget 中的控件，能够实现只显示当前一组界面中的其中一个界面。当用户左右滑动界面时，当前的屏幕显示当前界面和下一个界面的一部分。滑动结束后，界面自动跳转到当前选择的界面中。ViewPager 设计效果如图 6-14 所示。

图 6-14　ViewPager 设计效果

ViewPager 类直接继承 ViewGroup 类，所以它是一个容器类，可以在其中添加其他 View 类。ViewPager 类需要一个 PagerAdapter 类给它提供数据。ViewPager 经常和 Fragment 一起使用，并且 Android 提供专门的 FragmentPagerAdapter 类和 FragmentStatePagerAdapter 类供 Fragment 中的 ViewPager 使用。

使用 ViewPager 实现一个简单的页面切换，步骤如下。

① 在布局文件里加入 ViewPager，例如：

```
<androidx.viewpager.widget.ViewPager
    android:id="@+id/viewpager"
    android:layout_width="match_parent"
    android:layout_height="wrap_content"
    android:layout_gravity="center" />
```

② 建立 n 个子页面布局文件，用于滑动切换的视图。

③ 通过 LayoutInflater 加载 n 个子页面给 View 对象，并将 View 对象添加到集合 ArrayList <View>中。

④ 实现 PagerAdapter，包括实现 instantiateItem()、destroyItem()、getCount()和 isViewFromObject()等方法。例如：

```
PagerAdapter pagerAdapter = new PagerAdapter() {

    @Override
    public boolean isViewFromObject(View arg0, Object arg1) {
        return arg0 == arg1;
    }

    @Override
    public int getCount() {
        return viewList.size();
    }

    @Override
    public void destroyItem(ViewGroup container, int position,Object object) {
        container.removeView(viewList.get(position));
    }

    @Override
    public Object instantiateItem(ViewGroup container, int position) {
        container.addView(viewList.get(position));

        return viewList.get(position);
    }
};
```

- instantiateItem()：创建指定位置的页面视图。
- destroyItem()：移除一个指定位置的页面。
- getCount()：返回当前有效视图的个数。
- isViewFromObject()：判断 instantiateItem()方法所返回的 key 与即将加载的 View 是 否是同一个 View。如果对应的是同一个 View，则返回 True，否则返回 False。

⑤ 通过 setAdapter()方法为 ViewPager 添加适配器。

⑥ 实现 ViewPager 的 OnPageChangeListener()方法，响应页面切换的事件处理。

```java
viewPager.setOnPageChangeListener(new OnPageChangeListener() {
    @Override
    public void onPageScrollStateChanged(int position) {
    }

    @Override
    public void onPageScrolled(int position, float positionOffset,
            int positionOffsetPixels) {
    }

    @Override
    public void onPageSelected(int position) {
    }
});
```

6.3.2　PagerAdapter

　　ViewPager 通常会和 Fragment 结合起来使用，这样实现起来比较简单，同时便于管理每个页面的生命周期。

　　和上文介绍的实现简单的页面切换稍有不同的是，这里使用 Fragment 代替切换的 View，并使用 androidx.fragment.app 包中的 FragmentPagerAdapter 或 FragmentStatePagerAdapter 等专门的适配器重组页面的切换。

　　FragmentPagerAdapter 继承 PagerAdapter，主要用来展示多个 Fragment 页面，并且每一个 Fragment 页面都会被保存在 FragmentManager 中。FragmentPagerAdapter 更适用于少量且相对静态的页面。对于较多的页面集合，推荐使用 FragmentStatePagerAdapter。Fragment PagerAdapter 的派生类只需要实现 getItem()方法和 getCount()方法。

　　FragmentStatePagerAdapter 继承 PagerAdapter，主要使用 Fragment 来管理每个页面。这个类可以用来保存和恢复 Fragment 页面的状态。FragmentStatePagerAdapter 更多用于大量页面，例如视图列表。当某个页面对用户不再可见时，它的整个 Fragment 就会被销毁，仅保留 Fragment 状态。相比于 FragmentPagerAdapter，这样做的好处是在访问各个页面时能节约大量的内存开销，但代价是在页面切换时会增加开销。当使用 FragmentStatePagerAdapter 的时候，对应的 ViewPager 必须拥有一个有效的 ID 集。

　　下面的示例演示了 FragmentStatePagerAdapter 的使用方法。

```java
public class CollectionDemoFragment extends Fragment {
    DemoCollectionPagerAdapter demoCollectionPagerAdapter;
    ViewPager viewPager;

    @Nullable
    @Override
    public View onCreateView(@NonNull LayoutInflater inflater,
            @Nullable ViewGroup container,
            @Nullable Bundle savedInstanceState) {
        return inflater.inflate(R.layout.collection_demo, container, false);
    }

    @Override
```

```
    public void onViewCreated(@NonNull View view, @Nullable Bundle
savedInstanceState) {
        demoCollectionPagerAdapter = new DemoCollectionPagerAdapter(
            getChildFragmentManager());
        viewPager = view.findViewById(R.id.pager);
        viewPager.setAdapter(demoCollectionPagerAdapter);
    }
}

public class DemoCollectionPagerAdapter extends FragmentStatePagerAdapter {
    public DemoCollectionPagerAdapter(FragmentManager fm) {
        super(fm);
    }

    @Override
    public Fragment getItem(int i) {
        Fragment fragment = new DemoObjectFragment();
        Bundle args = new Bundle();
        args.putInt(DemoObjectFragment.ARG_OBJECT, i + 1);
        fragment.setArguments(args);
        return fragment;
    }

    @Override
    public int getCount() {
        return 100;
    }

    @Override
    public CharSequence getPageTitle(int position) {
        return "OBJECT " + (position + 1);
    }
}

public class DemoObjectFragment extends Fragment {
    public static final String ARG_OBJECT = "object";

    @Override
    public View onCreateView(LayoutInflater inflater,
            ViewGroup container, Bundle savedInstanceState) {
        return inflater.inflate(R.layout.fragment_collection_object,
container, false);
    }

    @Override
    public void onViewCreated(@NonNull View view, @Nullable Bundle
savedInstanceState) {
        Bundle args = getArguments();
        ((TextView) view.findViewById(android.R.id.text1))
            .setText(Integer.toString(args.getInt(ARG_OBJECT)));
    }
}
```

6.3.3 TabLayout+ViewPager+Fragment 应用

TabLayout 提供一个水平的布局来展示标签，通常放在上方与 ViewPager 一起使用。ViewPager 里的 Fragment 与顶部的标签联动，实现滑动的标签式页面。标签页设计效果如图 6-15所示。

图 6-15　标签页设计效果

下面是使用 TabLayout、ViewPager 和 Fragment 实现页面切换的典型布局，代码如下。

```xml
<androidx.viewpager.widget.ViewPager
    android:id="@+id/view_pager"
    android:layout_width="match_parent"
    android:layout_height="match_parent"
    app:layout_behavior="@string/appbar_scrolling_view_behavior" />

    <com.google.android.material.appbar.AppBarLayout
        android:layout_width="match_parent"
        android:layout_height="wrap_content"
        android:theme="@style/AppTheme.AppBarOverlay">


    <TextView
        android:id="@+id/title"
        android:layout_width="wrap_content"
        android:layout_height="wrap_content"
        android:gravity="center"
        android:minHeight="?actionBarSize"
        android:padding="@dimen/appbar_padding"
        android:text="@string/app_name"
        android:textAppearance="@style/TextAppearance.Widget.AppCompat.
Toolbar.Title" />


    <com.google.android.material.tabs.TabLayout
        android:id="@+id/tabs"
        android:layout_width="match_parent"
        android:layout_height="wrap_content"
```

```
                android:background="?attr/colorPrimary" />
</com.google.android.material.appbar.AppBarLayout>
```

TabLayout 的基本属性包括以下几项。

- app:tabIndicatorColor：指示条的颜色。
- app:tabIndicatorHeight：指示条的高度。
- app:tabBackground：TabLayout 的背景色。
- app:tabSelectedTextColor：标签被选中时的字体颜色。
- app:tabTextColor：标签未被选中时的字体颜色。
- app:tabMode=""：标签是否可滑动。默认是 fixed，即固定的。标签很多时候会被挤压，不能滑动。
- app:tabPadding：设置标签内部的子控件的 Padding。
- app:paddingStart/app:paddingEnd：设置整个 TabLayout 的 Padding。
- app:tabGravity：设置标签内容的显示模式。

TabLayout 和 ViewPager 结合使用的一般步骤是：先实例化 ViewPager 和 TabLayout，TabLayout 对象调用 addTab()方法添加标签页；然后 ViewPager 调用 setupWithViewPager()方法设置 TabLayout 和 ViewPager 关联，这样就实现单击或滑动上面的标签，下面的 ViewPager 跟着切换。示例的核心代码如下。

```java
public class MainActivity extends AppCompatActivity {

    private TabLayout tabs;
    private ViewPager viewPager;
    private List<String> mTitle = new ArrayList<String>();
    private List<Fragment> mFragment = new ArrayList<Fragment>();

    @Override
    protected void onCreate(Bundle savedInstanceState) {
        super.onCreate(savedInstanceState);
        setContentView(R.layout.activity_main);
        initView();

        PagerAdapter adapter = new PagerAdapter(
                getSupportFragmentManager(), mTitle, mFragment);
        viewPager.setAdapter(adapter);
        tabs.setupWithViewPager(viewPager); /*必须在 ViewPager.setAdapter()方
法之后调用*/
        tabs.setTabsFromPagerAdapter(adapter);
    }

    private void initView() {
        tabs = (TabLayout) findViewById(R.id.tabs);
        viewPager = (ViewPager) findViewById(R.id.viewPager);
        mTitle.add("CUPCAKE");
        mFragment.add(new Fragment1());
        …
    }
}
```

```
public class PagerAdapter extends FragmentPagerAdapter {

    private List<String> title;
    private List<Fragment> views;

    public PagerAdapter(FragmentManager fm, List<String> title,
                    List<Fragment> views) {
        super(fm);
        this.title = title;
        this.views = views;
    }

    @Override
    public Fragment getItem(int position) {
        return views.get(position);
    }

    @Override
    public int getCount() {
        return views.size();
    }

    @Override
    public CharSequence getPageTitle(int position) {
        return title.get(position);
    }
}
```

TabLayout 与 Fragment 结合的设计效果如图 6-16 所示。

图 6-16　TabLayout 与 Fragment 结合的设计效果

TabLayout 最重要的方法是标签被选中时的监听方法，代码如下。

```
tabLayout.setOnTabSelectedListener(newTabLayout.OnTabSelectedListener() {

    @Override
    public voidonTabSelected(TabLayout.Tab tab) {
```

```
        //选中标签的逻辑
    }

    @Override
    public voidonTabUnselected(TabLayout.Tab tab) {
        //未选中标签的逻辑
    }

    @Override
    public voidonTabReselected(TabLayout.Tab tab) {
        //再次选中标签的逻辑
    }

});
```

【知识拓展】BottomNavigationView + Fragment 应用

　　BottomNavigationView 是 com.google.android.material.
bottomnavigation 包中提供的用于底部导航的控件，其设计效
果如图 6-17 所示。

　　使用 BottomNavigationView 的基本步骤如下。

　　① 在 app/build.gradle 中添加如下依赖。

图 6-17　BottomNavigationView 设计效果

```
implementation 'androidx.navigation:navigation-fragment:2.0.0'
implementation 'androidx.navigation:navigation-ui:2.1.0'
```

　　② 设计布局，代码如下。

```xml
<?xml version="1.0" encoding="utf-8"?>
<androidx.constraintlayout.widget.ConstraintLayout
    xmlns:android="http://schemas.android.com/apk/res/android"
    xmlns:app="http://schemas.android.com/apk/res-auto"
    android:id="@+id/container"
    android:layout_width="match_parent"
    android:layout_height="match_parent"
    android:paddingTop="?attr/actionBarSize">

    <com.google.android.material.bottomnavigation.BottomNavigationView
        android:id="@+id/nav_view"
        android:layout_width="0dp"
        android:layout_height="wrap_content"
        android:layout_marginStart="0dp"
        android:layout_marginEnd="0dp"
        android:background="?android:attr/windowBackground"
        app:layout_constraintBottom_toBottomOf="parent"
        app:layout_constraintLeft_toLeftOf="parent"
        app:layout_constraintRight_toRightOf="parent"
        app:menu="@menu/bottom_nav_menu" />

    <fragment
        android:id="@+id/nav_host_fragment"
```

```
    android:name="androidx.navigation.fragment.NavHostFragment"
    android:layout_width="match_parent"
    android:layout_height="match_parent"
    app:defaultNavHost="true"
    app:layout_constraintBottom_toTopOf="@id/nav_view"
    app:layout_constraintLeft_toLeftOf="parent"
    app:layout_constraintRight_toRightOf="parent"
    app:layout_constraintTop_toTopOf="parent"
    app:navGraph="@navigation/mobile_navigation" />

</androidx.constraintlayout.widget.ConstraintLayout>
```

③ 为底部导航准备菜单资源 bottom_nav_menu，为底部触发切换 Fragment 准备导航资源 mobile_navigation。

④ 准备切换的 Fragment 及 ViewModel。

⑤ 实现底部导航，代码如下。

```
BottomNavigationView navView = findViewById(R.id.nav_view);
// 传递一组菜单 ID
AppBarConfiguration appBarConfiguration = new AppBarConfiguration.Builder(
        R.id.navigation_home, R.id.navigation_dashboard, R.id.navigation_
notifications)
        .build();
NavController navController = Navigation.findNavController(this,
        R.id.nav_host_fragment);
NavigationUI.setupActionBarWithNavController(this,
        navController, appBarConfiguration);
NavigationUI.setupWithNavController(navView, navController);
```

本章小结

本章主要介绍了使用适配器实现大批量数据在用户界面显示的知识，包括 BaseAdapter、ArrayAdapter、SimpleAdapter 的设计与使用方法，重点介绍了使用 RecyclerView + Swipe RefreshLayout 实现大批量数据滑动更新的设计方法，还介绍了使用 TabLayout+ViewPager+Fragment 构建上方标签页的布局方式，这也是 App 中较为常见的布局方式。第 7 章将介绍在用户界面中通过菜单和对话框与用户交互的方法。

动手实践

设计一个图 6-18 所示的宠物 App 界面，在每个标签页使用 RecyclerView + CardView 显示宠物的照片。

图 6-18　宠物 App 界面

第7章
菜单与对话框设计

07

【学习目标】

子单元名称	知识目标	技能目标
子单元1：菜单设计	目标1：理解菜单资源标签属性的含义 目标2：理解常用菜单的触发方式 目标3：理解菜单回调方法参数的含义	目标1：掌握创建和引用菜单资源的方法 目标2：掌握菜单的回调方法设计 目标3：掌握动态改变菜单项的方法
子单元2：对话框设计	目标1：理解对话框的应用场景 目标2：理解 Toast、Notification 构造方法参数的含义 目标3：理解用户通知的应用场景	目标1：掌握对话框的设计方法 目标2：掌握扩展和自定义对话框的方法
子单元3：应用栏设计	目标1：理解应用栏的主要功能 目标2：理解应用栏的应用场景	目标1：掌握 Toolbar、ActionBar 的设计方法 目标2：掌握使用 CoordinatorLayout+AppBarLayout 实现复杂应用栏的方法

拓展视频

7.1 菜单设计

菜单设计

菜单是用户界面中最常见的元素之一，是应用重要的组成部分，它提供给用户一个熟悉的接口以进入应用功能或设置。Android 使用 Menu API 呈现 Activity 中的用户操作和其他选项。

7.1.1 初识菜单

Android 提供的菜单包括以下 5 类。

1. 选项菜单

选项菜单（Options Menu）是 Activity 的主菜单项，放置对应用产生全局影响的操作，如"搜索""设置"等。选项菜单放置在应用栏的右上角，如图 7-1 所示。

2. 上下文菜单

上下文菜单（Context Menu）是用户长按某一元素时出现的浮动菜单。它提供的操作将影响所选内容或上下文框架，如图 7-2 所示。

图 7-1　选项菜单示例

图 7-2　上下文菜单示例

3．侧滑菜单

侧滑菜单（Slide Menu）是由 com.google.android.material.navigation 包提供的 Navigation View 控件实现的菜单，如图 7-3 所示。

4．动作菜单

动作菜单（Action Menu）在屏幕顶部栏显示影响所选内容的操作项目，并允许用户选择多项，如图 7-4 所示。

5．弹出菜单

弹出菜单（Popup Menu）以垂直列表形式显示一系列项目，并且该列表会固定到调用该菜单的视图中。它特别适用于提供与特定内容相关的大量操作，或者为命令的另一部分提供选项。与上下文菜单不同，弹出菜单中的操作不会直接影响对应的内容。弹出菜单适用于与 Activity 中的内容区域相关的扩展操作，如图 7-5 所示。

图 7-3　侧滑菜单示例

图 7-4　动作菜单示例

图 7-5　弹出菜单示例

7.1.2　创建菜单资源

对于所有菜单类型，Android 提供标准的 XML 格式来定义菜单资源（不推荐在 Activity 的代码中构建菜单）。定义菜单资源后，可以在 Activity 或 Fragment 中扩充菜单资源。

下面介绍菜单资源的创建方法，以及组成菜单资源的元素及其属性设置。

1. 创建菜单资源

创建菜单资源的基本步骤如下。

① 在 res/menu/目录上右击，选择"New">"Menu Resource File"。

② 在打开的对话框中输入菜单资源的名称。

③ 在 Design 视图中，拖曳菜单元素到界面，并在"Properties"窗格中设置菜单属性，如图 7-6所示。

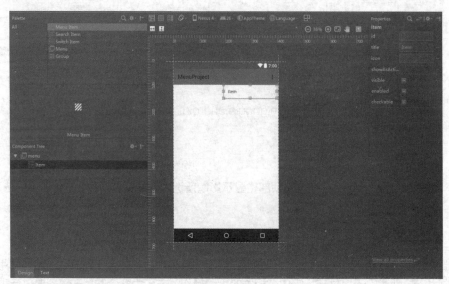

图 7-6　添加菜单元素

使用菜单资源是一种很好的做法，它具有如下优点。

● 更易于使用 XML 可视化菜单结构。

● 将菜单内容与应用的行为代码分离。

● 允许利用应用资源框架，为不同的平台版本、屏幕尺寸和其他配置创建备用菜单配置。

2. 菜单资源的组成

下面是通过向导创建 Navigation Drawer Activity 自动生成的菜单资源。

```xml
<?xml version="1.0" encoding="utf-8"?>
<menu xmlns:android="http://schemas.android.com/apk/res/android">

    <group android:checkableBehavior="single">
      <item
        android:id="@+id/nav_camera"
        android:icon="@mipmap/ic_menu_camera"
        android:title="Import" />
      <item
        android:id="@+id/nav_gallery"
        android:icon="@mipmap/ic_menu_gallery"
        android:title="Gallery" />
```

```
        <item
            android:id="@+id/nav_slideshow"
            android:icon="@mipmap/ic_menu_slideshow"
            android:title="Slideshow" />
        <item
            android:id="@+id/nav_manage"
            android:icon="@mipmap/ic_menu_manage"
            android:title="Tools" />
    </group>

    <item android:title="Communicate">
        <menu>
            <item
                android:id="@+id/nav_share"
                android:icon="@mipmap/ic_menu_share"
                android:title="Share" />
            <item
                android:id="@+id/nav_send"
                android:icon="@mipmap/ic_menu_send"
                android:title="Send" />
        </menu>
    </item>

</menu>
```

其中，<menu>标签是根节点，没有属性，它包含<item>和<group>两个标签。

（1）<item>标签

<item>标签定义一个菜单项，可以包含一个<menu>标签。<item>标签必须为<menu>或<group>标签的子标签。<item>标签的属性包括以下几项。

● android:id：菜单项的资源 ID，让应用能够在用户选择菜单项时识别该菜单。

● android:icon：设置菜单图标。

● android:title：设置菜单名称。

● android:showAsAction：指定菜单项显示在应用栏中的时间和方式。android:showAsAction 属性共有 5 个值，即 ifRoom、never、always、withText、collapseActionView。这 5 个值可以混合使用。

● ifRoom：会显示在 Item 中，但是如果已经有 4 个或者 4 个以上的 Item，则会隐藏在溢出列表中。当然个数并不仅仅局限于 4 个，依据屏幕的宽窄而定。

● never：永远不会显示，只会在溢出列表中显示，而且只显示标题，所以在定义 Item 的时候，应该添加 android:title 属性。

● always：无论是否溢出，总会显示。

● withText：示意 Toolbar 要显示文本标题。Toolbar 会尽可能地显示这个标题。但是，如果图标有效并且受到 Toolbar 空间的限制，文本标题有可能显示不全。

● collapseActionView：会将 ActionView 折叠到一个按钮中，用户单击该按钮的时候才会展开，一般要配合 ifRoom 一起使用才会有效果。

通过<item>标签的形式添加<menu>标签，可以向任何菜单（子菜单除外）中的某个菜单项添加子菜单。当应用具有大量可按主题进行组织的功能时，类似于 PC 应用程序菜单栏中的菜单项（"文件""编辑""视图"等），子菜单非常有用。例如：

```
<?xml version="1.0" encoding="utf-8"?>
<menu xmlns:android="http://schemas.android.com/apk/res/android">
    <item android:id="@+id/file"
        android:title="@string/file" >
        <!-- "file" submenu -->
        <menu>
            <item android:id="@+id/create_new"
                android:title="@string/create_new" />
            <item android:id="@+id/open"
                android:title="@string/open" />
        </menu>
    </item>
</menu>
```

（2）<group>标签

<group>标签定义一个菜单组，相同的菜单组可以一起设置其属性。<group>标签的属性说明如下。

- android:id：唯一标识该菜单组的引用 ID。
- android:menuCategory：对菜单进行分类，定义菜单的优先级。有效值为 container、system、secondary 和 alternative。
- android:orderInCategory：设置菜单项的优先级（取值一般是 100 的整数倍）。数值越大，优先级越低。
- android:checkableBehavior：菜单项的选择模式。有效值为 none、all 和 single，分别表示菜单项不可选、复选和单选。
- android:visible：菜单组是否可见。
- android:enabled：菜单组是否可用。

创建好的菜单资源会在相应菜单回调方法中调用 MenuInflater.inflate()方法来加载。

7.1.3 设计选项菜单

选项菜单是作用于当前 Activity 全局的一种菜单，其中的菜单项对当前 Activity 的进程都有效。在 Android 3.0 及更高版本中，选项菜单显示在应用栏中。用户可以使用应用栏右侧的选项菜单图标显示并操作选项菜单。

创建选项菜单的一般步骤如下。

① 在 res/menu 中创建和编辑 menu.xml。

② 在当前的 Activity 中加载菜单资源文件。

```
@Override
public boolean onCreateOptionsMenu(Menu menu) {
    // 加载菜单 xml 资源
    getMenuInflater().inflate(R.menu.main, menu);
    return true;
}
```

getMenuInflater()方法用于获取一个 MenuInflater 实例，MenuInflater.inflate()方法加载一个菜单的 XML 资源 menuRes 到指定的菜单中，如果有错误会抛出 InflateException 异常信息。

③ 通过 onOptionsItemSelected()回调方法捕捉菜单触发事件。

```
@Override
public boolean onOptionsItemSelected(MenuItem item) {
```

```
    // 处理菜单项的点击事件（含主页和返回事件）
    int id = item.getItemId();

    // 匹配菜单 ID
    if (id == R.id.action_settings) {
        return true;
    }

    return super.onOptionsItemSelected(item);
}
```

④ 通过 onPrepareOptionsMenu()方法更改 Menu Items 的属性（可选）。

```
@Override
public boolean onPrepareOptionsMenu(Menu menu) {

    super.onPrepareOptionsMenu(menu);
    int idx = myListView.getSelectedItemPosition();

    //通过 addingNew 的判断来确定 REMOVE_TODO 的 text 的值
    String removeTitle = getString(addingNew ? R.string.cancel : R.string.remove);

    MenuItem removeItem = menu.findItem(REMOVE_TODO);
    removeItem.setTitle(removeTitle);

    //只有在添加或 ListView 被选中的情况下 REMOVE_TODO 菜单项才可见
    removeItem.setVisible(addingNew || idx > -1);

    return true;
}
```

也可以在 Java 中动态添加菜单，例如：

```
@Override
public boolean onCreateOptionsMenu(Menu menu) {
    super.onCreateOptionsMenu(menu);
    MenuItem itemAdd = menu.add(0, ADD_NEW_TODO, Menu.NONE, R.string.add_new);
    MenuItem itemRem = menu.add(0, REMOVE_TODO, Menu.NONE, R.string.remove);

    itemAdd.setIcon(R.drawable.add_new_item);
    itemRem.setIcon(R.drawable.remove_item);

    itemAdd.setShortcut('0', 'a');
    itemRem.setShortcut('1', 'r');

    return true;
}
```

Menu. add(int groupId, int itemId, int order, int titleRes)方法中的 4 个参数的含义如下。

- groupId：组别，如果不分组的话就用 Menu.NONE。
- itemId：菜单项的 ID。
- order：定义菜单项在菜单中的位置的顺序。
- titleRes：菜单的显示文本。

Context Menu

7.1.4 设计侧滑菜单

NavigationView 是一个导航菜单框架，其使用菜单资源填充数据。它提供良好的默认样式、选中项高亮、分组单选、分组子标题及可选的 Header，提供一种通用的导航方式，体现了设计的一致性。

拓展视频

使用 DrawerLayout
设计侧滑菜单

NavigationView 的典型用途就是配合 androidx.drawerlayout.widget 包的 DrawerLayout 实现抽屉式侧滑，它作为其中的 Drawer 部分，即导航菜单的本体部分。例如：

```xml
<?xml version="1.0" encoding="utf-8"?>
<androidx.drawerlayout.widget.DrawerLayout
    xmlns:android="http://schemas.android.com/apk/res/android"
    xmlns:app="http://schemas.android.com/apk/res-auto"
    xmlns:tools="http://schemas.android.com/tools"
    android:id="@+id/drawer_layout"
    android:layout_width="match_parent"
    android:layout_height="match_parent"
    android:fitsSystemWindows="true"
    tools:openDrawer="start">

    <com.google.android.material.navigation.NavigationView
        android:id="@+id/nav_view"
        android:layout_width="wrap_content"
        android:layout_height="match_parent"
        android:layout_gravity="start"
        android:fitsSystemWindows="true"
        app:headerLayout="@layout/nav_header_main3"
        app:menu="@menu/activity_main_drawer" />

    <include
        layout="@layout/app_bar_main"
        android:layout_width="match_parent"
        android:layout_height="match_parent" />

</androidx.drawerlayout.widget.DrawerLayout>
```

DrawerLayout 一般作为根布局，否则可能会出现触摸事件被屏蔽的问题。tools:openDrawer 用于设置菜单的显示方式，start 表示左侧打开，end 表示右侧打开。DrawerLayout 菜单的展开与隐藏可以被 DrawerLayout.DrawerListener 的实现监听到，这样就可以在菜单展开与隐藏时触发相关事件。

Activity 中可以用 setNavigationItemSelectedListener()方法来设置当菜单项被单击时的回调。OnNavigationItemSelectedListener 会提供被选中的 MenuItem，这与 Activity 的 onOptionsItemSelected 非常类似。通过这个回调方法就可以处理单击事件了。例如：

```java
public class MainActivity extends AppCompatActivity
        implements NavigationView.OnNavigationItemSelectedListener {

    @Override
    protected void onCreate(Bundle savedInstanceState) {
        super.onCreate(savedInstanceState);
        setContentView(R.layout.activity_main);
```

```java
        Toolbar toolbar = (Toolbar) findViewById(R.id.toolbar);
        setSupportActionBar(toolbar);

        DrawerLayout drawer = (DrawerLayout) findViewById(R.id.drawer_layout);
        ActionBarDrawerToggle toggle = new ActionBarDrawerToggle(
                this, drawer, toolbar,
                R.string.navigation_drawer_open, R.string.navigation_drawer_close);
        drawer.setDrawerListener(toggle);
        toggle.syncState();

        NavigationView navigationView = (NavigationView) findViewById(R.id.
nav_view);
        navigationView.setNavigationItemSelectedListener(this);
    }


    @Override
    public void onBackPressed() {
        DrawerLayout drawer = (DrawerLayout) findViewById(R.id.drawer_layout);
        if (drawer.isDrawerOpen(GravityCompat.START)) {
            drawer.closeDrawer(GravityCompat.START);
        } else {
            super.onBackPressed();
        }
    }

    @SuppressWarnings("StatementWithEmptyBody")
    @Override
    public boolean onNavigationItemSelected(MenuItem item) {
        // 处理导航菜单点击事件
        int id = item.getItemId();

        if (id == R.id.nav_camera) {
            // 处理照相机选项被点击时的事件
        } else if (id == R.id.nav_gallery) {

        } else if (id == R.id.nav_slideshow) {

        } else if (id == R.id.nav_manage) {

        } else if (id == R.id.nav_share) {

        } else if (id == R.id.nav_send) {

        }

        DrawerLayout drawer = (DrawerLayout) findViewById(R.id.drawer_layout);
        drawer.closeDrawer(GravityCompat.START);
        return true;
    }
}
```

在基于 Jetpack 框架的应用中，常用如下的格式响应菜单事件。

```java
DrawerLayout drawer = findViewById(R.id.drawer_layout);
NavigationView navigationView = findViewById(R.id.nav_view);
```

```
// 传递一组菜单 ID
mAppBarConfiguration = new AppBarConfiguration.Builder(
        R.id.nav_home, R.id.nav_gallery, R.id.nav_slideshow,
        R.id.nav_tools, R.id.nav_share, R.id.nav_send)
        .setDrawerLayout(drawer)
        .build();
NavController navController = Navigation.findNavController(this, R.id.nav_
host_fragment);
NavigationUI.setupActionBarWithNavController(this, navController, mAppBar
Configuration);
NavigationUI.setupWithNavController(navigationView, navController);
```

【知识拓展】ActionMode

ActionMode 是一个浮于标题栏上的临时操作栏，用来放置一些特定的子任务。ActionMode 一般在项目选择和文字选择时出现。ActionMode 在 Android API 11 之后才被支持。用户激活 ActionMode 后，一个上下文操作栏会出现在屏幕的顶端，呈现出用户可以对当前选中项目进行操作的操作选项，如图 7-7 所示。

使用 ActionMode 的步骤如下。

① 实现 ActionMode.Callback 接口。在它的回调方法中，可以设置操作的上下文操作栏。回调方法主要如下。

- onCreateActionMode()：在操作栏第一次创建的时候被调用。例如：

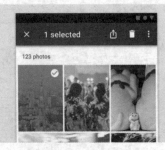

图 7-7 ActionMode 示例

```
@Override
public boolean onCreateActionMode(ActionMode mode, Menu menu) {
    View v = LayoutInflater.from(MainActivity.this).inflate(
            R.layout.actionbar_layout, null);
    mActionText = (TextView) v.findViewById(R.id.action_text);
    mActionText.setText(formatString(R.string.msg_select,
            String.valueOf(getSelectedFiles())));
    mode.setCustomView(v);
    getMenuInflater().inflate(R.menu.action_menu, menu);
    return true;
}
```

通过 setCustomView()方法定义操作栏的布局，加载的菜单资源和选项菜单的菜单资源一样。

- onPrepareActionMode()：在刷新菜单列表的时候被调用，一般直接返回 false 即可。
- onActionItemClicked()：在菜单项被选中的时候被调用。例如：

```
@Override
public boolean onActionItemClicked(ActionMode mode, MenuItem item) {
    switch (item.getItemId()) {
        case R.id.action_cut:
        …
        default:
            break;
    }
}
```

```
    mode.finish();
    return true;
}
```

● onDestroyActionMode(): 在退出或销毁操作栏的时候被调用。例如：

```
@Override
public void onDestroyActionMode(ActionMode mode) {
    fileListAdapter.notifyDataSetChanged();
    mActionMode = null;
}
```

② 在需要显示上下文操作栏的时候，调用 startActionMode()方法。例如，长按文件列表项时实现监听。

```
@Override
public boolean onItemLongClick(AdapterView<?> parent, View view, int
position, long id) {
    // 激活 ActionMode
    if (file.isDirectory() && mActionMode == null) {
        mActionMode = startActionMode(mFolderOptActionMode);
        mActionMode.setTitle(file.getName());
        return true;
    }
    return false;
}
```

菜单案例设计

📝 任务 7.1　设计音乐播放器菜单

【任务介绍】

1. 任务描述

在第 6 章任务 6.1 的基础上，实现左侧侧滑菜单、右上角选项菜单、长按的动作菜单。

2. 运行结果

本任务运行结果如图 7-8 和图 7-9 所示。

图 7-8　音乐播放器列表子项菜单运行结果

图 7-9　音乐播放器侧滑菜单运行结果

【任务目标】

- 掌握 DrawerLayout 的使用方法。
- 掌握选项菜单的使用方法。
- 掌握动作菜单的使用方法。
- 了解菜单的回调方法。

【实现思路】

- 使用 DrawerLayout+NavigationView 实现侧滑菜单。
- 在 BaseAdapter 中为 ImageView 控件设置 setOnLongClickListener，在 onLongClick 事件中，实现弹出菜单及单击事件处理。
- 运行 App 并观察运行结果。

任务指导书 7.1

设计音乐播放器
菜单

【实现步骤】

见电子活页任务指导书。

7.2 对话框设计

有时应用需要通知用户当前发生的事件，一些事件需要用户回应，另一些则不需要。例如，当保存文件之类的事件完成时，应该出现一条消息确认保存成功；当应用正在执行需要用户等待的任务（例如读取文件）时，应用应该显示圆形进度条或长形进度条；当应用运行于后台，需要获取用户的注意时，应用应该创建一条通知让用户根据情况做出回应。为此，Android 提供了 Toast、Dialog 和 Notification 等来实现上述通知任务。

7.2.1 消息设计

Toast 是一个简单的弹出式消息提示框，适用于确定用户正在关注屏幕时显示简短消息，例如"文件已保存"提示。它只占用消息所需的空间，用户当前的 Activity 仍然是可见且能够操作的。该消息提示框自动地淡入/淡出，不接受交互事件。图 7-10 展示了 Toast 设计效果。

一般使用 Toast.makeText()方法来实例化一个 Toast 对象。该方法需要 3 个参数：Context、文本信息和 Toast 的持续时间。它将返回一个正确初始化的 Toast 对象。Toast 可以用 show()方法显示，例如：

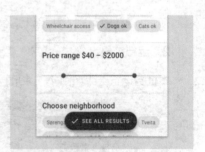

图 7-10　Toast 设计效果

```
Toast.makeText(getApplicationContext(), "Toast message!", Toast.LENGTH_SHORT).
show();
```

Snackbar 是 com.google.android.material.snackbar 包中的一个控件，可以在屏幕底部快速弹出消息，比 Toast 更加灵活。Snackbar 具有以下特点。

- 一小段时间之后或者用户与屏幕触发交互，Snackbar 会自动消失。
- Snackbar 可以包含一个可选的操作。
- 把 Snackbar 划出屏幕，即可弃用。

- 作为一条上下文敏感的消息，Snackbar 也是 UI 的一部分，并在屏幕内所有元素的上层显示，而不是像 Toast 一样位于屏幕中央。
- 一个时刻只能有唯一的 Snackbar 显示。

使用 Snackbar 时需要添加如下的依赖。

```
implementation 'com.google.android.material.snackbar.Snackbar:1.0.0-rc01'
```

Snackbar 基本语法如下。

```
Snackbar.make(view, message, duration)
        .setAction(action message, click listener)
        .show();
```

- make()方法的第 1 个参数是一个 View，Snackbar 会找到一个父 View，以寄存所赋的 Snackbar 值。官方推荐使用 CoordinatorLayout 来确保 Snackbar 和其他组件的交互，例如滑动取消 Snackbar、Snackbar 出现时 FloatingActionButton 上移等。第 2 个参数是待显示的消息。第 3 个参数与 Toast 的持续时间参数相同，可选 LENG_ SHORT 或者 LENGTH_ LONG。
- setAction()方法的第 1 个参数是响应动作显示的文本。第 2 个参数是响应动作的回调方法。
- show()方法用于显示 Snackbar。

示例如下。

```
Snackbar.make(coordinatorLayout, "这是massage", Snackbar.LENGTH_LONG)
        .setAction("这是action", new View.OnClickListener() {
    @Override
    public void onClick(View v) {
        Toast.makeText(MainActivity.this, "message", Toast.LENGTH_SHORT).show();
    }
}).show();
```

使用 setActionTextColor 和 setDuration 等选项可以配置 Snackbar 中文字的颜色和显示时间。通过 getView()方法获取 Snackbar 的核心视图，然后调用 setBackground Color()方法可以设置任意背景颜色。Snackbar 设计效果如图 7-11 所示。

图 7-11 Snackbar 设计效果

7.2.2 对话框设计

Android 中的对话框包括 AlertDialog、ProgressDialog、DatePickerDialog 和 TimePicker Dialog 等。

1. AlertDialog

AlertDialog 是 Dialog 的一个扩展，它能够创建常见的对话框，如图 7-12 所示。

图 7-12　常见对话框示例

下面的代码演示了使用 AlertDialog.Builder()方法创建带两个按钮的 AlertDialog 的设计方法。

```
AlertDialog.Builder builder = new AlertDialog.Builder(this);
builder.setTitle("Title")
    .setMessage("Write your message here.")
    .setCancelable(false)
    .setPositiveButton("YES", new DialogInterface.OnClickListener() {
        public void onClick(DialogInterface dialog, int id) {
        /* 点击 "YES" 按钮时的事件处理 */
        }
    })
    .setNegativeButton("NO", new DialogInterface.OnClickListener() {
        public void onClick(DialogInterface dialog, int id) {
            dialog.cancel();
        }
    });
AlertDialog alert = builder.create();
```

带两个按钮的 AlertDialog 的显示效果如图 7-13 所示。

AlertDialog.Builder 中的重要方法如下。

- setTitle()：为对话框设置标题。
- setIcon()：为对话框设置图标。
- setMessage()：为对话框设置内容。
- setView()：为对话框设置自定义布局。
- setItems()：设置对话框要显示的一个列表，一般在显示多个命令时使用。

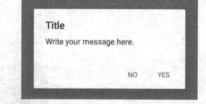

图 7-13　带两个按钮的 AlertDialog 的显示效果

- setMultiChoiceItems()：设置对话框显示一系列的复选框。
- setNeutralButton()：为对话框添加一个中性的按钮（只能有 1 个）。
- setPositiveButton()：为对话框添加 "YES" 按钮。
- setNegativeButton()：为对话框添加 "NO" 按钮。
- create()：创建对话框。
- show()：显示对话框。

下面的示例用 setView()方法创建一个自定义 AlertDialog。

```
LayoutInflater factory = LayoutInflater.from(this);
final View textEntryView = factory.inflate(R.layout.alert_dialog_text_entry, null);
```

```
AlertDialog.Builder alertDialog = new AlertDialog.Builder(this);
alertDialog.setTitle("Android 提示");
alertDialog.setView(textEntryView);
alertDialog.setPositiveButton("OK",new DialogInterface.OnClickListener() {
    public void onClick(DialogInterface dialog, int whichButton) {
    }
});
alertDialog.setNegativeButton("Cancel",new
DialogInterface.OnClickListener() {
    public void onClick(DialogInterface dialog, int whichButton) {
    }
});
alertDialog.show();
```

自定义 AlertDialog 的显示效果如图 7-14 所示。

2. ProgressDialog

ProgressDialog 是 AlertDialog 的扩展，它可以显示一个进度的动
画——圆形进度条或长形进度条。这个对话框也可以提供按钮功能。

ProgressDialog 主要包括以下几个方法。

图 7-14 自定义 AlertDialog
的显示效果

- setProgressStyle( )：设置进度条样式。
- setIndeterminate( )：设置 ProgressDialog 的进度条是否不明
  确。这个方法对于 ProgressDailog 默认的圆形进度条没有实际意义，仅仅对带有百分比的
  Dialog 有作用。默认设置为 true，修改这个属性为 false 后可以实时更新进度条的进度。
- setCancelable( )：设置 ProgressDialog 是否可以按返回键取消。
- setButton( )：设置 ProgressDialog 的一个 Button（需要监听 Button 事件）。
- show( )：显示 ProgressDialog。
- cancel( )：关闭 ProgressDialog。
- dismiss( )：作用和 cancel( )方法相同。
- setProgress()：更新进度条，当然一般都需要 Handler 的结合来更新进度条。

例如：

```
ProgressDialog loading = new ProgressDialog(getContext());
loading.setCancelable(true);
loading.setMessage("Preparing to download…");
loading.setProgressStyle(ProgressDialog.STYLE_SPINNER);
loading.show();
```

显示效果如图 7-15 和图 7-16 所示。

图 7-15 圆形 ProgressDialog 的显示效果

图 7-16 带百分比的 ProgressDialog 的显示效果

进度对话框的默认样式为圆形进度条。如果希望显示进度值，需要使用 setProgressStyle()

方法将进度样式设置为 STYLE_HORIZONTAL，再使用 setProgress()方法或者 increment
ProgressBy()方法来增加显示的进度。

```
private void showProgressDialog() {
    ProgressDialog mProgressDialog = new ProgressDialog(ProgressDialog
Activity.this);
    mProgressDialog.setIcon(R.mipmap.ic_launcher);
    mProgressDialog.setTitle("Download Going On");
    mProgressDialog.setProgressStyle(ProgressDialog.STYLE_HORIZONTAL);
    mProgressDialog.setMax(MAX_PROGRESS);
    mProgressDialog.setButton("Hide", new DialogInterface.OnClickListener() {
        public void onClick(DialogInterface dialog, int whichButton) {
        }
    });
    mProgressDialog.setButton2("cancel", new DialogInterface.OnClickListener() {
        public void onClick(DialogInterface dialog, int whichButton) {
        }
    });

    mProgressHandler = new Handler() {
        @Override
        public void handleMessage(Message msg) {
            super.handleMessage(msg);
            if (mProgress >= MAX_PROGRESS) {
                mProgressDialog.dismiss();
            } else {
                mProgress++;
                mProgressDialog.incrementProgressBy(1);
                mProgressHandler.sendEmptyMessageDelayed(0, 100);
            }
        }
    };

    mProgress = 0;
    mProgressDialog.setProgress(0);
    mProgressHandler.sendEmptyMessage(0);
    mProgressDialog.show();
}
```

DatePickerDialog
和
TimePickerDialog

7.2.3 通知设计

通知是可以在应用的常规 UI 外部向用户显示的消息。当告知系统发出通知时，它将先以图标
的形式显示在通知区域中。用户可以打开抽屉式通知栏查看通知的详细信息。通知区域和抽屉式通
知栏均是由系统控制的区域，用户可以随时查看。通知提示如图 7-17 所示。

通知适用于应用在后台服务工作中，需要告知用户某一事件的情形。该通知会向系统状态条添
加一个图标（还可以附有文本消息）及一条"通知"窗口内的可扩展消息。当用户选择该可扩展消
息时，Android 发出一个有通知定义的 Intent（通常用来启动一个 Activity）。也可以在通知中设
置声音、振动和设备闪灯来提醒用户。

1. 通知的构成

一个通知包括如下内容（见图 7-18）。

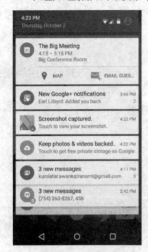

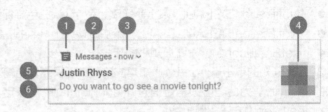

图 7-17　通知提示　　　　　　　　　　　　　图 7-18　通知的典型构成

① 应用小图标：通过 setSmallIcon()方法设置。

② 应用名称：由系统提供。

③ 时间戳：由系统提供，可以通过 setWhen()方法进行替换，或使用 setShowWhen()方法将其隐藏。

④ 大图标：为可选图标，通过 setLargeIcon()方法设置。

⑤ 标题：为可选内容，通过 setContentTitle()方法设置。

⑥ 文本：为可选内容，通过 setContentText()方法设置。

2. 创建通知

创建通知的基本步骤如下。

① 添加支持库，代码如下。

```
implementation "com.android.support:support-compat:28.0.0"
```

② 创建一个 NotificationCompat 的 Builder 构造类。例如：

```
NotificationCompat.Builder builder = new NotificationCompat.Builder(this,
CHANNEL_ID)
            .setSmallIcon(R.drawable.notification_icon)
            .setContentTitle(textTitle)
            .setContentText(textContent)
            .setPriority(NotificationCompat.PRIORITY_DEFAULT);
```

NotificationCompat.Builder 主要包括以下几个方法。

● setContentTitle( )：设置通知栏标题。

● setContentText( )：设置通知栏显示内容。

● setContentIntent()：设置通知栏单击意图。

● setNumber( )：设置通知集合的数量。

● setTicker( )：通知首次出现在通知栏，带上升动画效果。

● setWhen()：通知产生的时间，会在通知信息里显示，一般是系统获取的时间。

- setPriority()：设置该通知优先级。有 5 个优先级别，范围从 PRIORITY_MIN (-2) 到 PRIORITY_MAX (2)。如果未设置，则优先级默认为 PRIORITY_DEFAULT (0)。
- setAutoCancel()：设置一个标志，用户点击面板就可以让通知自动取消。
- setOngoing()：设置为 ture，表示一个正在进行的通知，用户无法滑动删除。通常是用来表示一个后台任务，用户积极参与或以某种方式正在等待，因此占用设备（如文件下载、同步操作、主动网络连接）。如果为 false，表示可以滑动删除。
- setDefaults()：向通知添加声音、闪灯和振动效果的最简单、最一致的方式是使用当前的用户默认设置，使用 defaults 属性。可以组合下列属性。
- Notification.DEFAULT_VIBRATE：添加默认振动提醒，需要 VIBRATE 权限。
- Notification.DEFAULT_SOUND：添加默认声音提醒。
- Notification.DEFAULT_LIGHTS：添加默认三色灯提醒。
- Notification.DEFAULT_ALL：添加默认以上 3 种提醒。
- setSmallIcon( )：设置通知小图标。

③ 定义通知的单击事件。每个通知都应该对单击操作做出响应，通常是在应用中打开对应于该通知的 Activity。为此，必须指定通过 PendingIntent 对象定义的内容 Intent，并将其传递给 setContentIntent()方法。例如：

```
// 创建一个显示 Intent
Intent intent = new Intent(this, AlertDetails.class);
intent.setFlags(Intent.FLAG_ACTIVITY_NEW_TASK |
Intent.FLAG_ACTIVITY_CLEAR_TASK);
PendingIntent pendingIntent = PendingIntent.getActivity(this, 0, intent, 0);

NotificationCompat.Builder builder = new NotificationCompat.Builder(this,
CHANNEL_ID)
        .setSmallIcon(R.drawable.notification_icon)
        .setContentTitle("My notification")
        .setContentText("Hello World!")
        .setPriority(NotificationCompat.PRIORITY_DEFAULT)
        // 设置响应处理 Intent
        .setContentIntent(pendingIntent)
        .setAutoCancel(true);
```

④ 显示通知，调用 NotificationManagerCompat.notify()通知，并将通知的唯一 ID 和 Notification Compat.Builder.build()通知的结果传递给它。例如：

```
NotificationManagerCompat notificationManager = NotificationManagerCompat.
from(this);
// notificationId 必须是唯一的
notificationManager.notify(notificationId, builder.build());
```

3. 响应通知

虽然通知操作都是可选的，但是至少应向通知添加一个操作。操作允许用户直接从通知转到应用中的 Activity，用户可在其中查看一个或多个事件或执行进一步的操作。

一个通知可以提供多个操作。应该始终定义一个当用户单击通知时会触发的操作。通常，此操作会在应用中打开 Activity。也可以向通知添加按钮来执行其他操作，例如暂停闹铃或立即回复短信。如果使用其他操作按钮，则还必须使这些按钮的功能在应用的 Activity 中可用。

在通知内部，操作本身由 PendingIntent 定义，PendingIntent 包含在应用中启动 Activity 的

Intent。要将 PendingIntent 与手势相关联，调用 NotificationCompat.Builder 的 addAction()方法即可。addAction()方法不会启动 Activity，而会完成各种其他任务。例如启动在后台执行作业的 BroadcastReceiver，这样该操作就不会干扰已经打开的应用。例如：

```
Intent snoozeIntent = new Intent(this, MyBroadcastReceiver.class);
snoozeIntent.setAction(ACTION_SNOOZE);
snoozeIntent.putExtra(EXTRA_NOTIFICATION_ID, 0);
PendingIntent snoozePendingIntent =
        PendingIntent.getBroadcast(this, 0, snoozeIntent, 0);

NotificationCompat.Builder builder = new NotificationCompat.Builder(this,
CHANNEL_ID)
        .setSmallIcon(R.drawable.notification_icon)
        .setContentTitle("My notification")
        .setContentText("Hello World!")
        .setPriority(NotificationCompat.PRIORITY_DEFAULT)
        .setContentIntent(pendingIntent)
        .addAction(R.drawable.ic_snooze, getString(R.string.snooze),
            snoozePendingIntent);
```

Android 7.0 中引入的直接回复操作允许用户直接在通知中输入文本，然后直接将其提交给应用，而不必打开 Activity。例如，用户可以通过直接回复操作在通知中回复短信或更新任务列表。直接回复操作在通知中显示为一个额外按钮，可打开文本输入。用户完成输入后，系统会将文本回复附加到为通知操作指定的 Intent，然后将 Intent 发送给指定的应用。

首先创建 RemoteInput.Builder 的实例以便添加到通知操作。手持式设备应用使用该键检索输入的文本。代码如下。

```
// 定义传递字符串信息的键
private static final String KEY_TEXT_REPLY = "key_text_reply";

String replyLabel = getResources().getString(R.string.reply_label);
RemoteInput remoteInput = new RemoteInput.Builder(KEY_TEXT_REPLY)
        .setLabel(replyLabel)
        .build();
```

然后为直接回复操作创建 PendingIntent。

```
// 构建响应的 PendingIntent
PendingIntent replyPendingIntent =
        PendingIntent.getBroadcast(getApplicationContext(),
            conversation.getConversationId(),
            getMessageReplyIntent(conversation.getConversationId()),
            PendingIntent.FLAG_UPDATE_CURRENT);
```

使用 addRemoteInput()方法将 RemoteInput 对象附加到操作。

```
// 创建回复动作并添加远程输入
NotificationCompat.Action action =
        new NotificationCompat.Action.Builder(R.drawable.ic_reply_icon,
            getString(R.string.label), replyPendingIntent)
            .addRemoteInput(remoteInput)
            .build();
```

最后发出通知。

```
// 构建 Notification 并指定动作
Notification newMessageNotification = new Notification.Builder(context, CHANNEL_ID)
        .setSmallIcon(R.drawable.ic_message)
        .setContentTitle(getString(R.string.title))
        .setContentText(getString(R.string.content))
        .addAction(action)
        .build();

// 发布 Notification
NotificationManagerCompat notificationManager = NotificationManagerCompat.
from(this);
notificationManager.notify(notificationId, newMessageNotification);
```

4．管理通知

当需要为同一类型的事件多次发出同一通知时，应避免创建全新的通知，而应考虑通过更改之前通知的某些值/或为其添加某些值来更新通知。

例如，Gmail 通过增加未读消息计数并将每封电子邮件的摘要添加到通知，告知用户收到新的电子邮件。这被称为"堆叠"通知。

此外，需要管理接收到的通知，例如查看（响应）通知、删除通知等。

（1）更新通知

要将通知设置为能够更新，需要调用 NotificationManager.notify()方法发出带有通知 ID 的通知。要在发出之后更新此通知，需要更新或创建 NotificationCompat.Builder 对象，从该对象构建通知对象，并发出与之前所用 ID 相同的通知。如果之前的通知仍然可见，则系统会根据通知对象的内容更新该通知；如果之前的通知已被清除，则系统会创建一个新通知。

以下代码段演示了经过更新以反映所发生事件数量的通知。它将通知堆叠并显示摘要。

```
mNotificationManager =
        (NotificationManager) getSystemService(Context.NOTIFICATION_SERVICE);
// 设置通知的 ID，以便可以对其进行更新
int notifyID = 1;
mNotifyBuilder = new NotificationCompat.Builder(this)
        .setContentTitle("New Message")
        .setContentText("You've received new messages.")
        .setSmallIcon(R.drawable.ic_notify_status)
numMessages = 0;
// 启动轮询来处理数据并通知用户
…
mNotifyBuilder.setContentText(currentText)
        .setNumber(++numMessages);
// 由于 ID 保持不变，因此现有通知将被更新
mNotificationManager.notify(
        notifyID,
        mNotifyBuilder.build());
```

（2）删除通知

除非发生以下情况之一，通知被删除，否则通知仍然可见。

● 用户单独或通过使用"全部清除"清除了该通知（如果通知可以清除）。

● 用户单击通知，且在创建通知时调用了 setAutoCancel()方法。

● 针对特定的通知 ID 调用了 cancel()方法。该方法会删除当前通知。

- 调用了 cancelAll()方法。该方法将删除之前发出的所有通知。

拓展视频

应用栏设计

7.3 应用栏设计

应用栏也称操作栏，是应用活动中较为重要的一项设计元素，因为它为用户提供了熟悉的视觉结构和交互元素。应用栏最基本的工作就是显示 Activity 的标题以及在右侧显示溢出菜单。

7.3.1 初识应用栏

Toolbar 是从 Android 5.0 开始推出的一个 Material Design 风格的应用栏控件。Google 公司推荐使用 Toolbar 作为 Android 客户端的导航栏，以此取代之前的 ActionBar。与 ActionBar 相比，Toolbar 明显要灵活得多。Toolbar 不像 ActionBar，一定要固定在 Activity 的顶部，而是可以放到界面的任意位置。除此之外，在设计 Toolbar 的时候，Google 公司也留给开发者很多可定制修改的余地，例如以下几项。

- 设置导航栏图标。
- 设置 App 的标志。
- 支持设置标题和子标题。
- 支持添加一个或多个自定义控件。
- 支持动作菜单。

应用栏设计效果如图 7-19 所示。

图 7-19　应用栏设计效果

7.3.2 创建应用栏

使用 Toolbar 创建应用栏的基本步骤如下。

① 在 app/build.gradle 中添加支持包依赖。

```
implementation 'androidx.appcompat:appcompat:1.0.2'
```

② 确保 Activity 可以扩展 AppCompatActivity。

```
public class MainActivity extends AppCompatActivity {
    …
}
```

③ 在 AndroidManifest 清单中，在<activity>标签中设置一个使用 AppCompat 的 AppTheme. NoActionBar 主题。这样做的目的是阻止应用程序使用本地 ActionBar 的功能。例如：

```
<activity
    android:name=".MainActivity"
    android:label="@string/app_name"
    android:theme="@style/AppTheme.NoActionBar">
    <intent-filter>
        <action android:name="android.intent.action.MAIN" />

        <category android:name="android.intent.category.LAUNCHER" />
    </intent-filter>
</activity>
```

其中的样式定义如下。

```
<style name="AppTheme.NoActionBar">
    <item name="windowActionBar">false</item>
```

```xml
    <item name="windowNoTitle">true</item>
</style>
```

④ 向 Activity 的布局添加一个 Toolbar。例如：

```xml
<?xml version="1.0" encoding="utf-8"?>
<androidx.coordinatorlayout.widget.CoordinatorLayout
    xmlns:android="http://schemas.android.com/apk/res/android"
    xmlns:app="http://schemas.android.com/apk/res-auto"
    xmlns:tools="http://schemas.android.com/tools"
    android:layout_width="match_parent"
    android:layout_height="match_parent"
    tools:context=".MainActivity">

    <com.google.android.material.appbar.AppBarLayout
        android:layout_width="match_parent"
        android:layout_height="wrap_content"
        android:theme="@style/AppTheme.AppBarOverlay">

        <androidx.appcompat.widget.Toolbar
            android:id="@+id/toolbar"
            android:layout_width="match_parent"
            android:layout_height="?attr/actionBarSize"
            android:background="?attr/colorPrimary"
            app:popupTheme="@style/AppTheme.PopupOverlay" />

    </com.google.android.material.appbar.AppBarLayout>

    <include layout="@layout/content_main" />

</androidx.coordinatorlayout.widget.CoordinatorLayout>
```

⑤ 在 Activity 的 onCreate()方法中，调用 Activity 的 setSupportActionBar()方法，该方法会将工具栏设置为 Activity 的应用栏。例如：

```java
@Override
protected void onCreate(Bundle savedInstanceState) {
    super.onCreate(savedInstanceState);
    setContentView(R.layout.activity_main);
    Toolbar toolbar = (Toolbar) findViewById(R.id.toolbar);
    setSupportActionBar(toolbar);

}
```

默认情况下，应用栏只包含应用的名称和一个溢出菜单。选项菜单最初只包含"Settings"菜单项。

7.3.3 设置应用栏

Toolbar 创建后，常调用 Activity 的 getSupportActionBar()方法获取 ActionBar 实例，然后使用 ActionBar 的实用方法来处理应用栏。

下面列举一些 ActionBar 的操作。

1. 应用程序图标导航

应用程序图标默认出现在应用栏的左侧。通常的行为是在用户单击图标时，让应用程序回到父级 Activity 或者回到初始状态。例如：

```
@Override
protected void onCreate(Bundle savedInstanceState) {
    super.onCreate(savedInstanceState);
    setContentView(R.layout.activity_my_child);

    // my_child_toolbar 定义在布局文件中
    Toolbar myChildToolbar =
            (Toolbar) findViewById(R.id.my_child_toolbar);
    setSupportActionBar(myChildToolbar);

    // 初始化动作栏
    ActionBar ab = getSupportActionBar();

    // 添加返回导航按钮
    ab.setDisplayHomeAsUpEnabled(true);
}
```

setDisplayHomeAsUpEnabled()方法将为应用程序图标增加一个表示向上一层动作的箭头。注意：如果要实现返回功能，还需要对 Activity 设置父 Activity。例如：

```
<application … >
    …

    <!-- The main/home activity (it has no parent activity) -->

    <activity
        android:name="com.example.myfirstapp.MainActivity" …>
        …
    </activity>

    <!-- A child of the main activity -->
    <activity
        android:name="com.example.myfirstapp.MyChildActivity"
        android:label="@string/title_activity_child"
        android:parentActivityName="com.example.myfirstapp.MainActivity" >

        <!-- Parent activity meta-data to support 4.0 and lower -->
        <meta-data
            android:name="android.support.PARENT_ACTIVITY"
            android:value="com.example.myfirstapp.MainActivity" />
    </activity>
</application>
```

也可以在用户单击图标时，使用系统提供的 android.R.id.home 作为 ID 调用该 Activity 的 onOptionsItemSelected()方法。例如，下面是一个 onOptionsItemSelected()方法的实现，它将返回 HomeActivity 用户界面。

```
@Override
public boolean onOptionsItemSelected(MenuItem item) {
```

```
    switch (item.getItemId()) {
        case android.R.id.home:
            // 为动作栏中的图标设置返回主屏 Intent 响应
            Intent intent = new Intent(this, HomeActivity.class);
            intent.addFlags(Intent.FLAG_ACTIVITY_CLEAR_TOP);
            startActivity(intent);
            return true;
        default:
            return super.onOptionsItemSelected(item);
    }
}
```

在 Intent 内设置 FLAG_ACTIVITY_CLEAR_TOP，使得如果要启动的 Activity 已经存在于当前任务中，则所有在其上的 Activity 将被销毁，该 Activity 将回到最上层。

2. 添加 SearchView

应用栏常见的设置是添加一个 SearchView，即搜索文本框。SearchView 设计效果如图 7-20 所示。

图 7-20　SearchView 设计效果

首先在菜单资源中添加一个菜单项。

```
<item
    android:id="@+id/action_search"
    android:icon="@android:drawable/ic_menu_search"
    android:title="搜索"
    app:showAsAction="ifRoom|collapseActionView"
    app:actionViewClass=" androidx.appcompat.widget.SearchView"/>
```

app:showAsAction 属性指定为 ifRoom|collapseActionView，app: actionViewClass 属性指定为实现操作的控件。

然后就可以在 onCreateOptionsMenu()回调方法中获取该菜单的 SearchView 实例，并通过该实例设置回车查询监听。代码如下。

```
@Override
public boolean onCreateOptionsMenu(Menu menu) {
    // 为动作栏加载菜单资源
    getMenuInflater().inflate(R.menu.menu_main, menu);
```

```
    MenuItem searchItem = menu.findItem(R.id.action_search);
    SearchView searchView = (SearchView) MenuItemCompat.getActionView
(searchItem);
    searchView.setOnQueryTextListener(this);

    return true;
}
```

3. 添加 ShareActionProvider 分享应用

如果应用允许对当前页的图像、视频等内容进行分享，可以在选择这些内容时在应用栏显示一个包含操作选择的下拉菜单，并显示操作选择信息等。

ActionProvider 是 Android API 14 引入的概念，其目的是能够更容易地实现一个在应用栏中用户友好和高效的共享动作项。ActionProvider 设计效果如图 7-21 所示。

图 7-21　ActionProvider 设计效果

设计 ActionProvider 的一般步骤如下。

① 在菜单资源的 <item> 标签中加入 android:actionProviderClass="android.widget. ShareActionProvider"属性，例如：

```
<item android:id="@+id/menu_share"
    android:title="@string/share"
    android:showAsAction="ifRoom"
    android:actionProviderClass= "android.widget.ShareActionProvider" />
```

② 获取 ShareActionProvider 的实例，例如：

```
mShareActionProvider = (ShareActionProvider)menu
    .findItem(R.id.menu_share).getActionProvider();
```

③ 调用 setShareIntent()方法更新 ActionProvider，例如：

```
Intent intent = new Intent(Intent.ACTION_SEND);
intent.setType("text/plain");
intent.putExtra(Intent.EXTRA_TEXT, "New Share");
provider.setShareIntent(intent);
```

ShareActionProvider 对象处理所有与这个菜单项有关的用户交互，并且不需要处理来自 onOptionsItemSelected()回调方法的单击事件。

默认情况下，ShareActionProvider 对象会基于用户的使用频率来保留共享目标应用程序的排列顺序。使用频率高的目标应用程序会显示在下拉列表的上面，并且最常用的目标应用程序会作为默认共享目标应用程序直接显示在动作栏。这种排序信息被保存在由 DEFAULT_SHARE_HISTORY_ FILE_NAME 指定名称的私有文件中。如果只使用一种动作类型的 ShareActionProvider 类或它的一个子类，那么应该继续使用这个默认的历史文件，而不需要做任何事情。但是，如果使用了不同类型的多个动作的 ShareActionProvider 类或它的一个子类，那么为了保存它们自己的排序信息，每种 ShareActionProvider 类都应该指定它们自己的排序文件。给每种 ShareActionProvider 类指定不同的历史文件，就要调用 setShareHistoryFileName()方法，并且提供一个 XML 文件的名字（如 custom_share_history.xml）。

7.3.4　CoordinatorLayout+AppBarLayout 应用

CoordinatorLayout 继承 ViewGroup，类似于 FrameLayout，有层次结构，后面的布局会覆盖在前面的布局之上。在使用 CoordinatorLayout 时，一般将 CoordinatorLayout 作为顶层布局，通过协调调度子布局的形式实现动画效果。

AppBarLayout 是一个垂直的 LinearLayout，实现了 Material Design 中 App Bar 的 Scrolling Gestures 特性。AppBarLayout 的子 View 应该声明想要具有的"滚动行为"，这可以通过 app:layout_scrollFlags 属性或 setScrollFlags()方法来指定。

实际中，常用 CoordinatorLayout + AppBarLayout 来实现滚动的、可伸缩的应用栏界面。CoordinatorLayout + AppBarLayout 设计效果如图 7-22 所示。

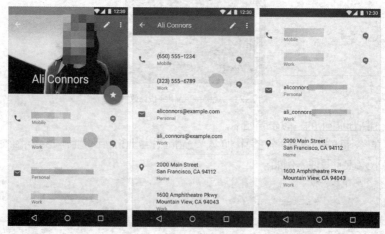

图 7-22　CoordinatorLayout+AppBarLayout 设计效果

在联系人详情界面，向上滑动联系人信息，上方的联系人图片和粉色的悬浮按钮会逐渐向上移除，然后显示蓝色的标题栏；继续上滑，最后隐藏标题栏。

AppBarLayout 只有作为 CoordinatorLayout 的直接子 View 时才能正常工作。为了让 AppBarLayout 能够知道何时滚动其子 View，还应该在 CoordinatorLayout 布局中提供一个可滚动 View，称之为 Scrolling View。Scrolling View 和 AppBarLayout 之间的关联，通过将 Scrolling View 的 Behavior 设为 AppBarLayout.ScrollingViewBehavior 来建立。

下面来分析一个示例。

布局如下。

```xml
<?xml version="1.0" encoding="utf-8"?>
<androidx.coordinatorlayout.widget.CoordinatorLayout
    xmlns:android="http://schemas.android.com/apk/res/android"
    xmlns:app="http://schemas.android.com/apk/res-auto"
    android:id="@+id/coordinator"
    android:layout_width="match_parent"
    android:layout_height="match_parent"
    android:fitsSystemWindows="true">

    <com.google.android.material.appbar.AppBarLayout
        android:id="@+id/appbar"
        android:layout_width="match_parent"
        android:layout_height="wrap_content">

        <androidx.appcompat.widget.Toolbar
            android:id="@+id/toolbar"
            android:layout_width="match_parent"
            android:layout_height="?android:attr/actionBarSize"
            android:background="?attr/colorPrimary"
            app:layout_scrollFlags="scroll" />
    </com.google.android.material.appbar.AppBarLayout>

    <androidx.core.widget.NestedScrollView
        android:layout_width="match_parent"
        android:layout_height="match_parent"
        app:layout_behavior="@string/appbar_scrolling_view_behavior">

    <WebView
            android:id="@+id/web_view"
            android:layout_width="match_parent"
            android:layout_height="match_parent"></WebView>
    </androidx.core.widget.NestedScrollView>

</androidx.coordinatorlayout.widget.CoordinatorLayout>
```

在上面的代码中，NestedScrollView 充当 Scrolling View 的角色，通常使用 NestedScrollView、RecyclerView 等实现嵌套滚动的 UI 控件。

上面 Toolbar 的 app:layout_scrollFlags 属性被设置为 scroll，意思是 Toolbar 会随着 Scrolling View 的滚动而发生滚动。通过为 AppBarLayout 的子 View 设定不同的 app:layout_scrollFlags 值，可以定义不同的滚动行为。App:layout_scrollFlags 的取值有如下几种。

（1）scroll

子 View 伴随着滚动事件而滚出或滚入屏幕，例如上面代码中的 Toolbar 会和 WebView 像一个整体一样发生滚动。注意：如果使用了其他值，则必定要和这个值组合才能起作用，例如 scroll|exitUntilCollapsed；如果在这个子 View 前面的任何其他子 View 都没有设置这个值，那么这个子 View 的设置将失去作用。

（2）enterAlways

当 Scrolling View 向下滚动时，如果设置为 scroll，则先滚动 Scrolling View；如果设置为 scroll | enterAlways，则先滚动子 View，当优先滚动的一方已经全部滚进屏幕之后，另一方才开始滚动。例如，为 Toolbar 设置为 scroll | enterAlways 后，在向下滚动 WebView 时，Toolbar 一开始就发生滚动，而无须等待 WebView 将其内容滚动到顶部之后。

（3）enterAlwaysCollapsed

这是在 enterAlways 的基础上，加上"折叠"的效果。当开始向下滚动 Scrolling View 时，子 View 会一起跟着滚动直到达到其最小高度（折叠了）。然后当 Scrolling View 滚动至顶部内容完全显示时，再向下滚动 Scrolling View，子 View 会继续滚动到完全显示出来。

（4）snap

在滚动结束后，如果子 View 只是部分可见，它将滑动到最近的边界。例如，如果子 View 的底部只有 25% 可见，它将滚动离开屏幕；而如果子 View 的底部有 75% 可见，它将滚动到完全显示。

（5）exitUntilCollapsed

当开始向上滚动 Scrolling View 时，子 View 会先接管滚动事件而先进行滚动，直到滚动到最小高度（折叠了），Scrolling View 才开始实际滚动。而当子 View 完全折叠时，再向下滚动 Scrolling View，直到 Scrolling View 顶部的内容完全显示后，子 View 才会开始向下滚动以显示出来。

⟳【知识拓展】CollapsingToolbarLayout

CollapsingToolbarLayout 是对 Toolbar 的包装并且实现了折叠 App Bar 的效果。使用时，它要作为 AppBarLayout 的直接子 View。Collapsing-ToolbarLayout 设计效果如图 7-23 所示。

CollapsingToolbarLayout 主要属性包括以下几项。

- app:contentScrim：设置折叠时工具栏的颜色，默认是 colorPrimary 的色值。
- app:statusBarScrim：设置折叠时状态栏的颜色，默认是 colorPrimaryDark 的色值。
- app:layout_collapseMode：设置折叠方式。

CollapsingToolbar Layout 的子布局有 3 种折叠方式。

- off：这是默认值。布局将正常显示，没有折叠的行为。
- pin：CollapsingToolbarLayout 折叠后，此布局将固定在顶部。
- parallax：CollapsingToolbarLayout 折叠时，此布局也会有视差折叠效果。

图 7-23　CollapsingToolbar Layout 设计效果

如果 Toolbar 和 CollapsingToolbarLayout 同时设置了标题，则不会显示 Toolbar 的标题，而是显示 CollapsingToolbarLayout 的标题。如果要显示 Toolbar 的标题，可以在代码中添加如下代码。

```
collapsingToolbarLayout.setTitle("");
```

✎ 任务 7.2　设计音乐播放器歌手详情界面

【任务介绍】

1. 任务描述

利用 CoordinatorLayout、AppBarLayout、CollapsingToolbarLayout 和 NestedScrollView，实现音乐播放器歌手详情界面中 Toolbar 的响应滚动事件、Toolbar 的扩展与收缩。

2. 运行结果

本任务运行结果如图 7-24 所示。

【任务目标】

- 掌握 CoordinatorLayout 的使用方法。
- 掌握 AppBarLayout 的使用方法。
- 掌握 CollapsingToolbarLayout 的使用方法。
- 掌握 NestedScrollView 的使用方法。
- 了解 Toolbar 的响应滚动事件。
- 了解 Toolbar 的扩展与收缩。

图 7-24　运行结果

【实现思路】

- 利用 CoordinatorLayout 布局界面整体架构，并实现 CoordinatorLayout.Behavior。
- 利用 AppBarLayout 嵌套 CollapsingToolbarLayout 实现 Toolbar 的扩展与收缩。
- 利用 NestedScrollView 实现界面的滚动。
- 运行 App 并观察运行结果。

任务指导书 7.2

设计音乐播放器
歌手详情界面

【实现步骤】

见电子活页任务指导书。

本章小结

本章首先介绍了 Android 应用中菜单的设计知识，包括选项菜单、上下文菜单、侧滑菜单和动作菜单等常见菜单资源的创建、菜单回调方法的设计等，然后介绍了消息、对话框、通知等的设计知识，最后介绍了应用栏的组成、设置等知识，重点介绍了通过 CoordinatorLayout ＋ AppBarLayout 实现复杂应用栏设计的方法。至此，我们已经了解 Android 中构建用户界面的相关知识，从第 8 章起，我们将介绍 Android 中多线程、持久存储等知识的应用。

动手实践

设计一个图 7-25 所示的 App 侧滑菜单，要求在响应菜单事件中分别调用消息、对话框和通知。

图 7-25　App 侧滑菜单

第8章
线程间的通信与异步机制

【学习目标】

子单元名称	知识目标	技能目标
子单元 1：应用程序的消息处理机制	目标 1：了解 Android 中的单线程模型设计思想 目标 2：理解 Looper、Handler、Message 等消息处理对象的作用	掌握使用 Thread + Handler+Message 实现异步任务的方法
子单元 2：异步任务封装类	理解异步任务封装类的设计流程	掌握使用 HandlerThread、AsyncTask 实现异步任务的方法

8.1 应用程序的消息处理机制

应用程序中创建的 Activity、Service 以及 BroadcastReceiver 均由一个主线程处理，即 UI 线程。但是在进行一些耗时操作时，例如 I/O 操作的大文件读写、数据库操作以及网络下载等均需要很长时间。为了不阻塞用户界面，出现应用程序无响应（Application Not Responding，ANR）提示对话框，Android 提供了消息处理和异步任务处理功能。

8.1.1 线程与单线程模型

应用程序启动时，系统会创建一个名为"main"的主线程。它是应用程序与 Android UI 组件包（android.widget 包和 android.view 包）进行交互的线程，负责把事件分发给相应的用户界面。因此，主线程有时也被叫作 UI 线程。

系统并不会为每个组件的实例都创建单独的线程。运行于同一个进程中的所有组件都是在 UI 线程中实例化的，对每个组件的系统调用也都是由 UI 线程分发的。因此，对系统回调进行响应的方法总是运行在 UI 线程中。例如，当用户触摸屏幕上的按钮时，应用程序的 UI 线程把触摸事件分发给 Widget，Widget 先把自己置为按下状态，再发送一个显示区域已失效的请求到事件队列中。UI 线程从队列中取出此请求，并通知 Widget 重绘自己。

如果应用程序在与用户交互的同时需要执行繁重的任务，则单线程模型可能会导致运行性能低，甚至会阻塞整个 UI 线程。一旦 UI 线程被阻塞，所有事件都不能被分发，包括屏幕绘图事件。从用户的角度来看，应用程序像是被挂起了。如果 UI 线程被阻塞超过一定时间（大约 5s），用户就会收到 ANR 提示对话框。

此外，Android 的 UI 组件包并不是线程安全的。因此不允许从工作线程中操作 UI——只能从 UI 线程中操作用户界面。例如，下面的代码试图通过 loadImage() 方法更新 ImageView 的内容。

进程与线程

```java
public class TheadActivity1 extends Activity {

    @Override
    public void onCreate(Bundle savedInstanceState) {
        super.onCreate(savedInstanceState);
        setContentView(R.layout.main);
        loadImage("http://www.baidu.com/img/baidu_logo.gif", R.id.imageView1);
    }

    private Handler handler = new Handler();

    private void loadImage(final String url, final int id) {
        handler.post(new Runnable() {
            public void run() {
                Drawable drawable = null;
                try {
                    drawable = Drawable.createFromStream(
                            new URL(url).openStream(), "image.gif");
                } catch (IOException e) {
                    Log.d("test", e.getMessage());
                }
                if (drawable == null) {
                    Log.d("LWY", "null drawable");
                } else {
                    Log.d("LWY", "not null drawable");
                }
                // 为了测试缓存而模拟的网络延时
                SystemClock.sleep(2000);
                // 下面代码破坏了单线程规则，异常会发生
                ((ImageView) findViewById(id))..setImageDrawable(drawable);
            }
        });
    }
}
```

　　代码运行时，在 Logcat 窗口中显示如下异常信息：android.view.ViewRoot$CalledFrom WrongThreadException: Only the original thread that created a view hierarchy can touch its views（不可以在子线程中更新 UI 元素）。所有与 UI 相关的操作都不可以在子线程中执行，而必须在 UI 线程中执行，这就是单线程模型：Android UI 操作并不是线程安全的，并且这些操作必须在 UI 线程中执行。

　　于是，Andoid 的单线程模型必须遵守两个规则。

　　① 不要阻塞 UI 线程。

　　② 不要在 UI 线程之外访问 Andoid 的 UI 组件包。

　　根据以上对单线程模型的描述可知，要想保证用户界面的响应能力，关键是不能阻塞 UI 线程。如果操作不能很快完成，那么应该让它们在单独的线程中运行。为了解决以上问题，Android 提供了很多便于管理线程的类：Looper 用于在一个线程中运行一个消息循环，Handler 用于处理消息，HandlerThread 用于使用一个消息循环启用一个线程。因此，可以考虑在工作线程中用 Handler 来处理 UI 线程分发过来的消息。Android 提供的异步任务类 AsyncTask 简化了一些工作线程和

UI 交互的操作。

8.1.2 Handler 消息传递机制

Android 的消息处理有 3 个核心类：Looper、Handler 和 Message。为一个线程建立消息循环的基本步骤为以下 4 步。

① 初始化 Looper。

一个线程在调用 Looper 的静态方法 prepare()时，会新建一个 Looper 对象，并将其放入线程的局部变量中，而这个变量是不和其他线程共享的。Looper 的构造方法如下。

```
final MessageQueue mQueue;
private Looper() {
    mQueue = new MessageQueue();
    mRun = true;
    mThread = Thread.currentThread();
}
```

可以看到，在 Looper 的构造方法中，创建了一个消息队列（Message Queen）对象 mQueue。此时，如果调用 Looper.prepare()方法的线程就可以建立一个消息循环的对象（此时还没开始进行消息循环）。

② 绑定 Handler 到 CustomThread 实例的 Looper 对象。

Handler 通过 mLooper = Looper.myLooper();语句绑定到线程的局部变量 Looper 上，同时 Handler 通过 mQueue =mLooper.mQueue;语句获得线程的消息队列。此时，Handler 就绑定到创建此 Handler 对象的线程的消息队列上了。

③ 定义处理消息的方法 handleMessage()。

④ 启动消息循环。

调用 Looper 的静态方法 loop()实现消息循环。Looper 会在循环体中调用 queue.next()方法获取消息队列中需要处理的下一条消息。当 msg != null 且 msg.target != null 时，调用 msg.target.dispatchMessage()方法分发消息；分发完成后，调用 msg.recycle()方法回收消息。msg.target 是一个 Handler 对象，表示需要处理这个消息的 Handler 对象。

从上面的步骤可知，消息循环的核心是 Looper。Looper 持有消息队列对象，一个线程可以把 Looper 设为该线程的局部变量，这就相当于这个线程建立了一个对应的消息队列。Handler 的作用就是封装发送消息和处理消息的过程，让其他线程只需要操作 Handler 就可以发送消息给创建 Handler 的线程。因此可以在其他线程给 UI 线程的 Handler 发送消息，达到更新 UI 的目的。

1. Looper

Looper 在 Android 中被设计用来使一个普通线程变成 Looper 线程。所谓 Looper 线程就是循环工作的线程。Looper 有以下几个重要方法。

- Looper.prepare()：为当前线程创建一个 Looper。
- Looper.loop()：开启消息循环。只有调用该方法，消息循环系统才会开始循环。
- Looper.prepareMainLooper()：为主线程也就是 ActivityThread 创建 Looper。
- Looper.getMainLooper()：通过该方法可以在任意位置获取主线程的 Looper。
- Looper.quit()/Looper.quitSafely()：退出 Looper。自主创建的 Looper 建议在不使用的时候退出。

下面的代码是使用 Looper 类创建 Looper 线程的典型应用方法。

```
    @Override
    public void run() {
        Looper.prepare();
        mHandler = new Handler() {
            public void handleMessage(Message msg) {
                // 消息事件处理
            }
        };
        Looper.loop();
    }
}
```

可以看到，线程中有一个 Looper 对象［每个线程有且最多只能有一个 Looper 对象，它是一个 ThreadLocal。通过 Looper.myLooper()方法得到当前线程的 Looper 对象，通过 Looper.getMainLooper()方法得到主线程的 Looper 实例］，它的内部维护了一个消息队列。消息队列用来存放通过 Handler 发布的消息，并按照先进先出的顺序执行其中的任务。Looper 也把消息队列里的消息广播给所有的 Handler，Handler 接收到消息后调用 handleMessage()方法进行处理。消息队列通常附属于某一个创建它的线程，可以通过 Looper.myQueue()方法得到当前线程的消息队列。Android 在第一次启动应用程序时默认会为 UI 线程创建一个关联的消息队列，用来管理应用程序的一些上层组件。应用程序可以在自己的子线程中创建 Handler 来与 UI 线程通信。

> **注意**　默认情况下 Android 中新诞生的线程是没有开启消息循环的，可以先在线程中调用 prepare()方法创建一个消息循环，然后调用 loop()方法处理消息直到循环结束（主线程除外，系统会自动为主线程创建 Looper 对象，开启消息循环）。一个线程只能有一个 Looper 对象，对应一个消息队列。

通过调用 Looper.loop()方法，Looper 线程开始工作。它不断从自己的消息队列中取出队头的消息（也叫"任务"）执行。

2. Handler

Handler 主要负责向消息队列中添加消息和处理消息（只处理由自己发出的消息），即通知消息队列要执行一个任务［sendMessage()方法］，并在轮询到自己的时候执行该任务［handleMessage()方法］，整个过程是异步的。每个 Handler 都会与唯一的一个线程及该线程的消息队列关联。当创建一个新的 Handler 时，默认情况下，它将关联到创建它的这个线程和该线程的消息队列。因此，如果通过 Handler 发送消息，消息将只会发送到与它关联的消息队列，当然也只能处理该消息队列中的消息。

下面的代码演示了在 Thread 子类中加入 Handler 实现消息队列功能的方法。

```
public class LooperThread extends Thread {
    private Handler handler;

    @Override
    public void run() {
        Looper.prepare();
        handler = new Handler();
        Looper.loop();
    }
}
```

Handler 会通过两种方法向消息队列发送消息：sendMessage()方法或 post()方法。通过这两种方法发送的消息都会插在消息队列队尾并按先进先出的顺序执行。但通过这两种方法发送的消息执行的方式略有不同：通过 sendMessage()方法发送的是一个 Message 对象，其会被 Handler 的 handleMessage()方法处理；而通过 post()方法发送的是一个 Runnable 对象，其会被封装成 Message 对象执行。

通过 Handler 发送的 Message 对象有如下特点。

● message.target 为该 Handler 对象，这确保了 Looper 执行到该 Message 对象时能找到处理它的 Handler，即 loop()方法中的代码。

```
msg.target.dispatchMessage(msg);
```

● post()方法发出的 Message 对象，其回调为 Runnable 对象。消息的处理是通过核心方法 dispatchMessage()与钩子方法 handleMessage()完成的。

Handler 拥有以下两个重要的特点。

● Handler 可以在任意线程中发送消息，这些消息会被添加到关联的消息队列中，如图 8-1 所示。

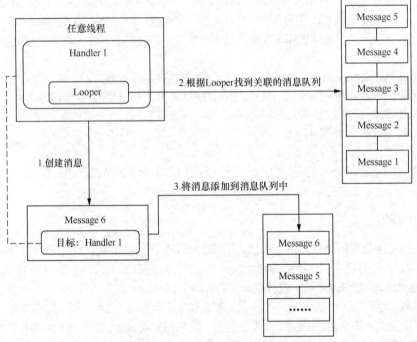

图 8-1　Handler 发送消息示意

● Handler 在它关联的 Looper 线程中处理消息，如图 8-2 所示。

Handler 的这两个特点解决了 Android 不能在其他非主线程中更新 UI 的问题。Android 的主线程也是一个 Looper 线程，在其中创建的 Handler 默认将关联主线程的消息队列。因此，一个利用 Handler 的解决方案就是在 Activity 中创建 Handler 并将其引用传递给工作线程，工作线程执行完任务后使用 Handler 发送消息并通知 Activity 更新 UI，如图 8-3 所示。

3. Message 和 Message Queue

Message 是线程之间传递信息的载体，包含对消息的描述和任意的数据对象。Message 中包含两个额外的 int 字段（Message.arg1 和 Message.arg2）和一个 Object 字段，并通过 Message.what 来标识信息，以便用不同方式处理 Message。虽然 Message 的构造方法是公开的，但是最好使用 Message.obtain()方法或 Handler.obtainMessage()方法来获取 Message 对象，因为 Message 的实现中包含回收再利用的机制，可以提高效率。例如：

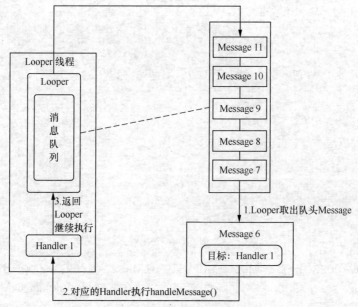

图 8-2　Handler 处理消息示意

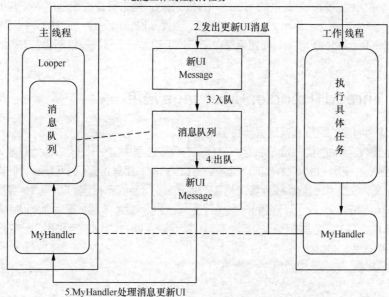

图 8-3　Handler 更新 UI 示意

```
private Messenger mMessenger = new Messenger(new Handler() {
    @Override
    public void handleMessage(Message msgfromClient) {
        Message msgToClient = Message.obtain(msgfromClient);//给客户端的消息
```

```
        switch (msgfromClient.what) {
            // 客户端传来的消息
            case MSG_SUCCESS:
                msgToClient.what = MSG_SUM;
                try {
                    //模拟耗时
                    Thread.sleep(2000);
                    msgToClient.arg2 = msgfromClient.arg1
                            + msgfromClient.arg2;
                    msgfromClient.replyTo.send(msgToClient);
                } catch (InterruptedException e) {
                    e.printStackTrace();
                } catch (RemoteException e) {
                    e.printStackTrace();
                }
                break;
        }

        super.handleMessage(msgfromClient);
    }
});
```

MessageQueue 是用来容纳 Message 的，其中的 Message 是由 Looper 分发的。Message 不能直接添加到 MessageQueue 中，而要通过与 Looper 关联的 Handler 添加。MessageQueue 通常附属于某一个创建它的线程，可以通过 Looper.myQueue()方法得到当前线程的 Message Queue。如果没有 MessageQueue 对象，则会抛出空指针异常。Android 在第一次启动应用程序时会默认为 UI 线程创建一个关联的 MessageQueue，用来管理应用程序的一些上层组件。可以在自己的子线程中创建 Handler 与 UI 线程通信。也就是说应用程序一启动 UI 线程（也就是主线程）就会有一个 MessageQueue，而如果是自己另外启动的一个子线程就不会有 MessageQueue 对象。

8.1.3　Thread+Handler+Message 应用

下面介绍使用消息处理机制实现异步任务的方法。

首先，在创建线程池的类（如 MainActivity）的构造过程中实例化 Handler 对象，并将该对象存储在全局变量中。使用 Handler()构造函数实例化该对象，将其连接到 UI 线程。此构造函数使用 Looper 对象，该对象是 Android 线程管理框架的另一部分。当基于特定的 Looper 实例化 Handler 时，该 Handler 将和 Looper 运行在同一个线程上。在 Handler 内部，重写 handleMessage()方法。当 Android 收到它所管理的线程的新消息时，就会调用此方法。特定线程的所有 Handler 对象都会收到同一条消息。例如：

```
private PhotoManager() {
    …
    // 定义附加到 UI 线程的处理程序对象
    handler = new Handler(Looper.getMainLooper()) {
        …
        /*
         * handleMessage() 方法中定义用于处理消息的响应事件
         * the Handler receives a new Message to process
```

```
        */
    @Override
    public void handleMessage(Message inputMessage) {
        // 从 PhotoTask 中获取消息传递过来的图像信息
        PhotoTask photoTask = (PhotoTask) inputMessage.obj;
        …
    }
    …
    }
}
```

在将数据从在后台线程上运行的任务对象移动到在 UI 线程上运行的 UI 对象时，首先需要在任务对象中存储对数据和 UI 对象的引用。接下来，将任务对象和状态代码传递给实例化 Handler 的对象。在此对象中，将包含状态和任务对象的 Message 发送给 Handler。由于 Handler 在 UI 线程上运行，因此它可以将数据移动到 UI 对象。例如，下面是一个在后台线程上运行的 Runnable，它将对 Bitmap 进行解码并将其存储在其父对象 PhotoTask 中。Runnable 还会存储状态代码 DECODE_STATE_COMPLETED。

```
// 将 photo 解码为 Bitmaps
class PhotoDecodeRunnable implements Runnable {
    …
    PhotoDecodeRunnable(PhotoTask downloadTask) {
        photoTask = downloadTask;
    }
    …
    // 获取下载的字节数组
    byte[] imageBuffer = photoTask.getByteBuffer();
    …
    // 执行线程任务
    public void run() {
        …
        // 解码字节数组
        returnBitmap = BitmapFactory.decodeByteArray(
            imageBuffer,
            0,
            imageBuffer.length,
            bitmapOptions
        );
        …
        // 给 ImageView 设置 Bitmap
        photoTask.setImage(returnBitmap);
        // 报告解码完成
        photoTask.handleDecodeState(DECODE_STATE_COMPLETED);
        …
    }
    …
}
```

其中的 PhotoTask 对象中存放着对解码数据以及将显示该数据的 View 对象的引用。PhotoTask 对象从 PhotoDecodeRunnable 接收状态代码，并将其传递给存放线程池并实例化 Handler 的对象。

```
public class PhotoTask {
    …
    // 获取创建线程池对象的 Handle 对象
    photoManager = PhotoManager.getInstance();
    …
    public void handleDecodeState(int state) {
        int outState;
        // 将解码状态转换为完成状态
        switch(state) {
            case PhotoDecodeRunnable.DECODE_STATE_COMPLETED:
                outState = PhotoManager.TASK_COMPLETE;
                break;
            …
        }
        …
        // 调用状态处理方法
        handleState(outState);
    }
    …
    // 将状态传递给 PhotoManager
    void handleState(int state) {
        /*
         * 将此任务的句柄和当前状态传递给创建线程池的类
         */
        photoManager.handleState(this, state);
    }
    …
}
```

PhotoManager 对象从 PhotoTask 对象接收状态代码和 PhotoTask 对象的句柄。由于状态代码为 TASK_COMPLETE，因此创建一个包含状态和任务对象的 Message，并将其发送给 Handler。

```
public class PhotoManager {
    …
    // 处理来自任务的状态消息
    public void handleState(PhotoTask photoTask, int state) {
        switch (state) {
            …
            // 图像下载并完成解码后的任务处理
            case TASK_COMPLETE:
                Message completeMessage = handler.obtainMessage(state,
photoTask);
                completeMessage.sendToTarget();
                break;
            …
        }
        …
    }
}
```

最后，通过 Handler.handleMessage()方法检查每一条传入 Message 的状态代码。如果状态代码为 TASK_COMPLETE，则任务已完成，并且 Message 中的 PhotoTask 对象会同时包含 Bitmap 和 ImageView。由于 Handler.handleMessage()方法在 UI 线程上运行，因此它可以安全地将 Bitmap 移动到 ImageView。

```java
private PhotoManager() {
    …
    …
    handler = new Handler(Looper.getMainLooper()) {
        @Override
        public void handleMessage(Message inputMessage) {
            // 获取消息传递的对象
            PhotoTask photoTask = (PhotoTask) inputMessage.obj;
            // 获取任务中的 ImageView 对象
            PhotoView localView = photoTask.getPhotoView();
            …
            switch (inputMessage.what) {
                …
                // 完成解码
                case TASK_COMPLETE:
                    /*
                     * 将 Bitmap 显示在 View 上
                     */
                    localView.setImageBitmap(photoTask.getImage());
                    break;
                …
                default:
                    /*
                     * 从 UI 传递其他消息
                     */
                    super.handleMessage(inputMessage);
            }
            …
        }
        …
    }
    …
}
```

任务 8.1　实现音乐播放器本地音乐的异步加载功能

【任务介绍】

1. 任务描述

在第 6 章任务 6.1 的基础上，实现音乐播放器本地音乐的异步加载功能。

2. 运行结果

本任务运行结果如图 6-8 所示。

【任务目标】

● 掌握 AsyncTaskLoader 异步任务加载类的使用方法。

- 掌握 LoaderManager 类的使用方法。
- 掌握 ContentResolver 的使用方法。
- 了解接口回调的使用方法。

【实现思路】

- 继承 AsyncTaskLoader 并实现异步任务加载方法 loadInBackground()，在该方法中通过 ContentResolver 获取本地音乐列表。
- 通过实现 LoaderManager.LoaderCallbacks 接口，实现已获取到本地音乐列表的异步加载。
- 运行 App 并观察运行结果。

任务指导书 8.1

实现音乐播放器
本地音乐的异步
加载功能

【实现步骤】

见电子活页任务指导书。

8.2 异步任务封装类

虽然借助消息队列可以较为完美地解决 UI 数据更新的问题，但是子线程的开销很大，降低了应用程序的性能，同时给子线程的管理带来问题，特别是逻辑复杂及需要频繁地更新 UI 的时候，这样的方式使得代码难以阅读和理解。Android 提供两个工具类——HandlerThread 和 AsyncTask 来实现消息的封装处理。

8.2.1　HandlerThread

8.1.2 小节介绍主线程与子线程之间的通信主要依靠 Handler、Looper 和 MessageQueue 来实现。一个线程中可以有唯一的 Looper，负责消息循环；每个 Looper 中都有唯一的 MessageQueue，管理消息队列；Handler 在发送消息前，必须与一个 Looper 进行绑定，也就与 MessageQueue 进行绑定。完成上述操作，就可以通过 Handler 把消息发送到 MessageQueue 中，然后等待 Looper 把消息取出并交给发送消息的 Handler 进行消息的处理。

如果是主线程与子线程进行通信，在创建 Handler 之前必须在子线程中调用 Looper.prepare() 方法为线程初始化一个 Looper 对象。一旦忘记调用 Looper.prepare() 方法，在创建 Handler 的时候就会抛出异常。Google 公司为了避免开发者忘记调用 Looper.prepare() 方法而导致异常，对 Thread 类进行了封装，使得 Thread 类在初始化的时候便自动创建一个 Looper，这就是 Thread 类的封装类 HandlerThread。

先分析 HandlerThread 的源代码。

```
public class HandlerThread extends Thread {
    int mPriority;  //线程执行优先级
    int mTid = -1;  //调用线程的标识符
    Looper mLooper;  //线程内部的 Looper 对象，一个线程只有一个 Looper 对象
    private @Nullable
    Handler mHandler; //与 Looper 绑定的 Handler 对象

    public HandlerThread(String name) {
        super(name);
        //设置优先级
```

```java
        mPriority = Process.THREAD_PRIORITY_DEFAULT;
    }

    public HandlerThread(String name, int priority) {
        super(name);
        mPriority = priority;
    }

//Looper 开启循环前调用，可在子类中按需覆写实现
    protected void onLooperPrepared() {
    }

    @Override
    public void run() {
        //返回调用线程的标识符
        mTid = Process.myTid();
        //初始化线程本地变量 Looper
        Looper.prepare();
        synchronized (this) {
            //从 Looper 中获取本线程的 Looper 对象
            mLooper = Looper.myLooper();
            notifyAll();  //唤醒线程
        }
        Process.setThreadPriority(mPriority);
        onLooperPrepared();  //回调方法，在循环之前，可在子类中按需覆写实现
        Looper.loop();
        mTid = -1;
    }

//返回 Looper 对象
    public Looper getLooper() {
        //如果线程不是可用状态，则返回 null
        if (!isAlive()) {
            return null;
        }

        //如果线程被启动了，但是 mLooper 对象还没有被初始化，则让线程进入等待状态，
        //直到 mLooper 对象被初始化后线程被唤醒
        synchronized (this) {
            while (isAlive() && (mLooper == null)) {
                try {
                    wait();
                } catch (InterruptedException e) {
                }
            }
        }
        return mLooper;
    }

    @NonNull
//懒加载初始化 Handler 的单例对象，该 Handler 与此线程获取的 Looper 进行绑定
```

```
    public Handler getThreadHandler() {
        if (mHandler == null) {
            mHandler = new Handler(getLooper());
        }
        return mHandler;
    }

    //退出，执行的是 looper.quit()方法，其实执行的是 Looper 中的 MessageQueue.quit()方法
    public boolean quit() {
        Looper looper = getLooper();
        if (looper != null) {
            looper.quit();
            return true;
        }
        return false;
    }

    //同上述方法，执行的是 MessageQueue.quit()方法
    public boolean quitSafely() {
        Looper looper = getLooper();
        if (looper != null) {
            looper.quitSafely();
            return true;
        }
        return false;
    }

    //返回调用线程的标识符
    public int getThreadId() {
        return mTid;
    }
}
```

通过分析源代码可以发现以下几点。

① HandlerThread 继承 Thread，所以它的本质是线程的一种实现。

② HandlerThread 内部有一个 Looper 对象，在线程启动的时候，会初始化线程本地变量 Looper。

③ HandlerThread 内部有 Handler 对象，但采用的是懒加载的单例，在使用之前并未进行初始化。Handler 对象绑定的 Looper 就是本线程的 Looper 对象。

④ 在调用 getThreadHandler()方法和 getLooper()方法之前，必须确保线程已经启动了［调用 start()方法］，否则线程会进入等待状态，直到在 run()方法内部的 mLooper 对象被赋值。

⑤ 在 Looper 开启循环［调用 loop()方法］之前，会执行 onLooperPrepared()方法，它默认是一个空实现，可在子类中按需覆写实现。注意：它的执行逻辑在子线程，所以不要进行 UI 操作。

⑥ quit()方法和 quitSafely()方法调用的是 Looper 对象的相应方法，其实最终调用的都是 Looper 内部 MessageQueue 的 quit()方法。

⑦ HandlerThread 只是把线程和 Looper 进行简单的封装，剩下的很多操作和异步消息处理机制是一样的。

下面是一个使用 HandlerThread 下载图片集的示例。

```java
public class HandlerThreadActivity extends AppCompatActivity {

    // 图片地址集合
    private String url[] = {"https://img-blog.csdn.net/20160903083245762",… };
    private ImageView imageView;

    @Override
    protected void onCreate(Bundle savedInstanceState) {
        super.onCreate(savedInstanceState);
        setContentView(R.layout.activity_handler_thread);

        imageView = (ImageView) findViewById(R.id.image);
        //创建异步 HandlerThread
        HandlerThread handlerThread = new HandlerThread("downloadImage");
        //必须先开启线程
        handlerThread.start();
        //子线程 Handler，用于异步下载图片
        Handler childHandler = new Handler(handlerThread.getLooper(), new
ChildCallback());
        for (int i = 0; i < url.length; i++) {
            childHandler.sendEmptyMessageDelayed(i, 1000 * i); //每秒更新一张图片
        }
    }

    /**
     * 该 Callback 运行于子线程
     */
    class ChildCallback implements Handler.Callback {
        @Override
        public boolean handleMessage(Message message) {
            //在子线程中进行网络请求
            Bitmap bitmap = downloadUrlBitmap(url[message.what]);
            ImageModel imageModel = new ImageModel();
            imageModel.url = url[message.what];
            imageModel.bitmap = bitmap;
            Message msg = new Message();
            msg.what = message.what;
            msg.obj = imageModel;
            mUIHandler.sendMessage(msg); //通知主线程更新 UI

            return false;
        }
    }

    private Bitmap downloadUrlBitmap(String urlString) {
        HttpURLConnection urlConnection = null;
        BufferedInputStream in = null;
        Bitmap bitmap = null;

        try {
```

```
        final URL url = new URL(urlString);
        urlConnection = (HttpURLConnection) url.openConnection();
        in = new BufferedInputStream(urlConnection.getInputStream(), 8 * 1024);
        bitmap = BitmapFactory.decodeStream(in);
    } catch (IOException e) {
        e.printStackTrace();
    } finally {
        if (urlConnection != null) {
            urlConnection.disconnect();
        }
        try {
            if (in != null) {
                in.close();
            }
        } catch (IOException e) {
            e.printStackTrace();
        }
    }
    return bitmap;
}


/**
 * 用于更新 UI
 */
private Handler mUIHandler = new Handler() {
    @Override
    public void handleMessage(Message msg) {
        ImageModel model = (ImageModel) msg.obj;
        imageView.setImageBitmap(model.bitmap);
    }
};

class ImageModel {
    String url;
    Bitmap bitmap;

    ImageModel() {
    }
}
}
```

8.2.2　AsyncTask

AsyncTask 是抽象类，在 AsyncTask 中定义了 3 种泛型类型：Params、Progress 和 Result。

拓展视频

AsyncTask 实现
异步任务

- Params 对应 doInBackground()方法的参数类型。而 new Async Task().execute()方法传进来的就是 Params 数据，可以使用 execute(data)方法传送一个数据，或者使用 execute (data1, data2, data3)方法传送多个数据。
- Progress 对应 onProgressUpdate()方法的参数类型，其显示后台任

务执行的百分比。

- Result 对应 onPostExecute()方法的参数类型，是后台执行任务最终返回的结果，例如 String。

当以上的参数类型都不需要指明时，则使用 Void，注意不是 void。

AsyncTask 执行的每一步都对应一个回调方法，这些方法不应该由应用程序调用，开发者需要做的就是实现这些方法。首先子类化 AsyncTask，然后实现 AsyncTask 中定义的下面一个或几个方法。

- onPreExecute()方法执行预处理。它运行于 UI 线程，可以为后台任务做一些准备工作，例如绘制一个进度条控件。
- doInBackground()方法在 onPreExecute()方法执行后马上自动执行，后台进程执行的具体计算在这里实现。此方法是 AsyncTask 的关键，其必须重载。doInBackground()方法的返回值会传给 onPostExecute()方法。在 doInBackground()方法内的任何时刻，都可以调用 publishProgress()方法来执行 UI 线程中的 onProgressUpdate()方法，以更新实时的任务进度。注意：在 doInBackground()方法中不能直接操作 UI。
- onProgressUpdate()方法运行于 UI 线程。如果在 doInBackground()方法中使用了 publishProgress()方法，就会触发这个方法。在这里可以根据进度值对进度条控件做出具体的响应。
- onPostExecute()方法运行于 UI 线程，相当于 Handler 处理 UI 的方式。在这里可以使用在 doInBackground()方法中得到的结果处理 UI 操作。如果结果为 null，则表明后台任务没有完成（被取消或者出现异常）。

可以看出，AsyncTask 的特点是任务在主线程之外运行，而回调方法在主线程中执行，这就有效地避免了使用 Handler 带来的麻烦。

为了正确地使用 AsyncTask 类，必须遵守以下几条准则。

① AsyncTask 的实例必须在 UI 线程中创建。

② execute()方法必须在 UI 线程中调用。

③ 不要手动地调用 onPreExecute()、onPostExecute()、doInBackground ()和 onProgressUpdate()这几个方法。

注意 **AsyncTask 并不会随着 Activity 的销毁而销毁，AsyncTask 会一直执行 doInBackground()方法直到方法执行结束。此时，如果 cancel()方法被调用了，则执行 onCancelled()方法，否则执行 onPostExecute()方法。**

最好在 Activity 或 Fragment 的 onDestory()方法中调用 cancel()方法。cancel()方法需要一个布尔值的参数，参数名为 mayInterruptIfRunning。如果值设置为 true，则这个任务可以被打断；否则，正在执行的任务会继续执行直到完成。如果在 doInBackground()方法中有一个循环操作，则应该在循环中使用 isCancelled()方法来判断。如果返回为 true，则应该避免执行后续无用的循环操作。

最后还要注意，当 Activity 重新创建时（屏幕旋转/Activity 被意外销毁后恢复），之前运行的 AsyncTask（非静态的内部类）持有的之前 Activity 引用已无效。因此，重写的 onPostExecute()方法将不生效，即无法更新 UI 操作。建议在 Activity 恢复时的对应方法中重启任务线程。

总之，使用 AsyncTask 需要确保 AsyncTask 正确地取消。

下面的示例演示了使用 AsyncTask 实现网络下载的方法。

```
public class MainActivity extends AppCompatActivity {
    private static final String FILE_NAME = "test.pdf";//下载文件的名称
```

```
private static final String PDF_URL = "http://***/AsyncTask.pdf";
private ProgressBar mProgressBar;
private Button mDownloadBtn;
private TextView mStatus;

@Override
protected void onCreate(Bundle savedInstanceState) {
    super.onCreate(savedInstanceState);
    setContentView(R.layout.activity_main);
    initView();
    setListener();
}

private void initView() {
    mProgressBar = (ProgressBar) findViewById(R.id.progressBar);
    mDownloadBtn = (Button) findViewById(R.id.download);
    mStatus = (TextView) findViewById(R.id.status);
}

private void setListener() {
    mDownloadBtn.setOnClickListener(new View.OnClickListener() {
        @Override
        public void onClick(View v) {
            //AsyncTask 实例必须在主线程创建
            DownloadAsyncTask asyncTask = new DownloadAsyncTask();
            asyncTask.execute(PDF_URL);
        }
    });
}

private class DownloadAsyncTask extends AsyncTask<String, Integer, Boolean> {
    private String mFilePath;//下载文件的保存路径

    @Override
    protected Boolean doInBackground(String… params) {
        if (params != null && params.length > 0) {
            String pdfUrl = params[0];
            try {
                URL url = new URL(pdfUrl);
                URLConnection urlConnection = url.openConnection();
                InputStream in = urlConnection.getInputStream();
                int contentLength = urlConnection.getContentLength();
                //获取内容总长度
                mFilePath = Environment.getExternalStorageDirectory()
                        + File.separator + FILE_NAME;
                //若存在同名文件则删除
                File pdfFile = new File(mFilePath);
                if (pdfFile.exists()) {
                    boolean result = pdfFile.delete();
                    if (!result) {
```

```
                        return false;
                    }
                }
                int downloadSize = 0;//已经下载的大小
                byte[] bytes = new byte[1024];
                int length = 0;
                OutputStream out = new FileOutputStream(mFilePath);
                while ((length = in.read(bytes)) != -1) {
                    out.write(bytes, 0, length);
                    downloadSize += length;
                    publishProgress(downloadSize / contentLength * 100);
                }
                in.close();
                out.close();
            } catch (IOException e) {
                e.printStackTrace();
                return false;
            }
        } else {
            return false;
        }
        return true;
    }


    @Override
    protected void onPreExecute() {
        super.onPreExecute();
        mDownloadBtn.setText("下载中");
        mDownloadBtn.setEnabled(false);
        mStatus.setText("下载中");
        mProgressBar.setProgress(0);
    }


    @Override
    protected void onPostExecute(Boolean aBoolean) {
        super.onPostExecute(aBoolean);
        mDownloadBtn.setText("下载完成");
        mStatus.setText(aBoolean ? "下载完成" + mFilePath : "下载失败");
    }


    @Override
    protected void onProgressUpdate(Integer… values) {
        super.onProgressUpdate(values);
        if (values != null && values.length > 0) {
            mProgressBar.setProgress(values[0]);
        }
    }
}
}
```

本章小结

　　本章介绍了 Android 应用中实现异步任务的知识。首先介绍了 Android 中的单线程模型，强调了不能在 UI 线程之外访问 UI 组件包；然后介绍了消息处理中 Looper、Handler 和 Message 的作用，重点介绍了使用 Thread + Handler + Message 实现异步任务的方法；最后介绍了 Android 中的两个封装类 HandlerThread 和 AsyncTask，并介绍了使用它们实现异步任务的方法。

动手实践

　　使用 HandlerThread 或 AsyncTask 实现 App 版本的检测与下载更新功能。

第9章
Android本地存储

09

【学习目标】

子单元名称	知识目标	技能目标
子单元 1: SharedPreferences 与 PreferenceFragment	目标 1:理解 SharedPreferences 的存储机制 目标 2:理解 PreferenceScreen XML 属性的含义 目标 3:理解设置功能的应用场景	目标 1:掌握获取 SharedPreferences 对象的方法 目标 2:掌握使用 SharedPreferences 存取数据的方法 目标 3:掌握创建 PreferenceScreen 资源的方法 目标 4:掌握 PreferenceFragment 的设计方法 目标 5:掌握设置回调监听的方法
子单元 2:Android 文件存储	目标 1:理解 Android 存储架构 目标 2:理解 Environment 的主要功能 目标 3:理解 StorageManager 的主要功能	目标 1:掌握内部存储中文件的处理方法 目标 2:掌握外部存储中文件的处理方法 目标 3:掌握使用作用域目录访问的方法
子单元 3:SQLite 数据库存储	目标 1:理解 SQLite 数据库常用方法参数的含义 目标 2:理解 SQLiteOpenHelper 构造参数的含义	目标 1:掌握使用 Android 组件操作 SQLite 数据库和数据表的方法 目标 2:掌握使用 SQLiteDatabase 和 Cursor 访问记录的方法 目标 3:掌握使用 SQLiteOpenHelper 访问 SQLite 数据库的方法

9.1 SharedPreferences 与 PreferenceFragment

　　应用通常包括允许用户修改应用特性和行为的设置。例如,有些应用允许用户指定是否启用通知,或指定应用与云端同步数据的频率。为了保存应用的设置参数,Android 提供了一个 SharedPreferences 类。SharedPreferences 类是一种轻量级的数据存储机制,它将一些简单数据类型(如 boolean 型、int 型、float 型、long 型及 String 型等)的数据以键值对的形式存储在应用的私有 Preferences 目录的 XML 文件中。这种机制广泛应用于存储应用中的配置信息。

9.1.1　使用 SharedPreferences 存取数据

1．SharedPreferences

SharedPreferences 是 Android 上一个轻量级的存储类，主要用来保存相对较小的键值集合。例如 Activity 暂停时，将此 Activity 的状态保存到 SharedPereferences 中；当 Activity 重载，系统使用回调方法 onSaveInstanceState()时，再从 SharedPreferences 中将值取出。

android.content.SharedPreferences 是一个存储类接口，用来获取和修改持久化存储的数据。SharedPreferences 提供了 Java 常规的 long、int、String 等类型数据的保存接口。SharedPreferences 类似过去 Windows 操作系统上的 INI 配置文件，每个 SharedPreferences 文件由框架进行管理并且可以专用或共享。

SharedPreferences 以 XML 方式保存数据。在 Android Studio 中，单击"View"＞"Tool Window"＞"Device File Explorer"，打开"Device File Explorer"窗口，展开/data/data/<package name>/shared_prefs 路径，可以看到一些 XML 文件，例如 setting_information.xml 文件，如图 9-1 所示。将其导出到设备中，打开这个文件，看到其内容大体如下。

```xml
<?xml version='1.0' encoding='utf-8' standalone='yes' ?>
<map>
    <string name="pref_sorting">alpha</string>
    <boolean name="pref_thumbnail" value="true" />
    <boolean name="pref_hiddenFiles" value="true" />
</map>
```

2．获取 SharedPreferences 实例

Android 中有 3 种获取系统中保存的持久化数据的方法。

（1）getPreferences (int mode)方法

getPreferences (int mode)方法通过 Activity 对象获取 SharedPreferences 实例，获取的实例是本 Activity 私有的 Preference，保存在系统中的 XML 文件的名称为这个 Activity 的名称。因此一个 Activity 只能有一个 Preference，此 Preference 仅属于这个 Activity。

参数 mode 为操作模式，默认的操作模式为 0 或 MODE_PRIVATE。mode 参数的含义如下。

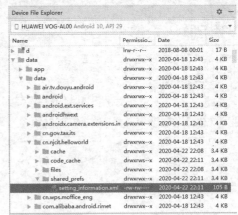

图 9-1　"Device File Explorer"窗口

- MODE_PRIVATE：为默认操作模式，表示该文件是私有文件，只能被应用本身访问。在该模式下，写入的内容会覆盖原文件的内容。
- MODE_WORLD_READABLE：表示当前文件可以被其他应用读取（从 Android 7.0 开始启用）。
- MODE_WORLD_WRITEABLE：表示当前文件可以被其他应用写入（从 Android 7.0 开始启用）。
- MODE_MULTI_PROCESS：表示允许多个进程访问同一个 SharedPrecferences对象。

（2）getSharedPreferences (String name, int mode)方法

getSharedPreferences (String name, int mode)方法获得的实例属于整个应用，可以有多个

SharedPreferences 实例。参数 name 为保存在系统中的 XML 文件名，参数 mode 的含义同 getPreferences (int mode)方法。使用该方法时，若该 Preferences 文件不存在，则在提交数据后会创建该 Preferences 文件。

（3）getDefaultSharedPreferences (Context context)方法

getDefaultSharedPreferences (Context context)方法使用 PreferenceManager 的静态方法来保存 PreferenceFragment 中的设置，获得的 SharedPreferences 实例属于整个应用，但是只能有一个。Android 会将包名和 PreferenceFragment 的布局文件名组合成 Preferences 文件的名称。

3. 使用 SharedPreferences 存取数据

（1）以键值<String key,String value>的方式保存数据

保存数据的方法是首先利用 getSharedPreferences()等方法获取 SharedPreferences 对象，然后通过 SharedPreferences 对象调用 edit()方法获得一个内部类 Editor 的对象，最后通过 Editor 对象的 putter 方法以键值<String key,String value>的方式向 Preferences 中写入数据。例如：

```
SharedPreferences sp;
sp = getSharedPreferences(SETTING_INFOS, 0);
SharedPreferences.Editor editor;

public void putValue(String key, String value){
    editor = sp.edit();
    editor.putString(key, value);
    editor.commit();
}
```

> **注意** 编辑完 Preferences 数据后，只有调用 commit()方法才会把所做的修改提交到 Preferences 文件中。

（2）以 String key 为索引来提取数据

提取数据的方法是利用 SharedPreferences 对象调用一些 getter 方法，传入相应的 key 来读取数据，并根据需要提供当 key 不存在时返回的默认值。例如：

```
SharedPreferences sp;
sp = getSharedPreferences(SETTING_INFOS, 0);

public String getValue(String key){
    return sp.getString(key, "");
}
```

9.1.2 使用 PreferenceFragment 设计设置界面

设置使用户能够改变应用的功能和行为。设置可以影响后台行为，例如应用与云同步数据的频率，或者改变用户界面的内容和呈现方式。应用的设置界面如图 9-2 所示。

AndroidX Preference Library 将用户可配置设置集成到应用中。此库管理界面，并与存储空间交互，因此只需定义用户可以配置的单独设置。同时，AndroidX Preference Library 自带 Material 主题，可在不同的设备和操作系统版本之间提供一致的用户体验。

依赖如下。

```
implementation 'androidx.preference:preference:1.1.0'
```

1. Preference

Preference 是 AndroidX Preference Library 的基础构建基块。Android 通过在 XML 文件中声明 Preference 类的各种子类来构建设置界面，而不是使用 View 对象构建设置界面。

Preference 是单个设置的构建基块。每个 Preference 均作为项目显示在列表中，并提供适当的 UI 供用户修改设置。例如，CheckBox Preference 可创建一个列表项用于显示复选框，ListPreference 可创建一个项目用于打开包含选择列表的对话框。

添加的每个 Preference 都有一个相应的键值对，可供系统用来将设置保存在应用设置的默认 SharedPreferences 文件中。当用户更改设置时，系统会更新 SharedPreferences 文件中的相应值。应用只应在需要读取值以根据用户设置确定应用的行为时，才与关联的 SharedPreferences 文件直接交互。

图 9-2 应用的设置界面

由于应用的设置 UI 使用 Preference 对象（而非 View 对象）构建而成，因此需要使用专门的 Activity 或 Fragment 子类显示设置界面。

2. 创建设置界面资源

在 Android Studio 中创建设置界面资源的一般步骤如下。

① 在 res 目录下新建一个 xml 文件夹，右击该文件夹，新建一个 Android XML 文件，即 Preferences.xml。

创建 PreferenceScreen 框架（未使用 AndroidX Preference Library），代码如下。

```xml
<?xml version="1.0" encoding="utf-8"?>
<PreferenceScreen
    xmlns:android="http://schemas.android.com/apk/res/android">
</PreferenceScreen>
```

② 在 res/xml/下打开 preferences.xml 文件。可以看到，Android 提供两种编辑模式：可视化的结构设计（Design）及 XML 源代码设计。推荐使用可视化的结构设计模式进行创建。单击编辑器右上方的"Design"按钮，显示 preferences.xml 的可视化编辑界面，如图 9-3 所示。

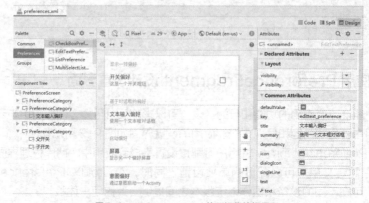

图 9-3 preferences.xml 的可视化编辑界面

界面的左上角显示 PreferenceScreen 的组件列表；左下角是 PreferenceScreen 列表树；正中间是 PreferenceScreen 编辑区域，其和 Layout 一样支持直接拖曳；右侧是 PreferenceScreen 组件的属性设置面板。

下面详细介绍 PreferenceScreen 及其组件的使用方法。

（1）PreferenceScreen

PreferenceScreen 表示设置屏幕的顶层容器。这是 Preference 层次结构的根组件。例如：

```
<androidx.preference.PreferenceScreen
    xmlns:app="http://schemas.android.com/apk/res-auto">

    <PreferenceCategory
        app:key="notifications_category"
        app:title="Notifications">

        <SwitchPreferenceCompat
            app:key="notifications"
            app:title="Enable message notifications"/>

    </PreferenceCategory>

    <PreferenceCategory
        app:key="help_category"
        app:title="Help">

        <Preference
            app:key="feedback"
            app:summary="Report technical issues or suggest new features"
            app:title="Send feedback"/>

    </PreferenceCategory>

</androidx.preference.PreferenceScreen>
```

PreferenceScreen 及其组件的常用属性包括以下几项。

- android:key：类似于 android:id 的作用，用此 key 来唯一表示此 Preference。
- android:title：Preference 的标题（大字号显示）。
- android:summary：表示 Preference 的提示语或副标题，相对 android:title 来说显示的字号要小一点，而且显示位置在 android:title 下面。
- android:icon：表示 Preference 图标的 Drawable。
- android:defaultValue：表示默认值。
- android:enabled：表示该 Preference 是否处于可用状态。

（2）PreferenceCategory

用于对 Preference 进行分组，PreferenceCategory 显示类别标题，并直观划分 Preference 的组别。

（3）Preference

基础构建基块，表示单独设置。如果将 Preference 设置为保留，则其拥有的对应的键值对将会保存用户对设置所做的选择，用户也可以在应用的其他位置访问此选择。

Preference 只进行文本显示，需要与其他项组合使用。Perference 通过属性 dependency

标识此元素附属于某一个元素（通常为 CheckBoxPreference），dependency 值为所附属元素的 key。

例如，可以按如下方法使用首选项打开网页。

```
<Preference android:title="@string/prefs_web_page">
<intent android:action="android.intent.action.VIEW"
        android:data="http://www.example.com" />
</Preference>
```

可以使用以下属性创建隐式和显式 Intent。

- android:action：要分配的操作。
- android:data：要分配的数据。
- android:mimeType：要分配的 MIME 类型。
- android:targetClass：组件名称的类部分。
- android:targetPackage：组件名称的软件包部分。

（4）EditTextPreference

EditTextPreference 为输入编辑框，值为 String 类型，会弹出对话框供输入。

（5）CheckBoxPreference 和 SwitchPreference

CheckBoxPreference 为 CheckBox 选择项，对应的值为 true 或 false。

SwitchPreference 是一个开关组件，其用法和 CheckBoxPreference 类似。推荐使用 SwitchPreference。

（6）ListPreference 和 MultiSelectListPreference

ListPreference 为单选列表，弹出对话框供选择。

MultiSelectListPreference 为复选列表，弹出对话框供选择。

ListPreference 和 MultiSelectListPreference 的个性化属性包括以下几项。

- dialogTitle：弹出对话框的标题。
- entries：列表中显示的值。为一个数组，通过资源文件进行设置。
- entryValues：列表中实际保存的值，与 entries 对应。为一个数组，通过资源文件进行设置。

（7）SeekBarPreference

保留整数值的 Preference。用户可通过拖曳 Preference 布局中显示的对应拖动条更改此值。

Preference 对象可以设置 OnPreferenceClickListener。当单击 Preference 时，此操作会为 onPreferenceClick()方法添加回调。例如：

```
onClickPreference.setOnPreferenceClickListener(Preference preference) {
    // 响应事件处理
    return true;
});
```

3. 创建设置 PreferenceFragmentCompat

PreferenceFragmentCompat 是负责展示 Preference 对象交互层次结构的 Fragment。PreferenceFragmentCompat 典型应用如下。

```
public class AppSettingsFragment extends PreferenceFragmentCompat {
    @Override
    public void onCreatePreferences(Bundle savedInstanceState, String rootKey) {
        setPreferencesFromResource(R.xml.preferences, rootKey);
```

```
    }
}
```

PreferenceFragmentCompat 在 onCreatePreferences()生命周期方法中使用 setPreferences FromResource()方法加载设置文件。PreferenceFragmentCompat 最主要的特点是在添加 Preference 时，不需要人为地对 SharedPreferences 进行操作，系统会自动对 Activity 的各种 View 的状态进行持久化存储。

之后，与对其他 Fragment 进行的操作一样，将此 Fragment 添加到 Activity。

```
public class AppSettingsActivity extends AppCompatActivity {
    @Override
    protected void onCreate(Bundle savedInstanceState) {
        super.onCreate(savedInstanceState);
        getSupportFragmentManager()
                .beginTransaction()
                .replace(R.id.settings_container, new AppSettingsFragment())
                .commit();
    }
}
```

在 PreferenceFragmentCompat 的 onCreatePreferences()方法中，可以使用 findPreference() 方法搜索整个层次结构，以寻找给定 ID 的 Preference。例如：

```
EditTextPreference preference = (EditTextPreference) findPreference("signature");
```

对获取的 Preference 对象可以设置动态更新摘要（即 Preference 应该在其摘要中显示当前值，以帮助用户更好地了解 Preference 的当前状态），方法如下。

在 XML 中设置 Preference 属性，代码如下。

```
app:useSimpleSummaryProvider="true"
```

或在代码中进行如下定义。

```
listPreference.setSummaryProvider(ListPreference.SimpleSummaryProvider
.getInstance());
 editTextPreference.setSummaryProvider
(EditTextPreference.SimpleSummaryProvider.getInstance());
```

也可以在 onCreatePreferences()方法中，新建 SummaryProvider，然后替换 provide Summary()方法以返回要显示的摘要。

```
EditTextPreference countingPreference = (EditTextPreference) findPreference
("counting");
countingPreference.setSummaryProvider(new SummaryProvider<EditTextPreference>() {
    @Override
    public CharSequence provideSummary(EditTextPreference preference) {
        String text = preference.getText();
        if (TextUtils.isEmpty(text)){
            return "Not set";
        }
        return "Length of saved value: " + text.length();
    }
});
```

4．读取设置信息

默认情况下，应用的所有首选项均保存到一个可通过调用静态方法 PreferenceManager. getDefaultSharedPreferences()从应用内的任何位置访问的文件中。这将返回 SharedPreferences

对象，其中包含与 PreferenceActivity 中所用 Preference 对象相关的所有键值对。

例如，从应用中的任何其他 Activity 读取某个首选项值的方法如下。

```
SharedPreferences sharedPref = PreferenceManager.getDefaultSharedPreferences
(this);
String syncConnPref = sharedPref.getString(KEY_PREF_SYNC_CONN, "");
```

虽然推荐使用 SharedPreferences 保留 Preference，但也可以使用自定义数据存储。如果应用将值保留至数据库，又或者值专门针对设备，这时自定义数据存储会非常有用。

要采用自定义数据存储，首先要创建一个扩展 PreferenceDataStore 的类。以下示例创建一个处理 String 值的数据存储。

```
public class DataStore extends PreferenceDataStore {
    @Override
    public void putString(String key, @Nullable String value) {
        // 存储数据
    }

    @Override
    @Nullable
    public String getString(String key, @Nullable String defValue) {
        // 检索数据
    }
}
```

然后在 onCreatePreferences()方法中设置新的数据存储，以便 Preference 对象使用数据存储保留值，而非使用默认的 SharedPreferences。我们可以针对每个 Preference 或整个层次结构启用数据存储。要为特定 Preference 启用自定义数据存储，调用 Preference 上的 setPreferenceDataStore()方法即可，如下。

```
Preference preference = findPreference("key");
preference.setPreferenceDataStore(dataStore);
```

要为整个层次结构启用自定义数据存储，调用 PreferenceManager 上的 setPreference DataStore()方法即可，如下。

```
PreferenceManager preferenceManager = getPreferenceManager();
preferenceManager.setPreferenceDataStore(dataStore);
```

为特定 Preference 设置的数据存储将替换为对应层次结构设置的数据存储。大多数情况下，需要为整个层次结构设置一个数据存储。

5. 监听设置变更

当配置内容改变时，Android 会自动进行保存和持久化维护，用户只需要在设置界面中读取配置数据。同时 Android 提供 Preference.OnPreferenceChangeListener 和 SharedPreferences. OnSharedPreferenceChangeListener 两个与 Preference 相关的监听接口，当 Preference Activity 或 PreferenceFragment 中的某一个 Preference 进行了点击或者改变的操作时，都会回调接口中的方法，这样可以第一时间向相关 Activity 发出设置变更通知。

（1）Preference.OnPreferenceChangeListener

执行 Preference.OnPreferenceChangeListener 能够监听 Preference 的值将在何时出现变更。由此，可以验证此变更是否应该发生。例如，以下代码展示了 Preference 的监听回调方法。

```
@Override
public boolean onPreferenceChange(Preference preference, Object newValue) {
```

```
    String stringValue = newValue.toString();
    Log.e("preference", "Pending Preference value is: " + stringValue);
    int index = preference.findIndexOfValue(stringValue);
    …
    return true;
}
```

接下来，需要直接使用 setOnPreferenceChangeListener() 方法设置此监听器，如下。

```
preference.setOnPreferenceChangeListener(…);
```

（2）SharedPreferences.OnSharedPreferenceChangeListener

在使用 SharedPreferences 保留 Preference 值时，还可以使用 SharedPreferences.OnSharedPreferenceChangeListener 监听变更。这样可以监听 Preference 保存的值在何时出现变更，例如在与服务器同步设置时。以下示例展示了如何监听密钥为 "name" 的 EditText Preference 值出现变更的时间。

```
@Override
public void onSharedPreferenceChanged(SharedPreferences sharedPreferences,
String key) {
    if (key.equals("name")) {
        Log.i(TAG, "Preference value was updated to: "
                + sharedPreferences.getString(key, ""));
    }
}
```

注册监听器 registerOnSharedPreferenceChangedListener() 方法代码如下。

```
@Override
public void onResume() {
    super.onResume();
    getPreferenceManager().getSharedPreferences()
        .registerOnSharedPreferenceChangeListener(this);
}
```

对 Preference 的监听需要在 Activity 或 Fragment 的生命周期方法 onResume() 和 onPause() 中添加此监听器的注册，如下。

```
@Override
public void onPause() {
    super.onPause();
    getPreferenceManager().getSharedPreferences()
        .unregisterOnSharedPreferenceChangeListener(this);
}
```

6. 分屏显示

如果 Preference 数量较多，或类别区分明显，则可以在多个屏幕上显示。每个屏幕都拥有单独层次结构的 PreferenceFragmentCompat。然后，初始屏幕上的 Preference 可关联至含有相关 Preference 的子屏幕。

要关联含有 Preference 的屏幕，可以在 XML 中声明 app:fragment，或使用 Preference.setFragment() 方法。为 app:fragment 设置 Fragment 时要包含完整的包名，如下。

```
<Preference
    app:fragment="com.example.SyncFragment"
    …/>
```

当用户点击带有关联 Fragment 的 Preference 时，系统将调用接口方法 Preference FragmentCompat.OnPreferenceStartFragmentCallback.onPreferenceStartFragment()。此方法需要处理新屏幕的显示，并在相关的 Activity 中加以采用。

> **注意** 如果没有实现 onPreferenceStartFragment()方法，系统将转而使用缺省处理方法。虽然这适用于多数情况，但强烈建议采用 onPreferenceStartFragment()方法，以便在 Fragment 对象之间完整配置转换，并更新在 Activity 工具栏中显示的标题。

以下代码展示了 onPreferenceStartFragment()方法的使用方法。

```
public class SettingsActivity extends AppCompatActivity implements
        PreferenceFragmentCompat.OnPreferenceStartFragmentCallback {

    …

    @Override
    public boolean onPreferenceStartFragment(PreferenceFragmentCompat caller,
Preference pref) {
        // 实例化一个 Fragment
        final Bundle args = pref.getExtras();
        final Fragment fragment = getSupportFragmentManager().getFragment
Factory()
                .instantiate(getClassLoader(), pref.getFragment(), args);
        fragment.setArguments(args);
        fragment.setTargetFragment(caller, 0);
        // 使用新的 Fragment 替换现有的 Fragment
        getSupportFragmentManager().beginTransaction()
                .replace(R.id.settings_container, fragment)
                .addToBackStack(null)
                .commit();
        return true;
    }
}
```

任务 9.1 设计 App "通用" 设置界面

【任务介绍】

1. 任务描述

参照微信"通用"设置界面，设计 App "通用"设置界面。

2. 运行结果

本任务运行结果如图 9-4 所示。

【任务目标】

- 掌握 preference.xml 资源文件的创建方法。
- 掌握使用 PreferenceFragmentCompat 设计设置界面的方法。
- 掌握 PreferenceManager 及 Preference 回调方法的使用方法。

图 9-4 运行结果

【实现思路】

- 参照微信"通用"设置界面，使用 PreferenceScreen 设计"通用"设置界面。
- 继承 PreferenceFragmentCompat，加载设计设置界面的 XML 文件，并通过 onPreferenceTreeClick() 方法，实现单击事件的处理。
- 运行 App 并观察运行结果。

任务指导书 9.1

设计 App"通用"
设置界面

【实现步骤】

见电子活页任务指导书。

9.2　Android 文件存储

所有 Android 设备都有两个文件存储区域：内部存储和外部存储。内部存储，即 Internal Storage，也常称内置存储卡，这是手机内置的存储空间，出厂时就被确定，是手机的一个硬件指标。外部存储，即 External Storage，也常称外置存储卡，手机出厂时并不存在，是由用户自由扩展的存储空间，常见的就是 SD 卡。

9.2.1　内部文件存储

图 9-1 所示的"Device File Explorer"窗口中的 data 文件夹就是常说的内部存储。打开 data 文件夹之后（没有 root 权限的手机不能打开该文件夹），里面有两个重要的文件夹：一个是 app 文件夹，一个是 data 文件夹。app 文件夹里存放着所有安装的 App 的 APK 文件。其实，当调试一个 App 的时候，可以看到控制台输出的内容，有一项是"uploading ..."，就是上传 APK 到 app 文件夹，上传成功之后才开始安装。data 文件夹里都是一些以包名命名的文件夹，打开之后会看到以下文件夹。

- data/data/包名/shared_prefs。
- data/data/包名/databases。
- data/data/包名/files。
- data/data/包名/cache。

在使用 SharedPreferences 时，将数据持久化存储于本地，其实就是存储在 shared_prefs 文件夹中的 XML 文件里。App 里的数据库文件存储在 databases 文件夹中，普通数据存储在 files 文件夹中，缓存文件存储在 cache 文件夹中。存储在这些文件夹中的文件我们都称为内部存储。

内部存储位于系统中很特殊的一个位置。如果将文件存储于内部存储中，那么文件默认只能被自己的应用访问到，且一个应用所创建的所有文件都在和应用包名相同的目录下。也就是说应用创建于内部存储的文件，与这个应用是关联起来的。一个应用被卸载之后，内部存储中的这些文件也被删除。

从技术上讲，如果在创建内部存储文件的时候将文件属性设置成可读，那么其他应用只有知道被访问应用的包的名称时才能够访问该应用的数据；如果一个文件的属性是私有的，那么即使其他应用知道包的名称也无法访问。

专属存储空间

内部存储空间十分有限，因而显得可贵。另外，它是系统本身和系统应用程序主要的数据存储位置，一旦内部存储空间耗尽，手机也就无法使用了。所以对于内部存储空间，要尽量避免使用。

1. 内部存储方法

内部存储一般用 Context 来获取和操作。下面是一些常见方法的使用。

（1）getFilesDir()方法

getFilesDir()方法用于获取 App 的内部存储空间，相当于应用在内部存储上的根目录。
如果要创建一个文件，可以使用如下代码。

```
File file = newFile(context.getFilesDir(), filename);
```

（2）openFileOutput()方法

openFileOutput()方法用于读写应用在内部存储空间上的文件。下面是一个向文件中写入文本的例子。

```
String filename = "myfile";
String string = "Hello world!";
FileOutputStream outputStream;
try{
   outputStream = openFileOutput(filename, Context.MODE_PRIVATE);
   outputStream.write(string.getBytes());
   outputStream.close();
} catch(Exception e) {
   e.printStackTrace();
}
```

（3）fileList()方法

fileList()方法用于列出所有已创建的文件。例如：

```
String[] files = Context.fileList();
for(String file : files) {
   Log.e(TAG, "file is "+ file);
}
```

（4）deleteFile()方法

deleteFile()方法用于删除文件。例如：

```
if(Context.deleteFile(filename)) {
   Log.e(TAG, "delete file "+ filename + " sucessfully");
} else {
   Log.e(TAG, "failed to deletefile " + filename);
}
```

（5）getDir()方法

getDir()方法用于创建一个目录，需要传入目录名称。它返回一个文件对象的操作路径。

```
File workDir = Context.getDir(dirName, Context.MODE_PRIVATE);
Log.e(TAG, "workdir"+ workDir.getAbsolutePath());
```

2. 文件处理

（1）私有文件的存取

Android 可以直接将文件保存到设备的内部存储器上。默认情况下，保存到内部存储器上的文件是应用程序私有的，其他应用程序无法访问它们。当用户卸载应用程序时，这些文件会被移除。

私有文件的存放路径是 data/data/[PACKAGE_NAME]/files/file.name，如图 9-5 所示。

图 9-5　私有文件的存放路径

要创建和写入一个私有文件到内部存储器，基本步骤如下。

① 通过文件名和处理模式调用 openFileOutput()方法，返回一个 FileOutputStream 对象。

② 使用 FileOutputStream 中的 write()方法写入文件。

③ 使用 FileOutputStream 中的 close()方法关闭流。

下面的代码演示了写入私有文件的方法。

```java
private void writeFileData(String fileName, String message) {
    try {
        FileOutputStream fout = openFileOutput(fileName, MODE_PRIVATE);
        byte[] bytes = message.getBytes();
        fout.write(bytes);
        fout.close();
    } catch (Exception e) {
        e.printStackTrace();
    }
}
```

要从内部存储器中读取一个私有文件，基本步骤如下。

① 调用 openFileInput()方法并传递一个文件名来读取，返回一个 FileInputStream 对象。

② 使用 FileInputStream 中的 read()方法读取文件中的字节。

③ 使用 FileInputStream 中的 close()方法关闭流。

下面的代码演示了读取私有文件的方法。

```java
private String readFileData(String fileName) {
    String res = "";
    try {
        FileInputStream fin = openFileInput(fileName);
        int length = fin.available();
        byte[] buffer = new byte[length];
        fin.read(buffer);
        res = EncodingUtils.getString(buffer, "UTF-8");
        fin.close();
    } catch (Exception e) {
        e.printStackTrace();
    }

    return res;
}
```

（2）Assets 文件的访问

Assets 文件的存放路径是 project/assets/file.name。存放在 Assets 目录中的文件会被原封不动地复制到 APK 中，而不会像其他资源文件那样被编译成二进制的形式。

199

Assets 中的文件只能读不能写。读文件的代码如下。

```
private String getFromAsset(String fileName) {
    String res = "";
    try {
        InputStream in = getResources().getAssets().open(fileName);
        int length = in.available();
        byte[] buffer = new byte[length];
        in.read(buffer);
        res = EncodingUtils.getString(buffer, "UTF-8");
    } catch (Exception e) {
        e.printStackTrace();
    }

    return res;
}
```

（3）原始文件的访问

原始文件保存在项目的 res/raw 目录下，和 Assets 中的文件一样，会被原封不动地复制到 APK 中。

我们可以使用 openRawResource()方法并传递一个资源 ID 为 R.raw.<filename>的参数打开原始文件。该方法返回一个可以用来读取文件的 InputStream 对象。

读文件的代码如下。

```
private String getFromRaw(int fileId) {
    String res = "";
    try {
        InputStream in = getResources().openRawResource(fileId);
        int length = in.available();
        byte[] buffer = new byte[length];
        in.read(buffer);
        res = EncodingUtils.getString(buffer, "UTF-8");
        in.close();
    } catch (Exception e) {
        e.printStackTrace();
    }

    return res;
}
```

此外，如果想缓存一些数据，而不是永久存储，应该使用 getCacheDir()方法来打开一个代表内部存储器中存储临时缓存文件的目录的 File 对象。当设备的内部存储空间较小时，Android 可能会删除这些缓存文件来取回空间。同时，当用户卸载应用时，这些文件会被移除。

9.2.2 外部文件存储

每个兼容 Android 的设备都支持可用于保存文件的共享"外部存储"。该存储可能是可移动存储介质（例如 SD 卡）或不可移动存储介质。保存到外部存储的文件是全局可读取文件，而且在计算机上启用 USB 大容量存储以传输文件后，可由用户修改这些文件。

外部存储是平时操作较多的存储，外部存储一般用 storage 或 mnt 作为文件夹名称（不同厂家有可能不一样）。一般来说，在 storage 文件夹中有一个 sdcard 文件夹，这个文件夹中的文件又分为两类：一类是公有目录，另一类是私有目录。其中的公有目录有九大类，如 DCIM、DOWNLOAD 等系统创建的文件夹；私有目录就是 Android 文件夹，打开这个文件夹，里面有一个 data 文件夹，打开 data 文件夹，里面有许多以包名命名的文件夹。

要读取或写入外部存储上的文件，应用必须获取 READ_EXTERNAL_STORAGE 或 WRITE_EXTERNAL_STORAGE 系统权限。例如：

```
<manifest …>
<uses-permission android:name="android.permission.WRITE_EXTERNAL_STORAGE" />
  …
</manifest>
```

如果同时需要读取和写入文件，则只需请求 WRITE_EXTERNAL_STORAGE 系统权限，因为此权限也隐含读取权限要求。另外，对于 Android 6.0 及以上版本动态权限的调整机制，推荐在 Activity 的 onCreate()方法中添加如下权限检查。

```java
private void askPermission() {
    //将所需申请的权限添加到 List 集合中
    List<String> permissionList = new ArrayList<>();

    if (ContextCompat.checkSelfPermission(MainActivity.this,
            Manifest.permission.WRITE_EXTERNAL_STORAGE)
                != PackageManager.PERMISSION_GRANTED) {
        permissionList.add(Manifest.permission.WRITE_EXTERNAL_STORAGE);
    }

    //判断权限列表是否为空，若不为空，则向用户申请权限，否则直接执行操作
    if (!permissionList.isEmpty()) {
        String[] permissions = permissionList.toArray(new String[permissionList.
size()]);
        ActivityCompat.requestPermissions(MainActivity.this, permissions,
REQUEST_CODE);
    } else {
    }
}
```

回调方法如下。

```java
/**
 * @param requestCode   请求码
 * @param permissions   权限的集合
 * @param grantResults 权限授予的结果
 */
@Override
public void onRequestPermissionsResult(int requestCode, @NonNull String[]
permissions,
      @NonNull int[] grantResults) {
    super.onRequestPermissionsResult(requestCode, permissions, grantResults);
    switch (requestCode) {
        case REQUEST_CODE:
            if (grantResults.length > 0) {
                for (int result : grantResults) {
                    if (result != PackageManager.PERMISSION_GRANTED) {
                        Toast.makeText(this, "必须同意所有权限才能使用本程序",
```

```
                                  Toast.LENGTH_SHORT).show();
                        finish();
                        return;
                    }
                }
            } else {
                Toast.makeText(this, "权限申请失败！", Toast.LENGTH_SHORT).show();
                finish();
            }
            break;
        default:
            break;
    }
}
```

1. Environment

Environment 是一个提供访问环境变量的类。Environment 中的静态方法 getExternal StorageState()可以用来获取外部存储的状态常量，这些常量包括：MEDIA_MOUNTED（SD 卡正常挂载）、MEDIA_REMOVED（无介质）、MEDIA_UNMOUNTED（有介质，未挂载）等。

Environment 包括以下几个常用方法。

- getDataDirectory()：获取 Android 数据目录。
- getDownloadCacheDirectory()：获取 Android 下载/缓存内容目录。
- getExternalStorageDirectory()：获取外部存储目录，即 SD 卡。
- getExternalStoragePublicDirectory()：获取公用的外部存储器目录来放置某些类型的文件。
- getExternalStorageState()：获取外部存储设备的当前状态。
- getRootDirectory()：获取 Android 的根目录。

Environment 还提供了 Android 标准目录的路径，例如 DIRECTORY_DCIM 表示相机拍摄照片和视频的标准目录、DIRECTORY_DOWNLOADS 表示下载的标准目录等。

2. 文件处理

（1）检查介质可用性

在使用外部存储执行任何工作之前，应始终调用 getExternalStorageState()方法以检查介质是否可用。介质可能已装载到计算机，处于缺失、只读或其他某种状态。例如，以下是可用于检查可用性的几种方法。

```
/* Checks if external storage is available for read and write */
public boolean isExternalStorageWritable() {
    String state = Environment.getExternalStorageState();
    if (Environment.MEDIA_MOUNTED.equals(state)) {
        return true;
    }
    return false;
}

/* Checks if external storage is available to at least read */
public boolean isExternalStorageReadable() {
```

```
String state = Environment.getExternalStorageState();
if (Environment.MEDIA_MOUNTED.equals(state) ||
        Environment.MEDIA_MOUNTED_READ_ONLY.equals(state)) {
    return true;
}
return false;
}
```

（2）保存可与其他应用共享的文件

一般而言，应该将用户获取的新文件保存到设备上的"公共"位置，以便其他应用能够在其中访问这些文件，并且用户能轻松地从该设备复制这些文件。执行此操作时，应使用共享的公共目录之一，例如 Music/、Pictures/和 Ringtones/ 等。

要获取表示相应的公共目录的文件，调用 getExternalStoragePublicDirectory()方法，向其传递需要的目录类型即可，例如 DIRECTORY_MUSIC、DIRECTORY_PICTURES 或其他类型。通过将文件保存到相应的媒体类型目录，系统的媒体扫描程序可以在系统中正确地归类文件。

例如，以下方法在公共图片目录中创建了一个用于新相册的目录。

```
public File getAlbumStorageDir(String albumName) {
    // 获取用户的图像存储的公共路经
    File file = new File(Environment.getExternalStoragePublicDirectory(
            Environment.DIRECTORY_PICTURES), albumName);
    if (!file.mkdirs()) {
        Log.e(LOG_TAG, "Directory not created");
    }
    return file;
}
```

3. 使用作用域目录访问

在 Android 7.0 或更高版本中，如果需要访问外部存储上的特定目录，可以使用作用域目录访问。作用域目录访问可简化应用访问标准外部存储目录（例如 Pictures 目录）的步骤，并提供简单的权限 UI，以清楚地显示应用正在请求访问的目录。

（1）访问外部存储目录

要访问外部存储目录，可使用 StorageManager 类获取适当的 StorageVolume 实例，然后通过调用该实例的 StorageVolume.createAccessIntent() 方法创建一个 Intent，使用此 Intent 访问外部存储目录。要获取所有可用卷的列表，包括可移动介质卷，可使用 StorageManager.getStorageVolumes()方法。

如果有关于特定文件的信息，可使用 StorageManager.getStorageVolume()方法获取包含该文件的 StorageVolume。调用此 StorageVolume 上的 createAccessIntent()方法以访问文件的外部存储目录。

以下代码段展示了如何在主要共享存储中打开 Pictures 目录。

```
StorageManager sm = (StorageManager)getSystemService(Context.STORAGE_SERVICE);
StorageVolume volume = sm.getPrimaryStorageVolume();
Intent intent = volume.createAccessIntent(Environment.DIRECTORY_PICTURES);
startActivityForResult(intent, request_code);
```

应用如果访问该共享目录，系统会尝试授予对外部目录的访问权限，并使用一个简化的 UI 向用户确认访问权限，如图 9-6 所示。

图 9-6　确认访问权限对话框

如果用户授予访问权限，系统会调用 onActivityResult() 替换方法（结果代码为 RESULT_OK）及包含 URI 的 Intent 数据，使用提供的 URI 访问目录信息。如果用户不授予访问权限，系统会调用 onActivityResult() 替换方法（结果代码为 RESULT_CANCELED）及空 Intent 数据。获得特定外部目录的访问权限的同时会获得该目录中子目录的访问权限。

（2）访问可移动介质上的目录

要使用作用域目录访问可移动介质上的目录，首先要添加一个用于监听 MEDIA_MOUNTED 通知的 BroadcastReceiver。例如：

```
<receiver
    android:name=".MediaMountedReceiver"
    android:enabled="true"
    android:exported="true" >
    <intent-filter>
        <action android:name="android.intent.action.MEDIA_MOUNTED" />
        <data android:scheme="file" />
    </intent-filter>
</receiver>
```

当用户装载可移动介质（如 SD 卡）时，系统将发送一则 MEDIA_MOUNTED 通知。此通知会在 Intent 数据中提供一个 StorageVolume 对象，可以使用此对象访问可移动介质上的目录。

以下示例展示了如何访问可移动介质上的 Pictures 目录。

```
// 已将媒体装载的通知意图缓存在 MediaMountedContent 中
StorageVolume volume = (StorageVolume)
        mediaMountedIntent.getParcelableExtra(StorageVolume.EXTRA_STORAGE_
VOLUME);
volume.createAccessIntent(Environment.DIRECTORY_PICTURES);
startActivityForResult(intent, request_code);
```

拓展视频

SQLite 数据存储

9.3　SQLite 数据库存储

当应用需要处理的数据量比较大时，为了更加合理地存储、管理和查询数据，往往使用关系数据库来存储数据。Android 为开发者提供了一款轻型的数据库——SQLite，来实现对数据库操作的支持，开发者可以很方便地使用这些 SQLite API 来对数据库进行创建、修改及查询等操作。

9.3.1 SQLite 与 SQLiteDatabase

1. SQLite

SQLite 是 D.理查德·希普（D.Richard Hipp）用 C 语言编写的开源嵌入式数据库引擎，它是一款轻型的数据库，是遵守 ACID 的关系数据库管理系统。

SQLite 的设计目标是嵌入式的，而且由于其占用资源少（占用内存只需几百 KB）、处理速度快等特点，目前许多嵌入式产品中都使用它。SQLite 能够支持 Windows、Linux、UNIX 等主流的操作系统，同时能够与很多程序语言相结合。

在 Android 下，SQLite 包括以下数据库操作相关类。

- SQLiteOpenHelper（抽象类）：通过继承实现用户类，来提供数据库打开、关闭等操作方法。
- SQLiteDatabase（数据库访问类）：执行对数据库的插入记录、查询记录等操作。
- SQLiteCursor（查询结构操作类）：用来访问查询结果中的记录。

Android 项目中的 SQLite 数据库位于/data/data/[PACKAGE_NAME]/databases 中，可以通过"Device File Explorer"窗口查看。SQLite 数据库文件以文件的方式导出来后，可以使用 SQLite 界面管理工具如 SQLite Administrator 或 SQLiteDev 等打开。

2. SQLiteDatabase

在 Android 中通过 SQLiteDatabase 类的对象操作 SQLite 数据库。SQLite 数据库并不需要像 C/S 数据库那样建立连接并进行身份验证，它具备单文件数据库的特性，使得获得 SQLiteDatabase 对象就像获得操作文件的对象那样简单。

在通过 getWritableDatabase()方法或 getReadableDatabase()方法获得 SQLiteDatabase 对象以后，就可以通过调用 SQLiteDatabase 的实例方法来对数据库进行操作。SQLiteDatabase 除了提供像 execSQL()方法和 rawQuery()方法这种直接对 SQL 语句解析的方法外，还针对插入、更新、删除和查询等操作专门定义了相关的方法。

（1）openOrCreateDatabase()方法

系统会自动检测是否存在这个数据库，如果存在则打开，不存在则创建一个数据库；创建成功则返回一个 SQLiteDatabase 对象，否则抛出 FileNotFoundException 异常。例如：

```
db = SQLiteDatabase.openOrCreateDatabase("/data/data/com.lwy.db/ databases/
stu.db",null);
```

（2）execSQL()方法

执行一条 SQL 非查询语句，执行期间会获得该 SQLite 数据库的写锁，执行完毕后锁释放，有如下两种方法。

- execSQL（String sql）方法。
- execSQL（String sql, Object[] bindArgs）方法。

参数 sql 是需要执行的 SQL 语句字符串。参数 bindArgs 是 SQL 语句中表达式的"?"占位参数列表，仅仅支持 String、byte 数组、long 和 double 型数据。execSQL()方法没有返回值。

> **注意** execSQL()方法不支持用";"隔开的多条 SQL 语句。若 SQL 语句执行失败，则会抛出 SQLException 异常。

例如，向数据库中插入一行记录的代码如下。

```
mSQLiteDatabase.execSQL("INSERT INTO mTable (_id,someNumber) values(1,8);");
```

删除一张关系表的代码如下。

```
mSQLiteDatabase.execSQL("DROP TABLE mTable");
```

（3）rawQuery()方法

执行一条 SQL 查询语句，并把查询结果以 Cursor 的子类对象的形式返回，有如下两种方法。

● rawQuery (String sql, String[] args)方法。

● rawQueryWithFactory(SQLiteDatabase.CursorFactory factory, String sql, String[]args, String editable)方法。

参数 sql 和 args 的含义与 execSQL()方法的参数 sql 和 bindArgs 的含义类似，但表达式的"?"占位参数列表只能为 String 类型。rawQuery()方法的返回值是指向第一行记录之前的 Cursor 子类对象。例如：

```
Cursor cur = mSQLiteDatabase.rawQuery("SELECT * FORM mTable", null);
if (cur != null) {
    int numColumn = cur.getColumnIndex("someNumber");
    if (cur.moveToFirst()) {
        do {
            int num = cur.getInt(numColumn);
        } while (cur.moveToNext());
    }
}
```

（4）insert()方法

向指定表中插入一行记录，有如下两种方法。

● insert (String table, String nullColumnHack, ContentValuesinitialValues)方法。

● insertOrThrow (String table, String nullColumnHack, ContentValues initialValues)方法。

参数 table 是需要插入数据的表名。参数 nullColumnHack 是需要传入的列名。SQL 标准并不允许插入所有列均为空的一行记录，所以当传入的 initialValues 值为空或者为 0 时，用 nullColumnHack 参数指定的列会被插入值为 null 的数据，再将此行插入表中。参数 initalValues 用来描述要插入记录的 ContentValues 对象，即列名和列值的映射。insert()方法的返回值为新插入行的行 ID，如果有错误发生则返回-1。例如：

```
private void insert(SQLiteDatabase db) {
    ContentValues cValue = new ContentValues();
    cValue.put("sname","liweiyong");
    cValue.put("snumber","01005");
    db.insert("stu_table",null,cValue);
}
```

ContentValues 主要存放表中的数据段及其对应的值，其与 Hashtable 一样采用键值对的形式存储，键是一个 String 类型，值是基本数据类型。例如：

```
ContentValues args = new ContentValues();
args.put(KEY_TITLE, title);
args.put(KEY_BODY, body);
myDataBase.update(DATABASE_TABLE, args, KEY_ROWID + "=" + rowId, null);
```

（5）update()方法

更新表中指定的记录，方法如下。

```
public int update ( String table, ContentValues values, String whereClause,
String[] whereArgs )
```

参数 values 用来描述更新后的记录的 ContentValues 对象。参数 whereClause（可选的 where 语句，不包括 WHERE 关键字）用来指定需要更新的记录，若传入 null 则表中所有的记录均会被更新。参数 whereArgs 是 where 语句中表达式的"?"占位参数列表，参数只能为 String 类型。update()方法的返回值为被更新的记录的数量。

（6）delete()方法

删除表中指定的记录，方法如下。

```
public int delete ( String table, String whereClause, String[] whereArgs )
```

参数 whereClause 用来指定需要删除的记录，若传入 null 则会删除所有的记录。若传入了正确的 where 语句，则返回被删除的记录数；否则返回 0。若要删除所有记录并且返回被删除的记录数，则需要在 where 语句的位置传入字符串"1"。

（7）query()方法

根据检索条件检索指定表并把满足条件的记录以 Cursor 的子类对象的形式返回，包括如下方法。

- query (String table, String[] columns, String selection, String[] selectionArgs, String groupBy, String having, String orderBy,String limit)方法。
- query (boolean distinct, String table, String[] columns, String selection, String[] selectionArgs, String groupBy, String having,String orderBy, String limit)方法。
- query (String table, String[] columns, String selection, String[] selectionArgs, String groupBy, String having, String orderBy)方法。
- queryWithFactory (SQLiteDatabase.CursorFactory cursorFactory, boolean distinct, String table, String[] columns, String selection, String[] selectionArgs, String groupBy, String having, String orderBy, String limit)方法。

参数 columns 由需要返回列的列名所组成的字符串数组组成，传入 null 会返回所有的列。参数 selection 指定需要返回的记录的 where 语句（不包括 WHERE 关键字），传入 null 则会返回所有记录。参数 selectionArgs 是 where 语句中表达式的"?"占位参数列表，参数只能为 String 类型。参数 groupBy 表示对结果集进行分组的 group by 语句（不包括 GROUP BY 关键字），传入 null 将不对结果集进行分组。参数 having 表示对分组结果集设置条件的 having 语句（不包括 HAVING 关键字），必须配合 groupBy 参数使用，传入 null 将不对分组结果集设置条件。参数 orderBy 表示对结果集进行排序的 order by 语句（不包括 ORDER BY 关键字），传入 null 将对结果集使用默认的排序。参数 limit 表示对返回的记录数进行限制的 limit 语句（不包括 LIMIT 关键字），传入 null 将不限制返回的记录数。参数 distinct 表示结果集是否有重复的行（如果值为 true，则表示有重复的行）。参数 cursorFactory 表示使用这个 CursorFactory 来构造返回的 Cursor 子类对象，传入 null 将使用默认的 CursorFactory。

query()方法的返回值是指向第一行记录之前的 Cursor 子类对象。

例如，有 Orders 表，如表 9-1 所示。

若想查询总的订单价格（OrderPrice）在 500 元以上，国家（Country）为中国（China）的客户的名称（CustomerName）和总的订单价格，且按照客户的名称来排序，默认升序排序，那么 SQL 语句应当是：

表 9-1　Orders 表

Id	CustomerName	OrderPrice（元）	Country	OrderDate
1	Arc	100	China	2010/1/2
2	Bor	200	USA	2010/3/20
3	Cut	500	Japan	2010/2/20
4	Bor	300	USA	2010/3/2
5	Arc	600	China	2010/3/25
6	Doom	200	China	2010/3/26

```
SELECT CustomerName, SUM(OrderPrice) FROM Orders
WHERE Country=?
GROUP BY CustomerName
HAVING SUM(OrderPrice)>500
ORDER BY CustomerName
```

对应 Android 的 query()方法的设置如下。

```
String table = "Orders";
String[] columns = new String[] {"CustomerName", "SUM(OrderPrice)"};
String selection = "Country=?";
String[] selectionArgs = new String[]{"China"};
String groupBy = "CustomerName";
String having = "SUM(OrderPrice)>500";
String orderBy = "CustomerName";
Cursor c = db.query(table, columns, selection, selectionArgs, groupBy,
        having, orderBy, null);
```

在实际项目中像上面那样简单的"静态"的 selection 并不多见，更多的情况下要在运行时动态生成这个字符串。例如：

```
public doQuery(long id, final String name) {
    mDb.query("some_table", // 表名
        null, // columns
        "id=" + id + " AND name='" + name + "'", // selection
        //更多参数省略
    );
}
```

在这种情况下就要考虑字符转义的问题。例如，如果在上面代码中传进来的 name 参数的内容里面有单引号（'），就会引发"SQLiteException...syntax error ... "异常。Android SDK 准备了 selectionArgs 来专门处理这种问题。例如：

```
public void doQuery(long id, final String name) {
    mDb.query("some_table", // 表名
        null, // columns
        "id=" + id + " AND name=?", // selection
        new String[] {name}, //selectionArgs
        //更多参数省略
    );
}
```

也就是说，在 selection 中需要嵌入字符串的位置用"?"代替，然后在 selectionArgs 中依次提供各个用于替换的值就可以了。在 query()方法执行时会对 selectionArgs 中的字符串正确转义

并替换到对应的 "?" 处以构成完整的 selection 字符串，与 String.format()方法类似。

不过需要注意的是，"?" 并不是万能的，它只能用在原本应该是字符串出现的位置。例如下面的用法是错误的。

```java
public void doQuery(long id, final String name) {
    mDb.query("some_table", // 表名
            null, // columns
            "? = " + id + " AND name=?", // selection XX 错误! "?"不能来替换字段名
            new String[]{"id", name}, //selectionArgs
            //更多参数省略
    );
}
```

3. Cursor

Android 使用的数据库是 SQLite 数据库，对于数据库记录的操作，可以使用 Cursor 来进行。Cursor 包括以下特点。

- Cursor 是每行的集合。
- Cursor 使用 moveToFirst()方法定位第一行。
- Cursor 必须知道每一列的名称。
- Cursor 必须知道每一列的数据类型。
- Cursor 是一个随机的数据源。
- 所有的数据都是通过索引取得的。

Cursor 包括以下几个常用方法。

- close(): 关闭 Cursor，释放资源。
- copyStringToBuffer(): 在缓冲区中检索请求的列的文本，并将其存储。
- getColumnCount(): 返回所有列的总数。
- getColumnIndex(): 返回指定的列名，如果不存在则返回-1。
- getColumnIndexOrThrow(): 从 0 开始返回指定的列名，如果不存在则抛出 IllegalArgumentException 异常。
- getColumnName(): 从给定的索引返回列名。
- getColumnNames(): 返回一个字符串数组的列名。
- getCount(): 返回 Cursor 中的行数。
- moveToFirst(): 移动光标到第一行。
- moveToLast(): 移动光标到最后一行。
- moveToNext(): 移动光标到下一行。
- moveToPosition(): 移动光标到一个绝对的位置。
- moveToPrevious(): 移动光标到上一行。
- isBeforeFirst(): 返回 Cursor 是否指向之前第一行的位置。
- isAfterLast(): 返回 Cursor 是否指向最后一行的位置。
- isClosed(): 如果返回 true，则表示该 Cursor 已关闭。

下面的例子演示了查询 SQLite 数据库返回 Cursor，然后遍历该 Cursor 的过程。

```java
Cursor cursor = db.rawQuery("select * from person", null);
while (cursor.moveToNext()) {
    int personid = cursor.getInt(0); //获取第一列的值,第一列的索引从 0 开始
```

```
    String name = cursor.getString(1);//获取第二列的值
    int age = cursor.getInt(2);//获取第三列的值
}
cursor.close();
db.close();
```

在 Activity 中，提供了 startManagingCursor()方法，该方法将获得的 Cursor 对象交与 Activity 管理，这样 Cursor 对象的生命周期便能与当前的 Activity 自动同步，省去对 Cursor 对象的管理。

这个方法使用的前提是 Cursor 结果集里有很多数据记录。所以，在使用之前，先对 Cursor 是否为 null 进行判断，如果 Cursor != null，再使用此方法。使用完毕后，要用 stopManagingCursor()方法停止它，以免出现错误。

9.3.2 SQLiteOpenHelper

对于涉及 SQLite 数据库的 Android 应用，在用户初次使用应用时，需要创建应用使用到的数据库、表结构，以及添加一些初始化记录。另外，在应用升级的时候，需要对数据表结构进行更新。在 Android 中，提供了一个名为 SQLiteOpenHelper 的类，该类是封装了数据库的创建、打开和更新等操作的抽象类。通过实现和使用 SQLiteOpenHelper，可以隐去在数据库打开之前需要判断数据库是否需要创建或更新的逻辑。

为了创建数据库，首先需要实现 SQLiteOpenHelper 类的构造方法，原型如下。

```
public SQLiteOpenHelper(Context context,String name,CursorFactory factory,
int version);
```

参数说明如下。

- context 表示上下文环境。
- name 表示数据库文件名（不包括文件路径），SQLiteOpenHelper 会根据这个文件名创建数据库文件。
- factory 表示一个可选的 Cursor 工厂（通常是 null）。
- version 表示数据库的版本号（一个不小于 1 的整数）。如果当前传入的数据库版本号比上次创建或升级的版本号高，SQLiteOpenHelper 就会调用 onUpdate()方法。也就是说，当数据库第一次创建时会有一个初始的版本号，当需要对数据库中的表、视图等组件升级时可以增大版本号，再重新创建它们。

1. 数据库版本管理的方法

为了实现对数据库版本的管理，SQLiteOpenHelper 类有两个重要的方法。

（1）onCreate()方法

SQLiteOpenHelper 会自动检测数据库文件是否存在。如果存在，会打开这个数据库，在这种情况下就不会调用 onCreate()方法。如果数据库文件不存在，SQLiteOpenHelper 首先会创建一个数据库文件，然后打开这个数据库，最后调用 onCreate()方法。因此，onCreate()方法一般用来在新创建的数据库中建立表、视图等数据库组件。也就是说 onCreate()方法在数据库文件第一次被创建时调用。

例如，Android SDK 中的示例 NotePad 项目中的 onCreate()方法如下。

```
@Override
public void onCreate(SQLiteDatabase db) {
    db.execSQL("CREATE TABLE " + NOTES_TABLE_NAME + " ("
            + Notes._ID + " INTEGER PRIMARY KEY,"
```

```
            + Notes.TITLE + " TEXT,"
            + Notes.NOTE + " TEXT,"
            + Notes.CREATED_DATE + " INTEGER,"
            + Notes.MODIFIED_DATE + " INTEGER"
            + ");");
}
```

（2）onUpdate()方法

当数据库本身需要更改时，即传入的 newVersion 不等于当前版本号 oldVersion 时就会调用 onUpgrade()方法。在此方法中可以执行增加/删除表或者表中的列等操作。

例如，NotePad 项目中的 onUpgrade ()方法如下。

```
@Override
public void onUpgrade(SQLiteDatabase db, int oldVersion, int newVersion) {
    db.execSQL("DROP TABLE IF EXISTS notes");
    onCreate(db);
}
```

2．获得数据库实例对象的方法

每次在程序中需要获得某个数据库的实例对象时，只需要调用 SQLiteOpenHelper 实例对象的 getWritableDatabase()方法或 getReadableDatabase()方法，就可以获得这个数据库的 SQLiteDatabase 对象。

（1）getWritableDatabase()方法

getWritableDatabase()方法以可读写的方式创建或打开一个 SQLite 数据库并返回 SQLiteDatabase 对象。若之前已经以可读写的方式打开过，并且没有用 close()方法关闭，则会直接把之前打开的 SQLiteDatabase 对象返回；否则会抛出 SQLiteException 异常。

例如，通过将一个 ContentValues 对象传递至 insert() 方法将数据插入数据库。

```
// 获取处于写入模式的数据库
SQLiteDatabase db = mDbHelper.getWritableDatabase();

// 创建一个 ContentValues 对象用于存储记录信息，key 为列属性
ContentValues values = new ContentValues();
values.put(FeedEntry.COLUMN_NAME_TITLE, title);
values.put(FeedEntry.COLUMN_NAME_SUBTITLE, subtitle);

// 插入一条新记录，返回主键 ID
long newRowId = db.insert(FeedEntry.TABLE_NAME, null, values);
```

（2）getReadableDatabase()方法

getReadableDatabase()方法创建或打开一个 SQLite 数据库，但并不一定只返回只读的 SQLiteDatabase 对象。正常情况下，它会与 getWritableDatabase()方法返回相同的 SQLiteDatabase 对象；若出现磁盘已满或数据库只能以只读的方式打开等情况，则会返回一个只读的 SQLiteDatabase 对象，但若随后再次调用此方法，则会关闭只读的 SQLiteDatabase 对象，而重新返回一个可读写的 SQLiteDatabase 对象；若获取 SQLiteDatabase 失败，则会抛出 SQLiteException 异常。

通过 SQLiteOpenHelper 从数据库中读取信息，先通过 getReadableDatabase()方法获取 SQLiteDatabase 对象，然后使用 query() 方法将其传递至选择条件和所需列。查询的结果将在 Cursor 对象中返回给用户。例如：

```
SQLiteDatabase db = mDbHelper.getReadableDatabase();

// 定义一个数组指定查询返回的列信息
String[] projection = {
    FeedEntry._ID,
    FeedEntry.COLUMN_NAME_TITLE,
    FeedEntry.COLUMN_NAME_SUBTITLE
};

// 定义 WHERE 后的查询条件
String selection = FeedEntry.COLUMN_NAME_TITLE + " = ?";
String[] selectionArgs = {"My Title"};

// 指定查询结果的排序规则
String sortOrder =
    FeedEntry.COLUMN_NAME_SUBTITLE + " DESC";

Cursor c = db.query(
    FeedEntry.TABLE_NAME,              // 查询的表的名称
    projection,                        // 返回的列
    selection,                         // 查询条件
    selectionArgs,                     // 查询条件对应的值
    null,                              // 查询结果不分组
    null,                              // 查询结果不过滤
    sortOrder                          // 查询结果的排序方式
);
```

除了上面介绍的方法外，SQLiteOpenHelper 还提供了 onOpen()方法，用于在每次成功打开数据库后首先被执行（默认情况下此方法的实现为空）。另外，SQLiteOpenHelper 还提供了关闭打开的数据库对象的 close()方法等。

9.3.3 使用 Loader 异步加载数据

Loader 是 Android API 11 引入的概念，用于提供异步加载数据到 Fragment 或 Activity 中，并监视数据源变化。

Loader 是一个抽象类，位于 android.content.Loader<D>中，用于执行数据的异步加载，它是所有加载器的基类。当 Loader 被激活时，它会监视数据源并且当数据改变时派发新的数据。由于 Loader 对于并发任务可以通过 LoaderManager 统一管理，因此它更适合批量处理多个异步任务。

Loader 的特性包括以下几点。

● 在每个 Activity 和 Fragment 中都可用。

● 实现异步加载数据。

● 监视数据源的变化，当数据发生变化时获取新的数据。

● 当配置变化重新构造时，自动地重新连接到 Loader 的最后一个 Cursor 处，而不需要重新查询数据。

一个使用 Loader 的应用程序通常包括以下内容。

● 一个 Activity 或 Fragment。

● 一个 LoaderManager 实例。

● 一个用于加载由 ContentProvider 提供的数据的 CursorLoader（也可以是实现当前应

用程序的 Loader 或 AsyncTaskLoader 的子类，用于加载来自其他源的数据）。

● LoaderManager.LoaderCallbacks 的实现，在这个回调中创建新的 Loader 并管理现存 Loader 的引用。

● 一个显示 Loader 数据的方式，如一个 SimpleCursorAdapter。

● 一个数据源，如使用 CursorLoader 时的 ContentProvider。

1. 获取 Loader

（1）启动 Loader

启动 Loader 通常是指在 Activity 的 onCreate()方法内，或在 Fragment 的 onActivity Created()方法内初始化一个 Loader。一般采用如下的形式。

```
getLoaderManager().initLoader(0, null, this);
```

initLoader()方法传入以下参数。

● 一个标识 Loader 的唯一 ID。

● 在构造方法中提供给 Loader 的可选参数。

● 一个 LoaderManager.LoaderCallbacks 实现，它被 LoaderManager 调用来报告 Loader 事件。如果在内部类实现 LoaderManager.LoaderCallbacks 接口，即传递指向它自己的引用 Context。

initLoader()方法的调用确保 Loader 被初始化并激活。它有两个可能的结果。

● 如果 Loader 由现存的 ID 指定，那么最后创建的 Loader 会被重用。

● 如果 Loader 由不存在的 ID 指定，那么 initLoader()方法触发 LoaderManager. LoaderCallbacks 的 onCreateLoader()方法来初始化并返回新的 Loader。

不管是哪一种情况，指定的 LoaderManager.LoaderCallbacks 实现被关联到 Loader，并在 Loader 状态改变时被调用。如果在此调用的发生点上调用者正处于它的被启动状态，请求的 Loader 已经存在，并且已经生成它的数据，那么系统立刻调用 onLoadFinished()方法。initLoader() 方法返回被创建的 Loader，但不需要捕捉它的引用。

LoaderManager 自动管理 Loader 的生命周期，在需要时 LoaderManager 启动和停止加载，并维护 Loader 的状态及它所关联的内容，很少直接与 Loader 交互（但对于使用 Loader 方法以微调 Loader 的行为的示例则不然）。最常见的是，当特殊的事件发生时，使用 LoaderManager.LoaderCallbacks()方法干预加载的过程。

（2）重启 Loader

使用 initLoader()方法时，如果它指定的 ID 已经存在，有时需要使用 restartLoader()方法丢弃旧数据并重新开始。

下面的代码演示了当用户查询改变时 SearchView.OnQueryTextListener 重启 Loader 的处理。

```
public boolean onQueryTextChange(String newText) {
    String newFilter = !TextUtils.isEmpty(newText) ? newText : null;
    if (mCurFilter == null && newFilter == null)
        return true;
    if (mCurFilter != null && mCurFilter.equals(newFilter))
        return true;
    mCurFilter = newFilter;
    getLoaderManager().restartLoader(0, null, this);
    return true;
}
```

2. 使用 Loader

应用程序通常在 onCreateLoader()方法中创建 Loader 的子类 CursorLoader。CursorLoader 提供一个基于 AsyncTaskLoader 工作机制的 Loader，子类 LoadTask 继承 AsyncTask<Void, Void, D>，实现了 Runable 接口，可用于查询、更改数据源，并且返回一个 Cursor 对象。这是从 ContentProvider 异步加载数据的最佳方法，它代替通过 Fragment 或 Activity API 执行的托管查询。

异步加载数据的一般步骤如下。

① 构造一个 CursorLoader，参数中包含 ContentProvider 的 URI。

② Loader 读取数据完成后，通过 onLoadFishished()回调接口通知 Activity 或 Fragment。

③ 可以在 onLoadFinished()方法中通过调用 Adapter.swapCursor 更新 Adapter，从而使 UI 更新。

下面的代码演示了这个过程。

```java
public Loader<Cursor> onCreateLoader(int id, Bundle args) {
    Uri baseUri;
    if (mCurFilter != null) {
        baseUri = Uri.withAppendedPath(Contacts.CONTENT_FILTER_URI,
                Uri.encode(mCurFilter));
    } else {
        baseUri = Contacts.CONTENT_URI;
    }

    String select = "((" + Contacts.DISPLAY_NAME + " NOTNULL) AND ("
            + Contacts.HAS_PHONE_NUMBER + "=1) AND ("
            + Contacts.DISPLAY_NAME + " != '' ))";
    return new CursorLoader(getActivity(), baseUri,
            CONTACTS_SUMMARY_PROJECTION, select, null,
            Contacts.DISPLAY_NAME + " COLLATE LOCALIZED ASC");
}

public void onLoadFinished(Loader<Cursor> loader, Cursor data) {
    mAdapter.swapCursor(data);
    if (isResumed()) {
        setListShown(true);
    } else {
        setListShownNoAnimation(true);
    }
}

public void onLoaderReset(Loader<Cursor> loader) {
    mAdapter.swapCursor(null);
}
```

也可以通过 Load 或 AsyncTaskLoader（抽象的 Loader，提供一个 AsyncTask 完成工作）来实现自定义的 Loader。AsyncTaskLoader 提供了在其他线程中加载数据的功能，可扩展性比较好。

3. LoaderManager

LoaderManager 是一个抽象类，位于 android.app.LoaderManager 中，通常在 Activity 或 Fragment 中管理一个或多个 Loader 实例。每个 Activity 或 Fragment 只有一个 LoaderManager，

但一个 LoaderManager 可以拥有多个 Loader。

LoaderManager 提供以下几个方法。

- destroyLoader()：停止并移除 ID 对应的 Loader。
- dump()：在指定的流中输出 LoaderManager 的状态。
- enableDebugLogging()：启用 debug 记录。
- getLoader()：返回 ID 对应的 Loader，如果没有匹配的 ID，则返回 null。
- initLoader()：初始化 Loader 并使其成为活动状态。
- restartLoader()：在管理器中启动一个新的或重启一个存在的 Loader。

LoaderManager 还有一个回调接口 android.app.LoaderManager.LoaderCallbacks<D>用于和 LoaderManager 交互。LoaderCallbacks 提供众多的回调接口来操作 Loader，包括以下几个方法。

- onCreateLoader()：创建一个新的 Loader。当通过 initLoader()等方法访问一个 Loader 时，首先检查 ID 指定的 Loader 是否存在。如果不存在，将触发 LoaderManager.Loader Callbacks 中的 onCreateLoader()方法来创建新的 Loader。
- onLoadFinished()：当创建的 Loader 已经完成其加载时，此方法被调用。此方法保证在提供给 Loader 的最后数据释放之前被调用。在这个时间点上应该移除所有对旧数据的使用，但不应该进行当前应用的数据释放，因为它的 Loader 拥有它并将负责完成这些工作。
- onLoaderReset()：当被创建的 Loader 被重置时，此方法被调用，使其数据不可用。

任务 9.2　保存音乐播放器播放记录

【任务介绍】

1. 任务描述

实现保存音乐播放器播放记录的功能，实现打开音乐播放器时播放上次最后播放的音乐的功能，并在"Log"中输出日志。

任务指导书 9.2

保存音乐播放器
播放记录

2. 运行结果

本任务运行结果如图 9-7 所示，Log 输出日志如图 9-8 所示。

图 9-7　运行结果

图 9-8　在"Log"中输出日志

【任务目标】

- 掌握 SQLiteOpenHelper 数据库管理类的使用方法。
- 掌握 SQLiteDatabase 操纵数据的方法。

【实现思路】

- 继承 SQLiteOpenHelper 数据库管理类，创建存储音乐的 Music 表。
- 获取 SQLiteDatabase，对 Music 表进行查询和插入操作，查询和插入最近一次的播放记录。
- 在 "Log" 中输出上一次的音乐播放记录。
- 运行 App 并观察运行结果。

【实现步骤】

见电子活页任务指导书。

本章小结

本章介绍了 Android 应用中持久存储的 3 种方式的知识。首先介绍了使用 SharedPreferences 存储键值对信息的方法，介绍了使用 PreferenceFragmentCompat 设计 Android 应用设置界面的方法。这几乎是每个应用都有的功能，必须牢牢掌握。然后介绍了 Android 中内部文件和外部文件存取的方法。最后重点介绍了 Android 下基于关系数据库 SQLite 实现持久存储的方法，并介绍了通过 SQLiteOpenHelper 实现对 SQLiteDatabase 操作的方法。Loader 虽然被 Android 官方架构组件 JetPack 的 LiveData 所取代，但是掌握 Loader 的使用方法对理解 Android 异步任务的设计有帮助。

动手实践

设计一个图 9-9 所示的 TODO App，并使用 SQLite 实现持久化存储。

图 9-9　TODO App

第10章
Service与后台服务设计

10

【学习目标】

子单元名称	知识目标	技能目标
子单元 1： 创建 Service	目标 1：理解 Service 的设计目的 目标 2：理解 startService()方法和 bindService()方法的区别 目标 3：理解两种 Service 的生命周期	目标 1：掌握使用向导创建 Service 的方法 目标 2：掌握启动 Service 的方法 目标 3：掌握使用生命周期方法实现特定功能的方法
子单元 2： IntentService	目标 1：理解启动型 Service 的执行流程 目标 2：理解 IntentService 的特点	目标 1：掌握使用启动型 Service 实现后台任务的方法 目标 2：掌握使用 IntentService 实现单线程任务的方法
子单元 3： 绑定型 Service	目标 1：理解绑定型 Service 的执行流程 目标 2：理解绑定型 Service 进行进程间通信的机制 目标 3：理解绑定到 Service 的设计流程	目标 1：掌握使用绑定型 Service 实现后台任务的方法 目标 2：掌握通过 Binder 接口与 Service 通信的方法 目标 3：掌握绑定到 Service 的设计方法
子单元 4： Android 接口定义语言	目标 1：理解 AIDL 的含义 目标 2：理解设计 AIDL 的基本流程	掌握通过 AIDL 实现跨进程通信的方法

10.1 创建 Service

Service 是 Android 提供的一种运行在后台、不可见但可交互的一种服务组件。Service 可由其他应用组件启动，而且即使用户切换到其他应用，Service 仍将在后台继续运行。此外，其他组件可通过绑定到 Service 与之进行交互，甚至执行进程间通信（Inter Process Communication，IPC）。

10.1.1 初识 Service

设计 Service 的主要目的有两个：后台运行和跨进程访问。通过启动一个 Service，可以在不显示界面的前提下在后台运行指定的任务，这样可以不影响用户做其他事情，增强用户体验。例如，可以打开音乐播放器播放音乐，然后通过 Activity 启动一个在后台运行的 Service 来管理音乐的播放，再打开电子书应用，这样就可以边听音乐边看书了。另外，通过 Android 接口定义语言（Android Interface Definition Language，AIDL）可以实现不同进程之间的通信，这也是 Service 的重要用途之一。

Service 在其托管进程的主线程中运行，它既不创建自己的线程，也不在单独的进程中运行（除非另行指定）。这意味着，如果 Service 要执行任何 CPU 密集型工作或阻止性操作（例如 MP3 播放或联网），则应在 Service 内创建新线程来完成这项工作。通过使用单独的线程，可以降低发生 ANR 的风险，而应用的主线程仍可继续专注于运行用户与 Activity 之间的交互。

10.1.2　Service 的创建与注册

为了创建一个 Service，必须创建一个继承自 android.app.Service 或 IntentService 的类，并重载一些回调方法来处理 Service 生命周期的关键环节，同时为组件绑定该 Service 提供一种合适的机制。

创建 Service 的一般步骤如下。

① 在 Android Studio 中，右击项目 java 下的包节点，单击"New">"Service"。

② 选择合适的 Service 或 IntentService，在打开的"New Android Component"对话框中输入 Service 的名称，根据具体情况勾选"Exported"（Service 是否可以被其他应用调用或者与其交互）和"Enabled"（Service 是否能被系统初始化，默认为 true）复选框，如图 10-1 所示。

③ 单击"Finish"按钮，完成 Service 的创建。

默认创建的 Service 代码如下。

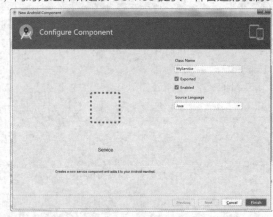

图 10-1　"New Android Component"对话框

```java
public class MyService extends Service {
    public MyService() {
    }

    @Override
    public IBinder onBind(Intent intent) {
        // 将通信通道返回到 Service
        throw new UnsupportedOperationException("Not yet implemented");
    }
}
```

这里只实现了 onBind() 生命周期方法，根据 Service 的不同启动类型还会重写以下几个重要的生命周期方法。

- onCreate()。
- onStartCommand()。
- onDestroy()。

通过这种向导方式创建的 Service 自动在 AndroidManifest.xml 中进行类似如下的注册。

```xml
<service
    android:name=".MyService"
    android:enabled="true"
    android:exported="true"/>
```

其中，android:name 属性是唯一必要的属性，用于指定 Service 的类名。<service>标签中还可以包含诸如启动 Service 所需的权限（android:permission）及 Service 应该运行所在的进程（android:process）等属性。

Service 也可以定义 Intent 过滤器，它允许其他组件使用隐式 Intent 调用 Service。如果 Service 声明的 Intent 过滤器（不推荐添加过滤器）能够匹配另一个应用传递给 startService()方法的 Intent，那么安装在用户设备上的任意应用的组件都可以隐式启动该 Service。但是，推荐将 Service 的 android:exported 值设置为 false，以表示该 Service 为应用所私有。那样，即使 Service 提供 Intent 过滤器，这个属性也是有效的。

10.1.3　Service 的生命周期

Service 根据启动类型的不同分为两种——启动型 Service 和绑定型 Service，分别由其他应用组件通过调用 startService()方法启动或调用 bindService()方法绑定。

（1）通过调用 startService()方法启动

当应用组件（如 Activity）通过调用 startService()方法启动 Service 时，Service 即处于"启动"状态。一旦启动，Service 即可在后台无限期运行，即使启动 Service 的组件已被销毁也不受影响。已启动的 Service 通常执行单一操作，而且不会将结果返回给调用方。例如，它可能通过网络下载或上传文件。操作完成后，Service 会自行停止运行。

（2）通过调用 bindService()方法绑定

当应用组件通过调用 bindService()方法绑定到 Service 时，Service 即处于"被绑定"状态。绑定型 Service 提供一个客户端——IBinder 接口，它允许组件与 Service 进行交互、发送请求、获取结果，甚至利用进程间通信跨进程执行这些操作。只有与另一个应用组件绑定时，该 Service 才会运行。多个组件可以同时绑定到该 Service，只有全部取消绑定后，该 Service 才会被销毁。

Service 可以同时以这两种方式运行。也就是说，它既可以是启动状态（无限期运行），也可以是被绑定状态。无论应用是处于启动状态还是被绑定状态，抑或处于启动并且被绑定状态，任何应用组件均可像使用 Activity 那样通过调用 Intent 来使用 Service（即使此 Service 来自另一应用）。

图 10-2 演示了两种 Service 的生命周期。

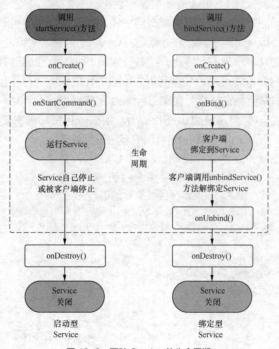

图 10-2　两种 Service 的生命周期

通过图 10-2 可以看出，Service 的整个生命周期发生在 onCreate()方法被调用与 onDestroy()方法返回之间，在 onCreate()方法中完成它的初始化配置，在 onDestroy()方法中释放所有剩余资源。例如，音乐播放服务可以在 onCreate()方法中创建用于播放音乐的线程，然后在 onDestroy()方法中停止该线程。对所有 Service 来说，onCreate()方法和 onDestroy()方法都会被调用，不管它是被 startService()方法启动还是被 bindService()方法绑定。

（1）启动型 Service 的生命周期

该 Service 在其他组件调用 startService()方法时创建，Android 会调用服务的 onStartCommand()方法，然后 Service 无限期运行，且必须通过调用 stopSelf()方法来自行停止运行。此外，其他组件可以通过调用 stopService()方法来停止 Service。Service 停止后，系统会将其销毁。

对于启动型 Service，其有效生命周期与整个生命周期同时结束［即便是在 onStartCommand()方法返回之后，Service 仍然处于活动状态］。

通过 startService()方法启动的 Service，虽然调用 stopSelf()方法和 stopService()方法可以将其停止，但对 Service 来说没有相应的回调［没有 onStop()回调］。所以，除非 Service 被绑定到一个客户端，否则系统在 Service 被停止时 onDestroy()方法是唯一接收到的回调。

（2）绑定型 Service 的生命周期

通过 bindService()方法启动的 Service，其激活生命周期始于 onBind()方法的调用。然后，客户端通过 IBinder 接口与 Service 进行通信。客户端可以通过调用 unbindService()方法关闭连接，在 onUnbind()方法返回时结束。

如果是绑定型 Service，就不必人为管理 Service 的生命周期，Android 会根据 Service 是否被客户端绑定而自动解绑定。多个客户端可以绑定到同一个 Service。然而，只有在第一个客户端绑定 Service 时，系统才会调用 Service 的 onBind()方法获取 IBinder 对象。然后系统传递相同的 IBinder 对象给其他任意绑定的客户端，不再调用 onBind()方法。当最后一个客户端从 Service 中解除绑定时，系统销毁 Service（Service 不需要停止自己）。

仅当内存过少且必须回收系统资源以供具有用户焦点的 Activity 使用时，Android 才会强制停止 Service。如果将 Service 绑定到具有用户焦点的 Activity，则它不太可能会终止；如果将 Service 声明为在前台运行，则它几乎永远不会终止。或者，如果 Service 已启动并要长时间运行，则系统会随着时间的推移降低 Service 在后台任务列表中位置的优先级（内存不足时，优先被回收），而 Service 也将随之变得非常容易被终止；如果 Service 是启动型 Service，则必须将其设计为能够妥善处理系统对它的重启。如果系统终止 Service，那么一旦资源再次变得可用，系统便会重启 Service，不过这还取决于从 onStartCommand()方法返回的值。

下面的代码演示了 Service 的生命周期。

```
public class ExampleService extends Service {
    int mStartMode;       // 指示服务被终止时的行为方式
    IBinder mBinder;      // 绑定客户端的接口
    boolean mAllowRebind; // 指示是否应使用 onRebind

    @Override
    public void onCreate() {
        // 服务被创建时调用
    }
    @Override
    public int onStartCommand(Intent intent, int flags, int startId) {
        // 服务启动响应 startService()方法
```

```
        return mStartMode;
    }
    @Override
    public IBinder onBind(Intent intent) {
        // 响应 bindService()方法
    }
    @Override
    public boolean onUnbind(Intent intent) {
        // 所有客户端被解绑后调用
        return mAllowRebind;
    }
    @Override
    public void onRebind(Intent intent) {
        // 在调用 onUnbind()之后，客户端使用 bindService()绑定到服务
    }
    @Override
    public void onDestroy() {
        // 服务被销毁时调用
    }
}
```

下面介绍 Service 中重要的生命周期方法。

（1）onCreate()方法

系统在 Service 第一次被创建的时候调用该方法，执行一次性的配置过程，例如在音乐播放器中调用 initMediaPlayer()方法初始化 MediaPlayer 对象。它是在 onStartCommand()方法和 onBind()方法之前被调用的。如果这个 Service 已经在运行了，那么这个方法不会被调用。

（2）onStartCommand()方法

当其他组件调用 startService()方法来启动一个 Service 时，系统将调用这个方法，使这个 Service 被启动并可以无限期地运行在后台。如果实现了该方法，那么必须在 Service 完成时通过调用 stopSelf()方法或 stopService()方法停止它。如果 Service 是绑定型 Service，那么不需要实现这个方法。

（3）onBind()方法

当其他组件通过调用 bindService()方法与 Service 绑定时，系统将调用此方法。在对这个方法的实现中，必须通过返回一个 IBinder 对象提供一个供客户端和 Service 通信的接口。如果不允许 Service 被绑定，那么这里返回 null。

（4）onDestroy()方法

系统在一个 Service 不再被使用并且准备销毁的时候调用 onDestroy()方法，它是 Service 收到的最后一个被调用的方法。通过该方法可以清除线程、注册的监听以及接收器等。

10.2　IntentService

IntentService 是 Service 的子类，它使用一个工作线程处理所有启动请求，但每次只执行一个请求。使用这个类时，仅需要实现 onHandleIntent()方法来处理请求。

IntentService 可以实现如下功能。

● 创建一个默认的工作线程，用来执行所有传递给 onStartCommand()方法的 Intent，并与应用的主线程隔离。

- 创建一个工作队列，IntentService 在同一时间传递一个 Intent 到 onHandleIntent()方法实现，不需要关心多线程的同步问题。
- 在所有启动请求被处理后，IntentService 会自动停止 Service，所以不必调用 stopSelf()方法。
- 提供 onBind()方法的默认实现，返回 null。
- 提供 onStartCommand()方法的默认实现，用来把 Intent 发送到工作队列，然后发送到 onHandleIntent()方法实现。

因此，使用 IntentService 并实现 onHandleIntent()方法就可以完成客户端提供的工作，极大地减少实现 Service 的工作量。

以下是 IntentService 的实现示例。

```java
public class HelloIntentService extends IntentService {

    public HelloIntentService() {
        super("HelloIntentService");
    }

    /**
     * IntentService 使用启动服务的意图是从默认工作线程调用此方法。当此方法返回时，
IntentService 会根据需要停止服务
     */
    @Override
    protected void onHandleIntent(Intent intent) {
        // 处理异步任务，这里只是延迟 5 秒
        try {
            Thread.sleep(5000);
        } catch (InterruptedException e) {
            // 恢复中断状态
            Thread.currentThread().interrupt();
        }
    }
}
```

但是，使用 IntentService 有以下限制。

- 它无法直接与界面互动。要在界面中显示其结果，必须将结果发送到 Activity。
- 工作请求按顺序运行。如果某个操作在 IntentService 中运行，此时如果再次向该 IntentService 发送新的请求，则该请求会等待第一个操作完成后执行。
- 在 IntentService 上运行的操作无法中断。

10.3 绑定型 Service

当一个应用组件通过调用 bindService()方法绑定到一个 Service 时，这个 Service 就处于"被绑定"状态，称为绑定型 Service。绑定型 Service 可以让组件（例如 Activity）绑定到 Service、发送请求、接收响应，甚至执行进程间通信。

10.3.1 绑定型 Service 的主要用途

绑定型 Service 通常只在为其他应用组件服务时处于活动状态，不会无限期地在后台运行。因

此，绑定型 Service 主要用于以下情形。

● 需要通过 IPC 让应用组件（如 Activity）和 Service 进行交互的时候。

● 需要将应用中的一些功能暴露给其他应用的时候。

绑定型 Service 是 Service 类的实现，可让其他应用与其绑定和交互。要提供绑定型 Service，必须实现 onBind() 回调方法。该方法返回的 IBinder 对象定义了客户端用来与 Service 进行交互的编程接口。

10.3.2 绑定到 Service

客户端通过调用 bindService() 方法绑定到 Service。调用时，在 bindService() 方法中必须提供 ServiceConnection 的实现以监控与 Service 的连接。bindService() 方法会立即无值返回。但当 Android 创建客户端与 Service 之间的连接时，会对 ServiceConnection 调用 onServiceConnected() 方法，向客户端传递用来与 Service 通信的 IBinder 接口。

多个客户端可同时绑定到一个 Service。不过，只有在第一个客户端绑定 Service 时，系统才会调用 Service 的 onBind() 方法来检索 IBinder。此后系统无须再次调用 onBind() 方法，便可将同一 IBinder 传递至任何其他绑定的客户端。

当最后一个客户端取消与 Service 的绑定时，系统会将 Service 销毁［除非 startService() 方法也启动了该 Service］。

客户端通过 IBinder 接口获得 Binder 对象，从而可以直接访问 Service 中的 Public 方法。一般设计步骤如下。

① 在 Service 中创建一个 Binder 接口，并实现包含客户端可以调用的 Public 方法。应用也可以获取一个当前 Service 的实例（包含客户端可以调用的 Public 方法）或返回 Service 持有的其他类的实例（包含客户端可以调用的 Public 方法）。

② 在 onBind() 方法中返回 Binder 实例。

③ 在客户端，从 onServiceConnected() 回调方法中接收这个 Binder，并且使用 Binder 包含的 Service 提供的方法。

下面的示例通过一个 Binder 实现为客户端提供对 Service 内方法的访问。

```java
public class LocalService extends Service {
    // 绑定指定的客户端
    private final IBinder mBinder = new LocalBinder();
    // 获取随机数生成器
    private final Random mGenerator = new Random();

    // 用于客户端绑定的类
    public class LocalBinder extends Binder {
        LocalService getService() {
        // 返回 LocalService 对象
            return LocalService.this;
        }
    }

    @Override
    public IBinder onBind(Intent intent) {
        return mBinder;
    }
```

```
    /** 客户端调用的方法 */
    public int getRandomNumber() {
        return mGenerator.nextInt(100);
    }
}
```

LocalBinder 为客户端提供 getService()方法以取得当前的 LocalService 实例。它允许客户端调用 Service 中的 Public 方法。例如，客户端可以从 Service 中调用 getRandomNumber()方法。

下面的示例演示了一个绑定到 LocalService 的 Activity，在按钮被点击时调用 getRandomNumber()方法的过程。

```java
public class BindingActivity extends AppCompatActivity {
    LocalService mService;
    boolean mBound = false;

    @Override
    protected void onCreate(Bundle savedInstanceState) {
        super.onCreate(savedInstanceState);
        setContentView(R.layout.main);
    }

    @Override
    protected void onStart() {
        super.onStart();
        // 绑定到 LocalService
        Intent intent = new Intent(this, LocalService.class);
        bindService(intent, mConnection, Context.BIND_AUTO_CREATE);
    }

    @Override
    protected void onStop() {
        super.onStop();
        // 服务解绑
        if (mBound) {
            unbindService(mConnection);
            mBound = false;
        }
    }

    // 按钮的回调事件
    public void onButtonClick(View v) {
        if (mBound) {
            // 调用 LocalService 中的方法
            int num = mService.getRandomNumber();
            Toast.makeText(this, "number: " + num, Toast.LENGTH_SHORT).show();
        }
    }

    /** Defines callbacks for service binding, passed to bindService() */
    private ServiceConnection mConnection = new ServiceConnection() {
```

```
        @Override
        public void onServiceConnected(ComponentName className,
                IBinder service) {
            // 已经绑定到 LocalService, 并获得 LocalService 实例
            LocalBinder binder = (LocalBinder) service;
            mService = binder.getService();
            mBound = true;
        }

        @Override
        public void onServiceDisconnected(ComponentName arg0) {
            mBound = false;
        }
    };
}
```

在上面的代码中,bindService()方法的第 1 个参数是 Intent,它指出要绑定的 Service 的名称;第 2 个参数是 ServiceConnection 对象;第 3 个参数是指示绑定选项的标志,通常它应该是 BIND_AUTO_CREATE,表示如果 Service 不存在则创建 Service,其他的可能值有 BIND_DEBUG_UNBIND(通常用于调试场景中判断绑定的 Service 是否正确)、BIND_NOT_FOREGROUND(表示不会将被绑定的 Service 提升到前台优先级,仅在后台运行)或 0(表示没有)等。

在实现 ServiceConnection 时必须重载以下两个回调方法。

● onServiceConnected(): 系统调用这个方法来传递 IBinder。

● onServiceDisconnected(): 当客户端和 Service 之间的连接意外丢失时,系统调用这个方法。客户端解绑定时,这个方法不会被调用。

以下是关于 Service 绑定的注意事项。

● 必须处理 DeadObjectException 异常。它在连接断开时被抛出,这是远程方法抛出的唯一异常。

● 在客户端生命周期中启动、停止时,成对地使用绑定和解绑定。如果只是在 Activity 可见时才和 Service 交互,那么应该在调用 onStart()方法时绑定,或在调用 onStop()方法时解绑定;如果想要 Activity 即使在后台运行停止时也能和 Service 交互,那么应该在调用 onCreate()方法时绑定,或在调用 onDestroy()方法时解绑定。

● 只有 Activity、Service 和 ContentProvider 可以绑定到 Service,BroadcastReceiver 不能绑定到 Service。

10.3.3　使用 Messenger 通信

如果想要接口能够跨进程使用,可以为 Service 创建一个带有 Messenger 的接口。在这种情况下,Service 将定义一个 Handler 来响应不同的 Message 对象。这个 Handler 是 Messenger 和客户端共享一个 IBinder 的基础,它允许客户端使用 Message 对象向 Service 发送命令。并且,客户端可以定义一个属于自己的 Messenger。这样,Service 就可以向客户端发送消息。这是执行进程间通信的最简单的方式,因为 Messenger 队列化所有请求到单一线程中,从而不必把 Service 设计为线程安全。

以下是使用 Messenger 对象的事项。

● Service 实现一个 Handler,用来接收来自客户端的回调。

● Handler 用于创建一个 Messenger 对象,让它作为指向 Handler 对象的引用。

- Messenger 对象创建一个 IBinder 对象，Service 从 onBind()方法中将它返回给客户端。
- 客户端使用 IBinder 类实例化 Messenger（它引用 Service 的 Handler 对象），客户端使用这个 Messenger 发送 Message 对象给 Service。
- Service 在它的 Handler 对象内接收每个 Message [在 handleMessage()方法里]。

在这种方式中，客户端以向 Service 发送消息替代调用 Service 的 Public 方法，Service 在它的 Handler 中接收它们。下面是使用 Messenger 接口的一个示例。

```java
public class MessengerService extends Service {
    /** Command to the service to display a message */
    static final int MSG_SAY_HELLO = 1;

    // 客户端消息处理
    class IncomingHandler extends Handler {
        @Override
        public void handleMessage(Message msg) {
            switch (msg.what) {
                case MSG_SAY_HELLO:
                    Toast.makeText(getApplicationContext(),
                            "hello!", Toast.LENGTH_SHORT).show();
                    break;
                default:
                    super.handleMessage(msg);
            }
        }
    }

    // IncomingHandler 传递的消息
    final Messenger mMessenger = new Messenger(new IncomingHandler());

    // 返回 messenger 接口，以便向服务发送消息
    @Override
    public IBinder onBind(Intent intent) {
        Toast.makeText(getApplicationContext(),
                "binding", Toast.LENGTH_SHORT).show();
        return mMessenger.getBinder();
    }
}
```

在 Handler 对象的 handleMessage()方法中，Service 接收传入的 Message 对象并根据它的 what 成员变量决定要做的事情。

客户端需要做的就是创建一个 Messenger 对象，基于由 Service 返回的 IBinder，并使用 send()方法发送消息。例如，下面是 Activity 绑定到 Service 并传递 MSG_SAY_HELLO 消息给 Service 的示例。

```java
public class ActivityMessenger extends AppCompatActivity {
    /** 服务通信的 Messenger 对象 */
    Messenger mService = null;

    /** 指示是否已对服务调用绑定的标志 */
    boolean mBound;
```

```
// 用于与服务的主接口交互的对象
private ServiceConnection mConnection = new ServiceConnection() {
    public void onServiceConnected(ComponentName className,
            IBinder service) {
        // 使用 Messenger 与服务通信
        mService = new Messenger(service);
        mBound = true;
    }

    public void onServiceDisconnected(ComponentName className) {
        mService = null;
        mBound = false;
    }
};

public void sayHello(View v) {
    if (!mBound) return;
    // 创建并向服务发送消息
    Message msg = Message.obtain(null,
            MessengerService.MSG_SAY_HELLO, 0, 0);
    try {
        mService.send(msg);
    } catch (RemoteException e) {
        e.printStackTrace();
    }
}

@Override
protected void onCreate(Bundle savedInstanceState) {
    super.onCreate(savedInstanceState);
    setContentView(R.layout.main);
}

@Override
protected void onStart() {
    super.onStart();
    // 绑定到服务
    bindService(new Intent(this, MessengerService.class), mConnection,
            Context.BIND_AUTO_CREATE);
}

@Override
protected void onStop() {
    super.onStop();
    // 服务解绑定
    if (mBound) {
        unbindService(mConnection);
        mBound = false;
    }
}
}
```

这个示例并未展示 Service 如何响应客户端。如果想让 Service 响应，那么还需要在客户端中创建一个 Messenger 对象。当客户端接收 onServiceConnected()回调方法时，它发送一个 Message 对象给 Service，并在 send()方法的 replyTo 参数中包含客户端的 Messenger。

任务 10.1　实现音乐播放器后台播放功能

【任务介绍】

1. 任务描述

实现音乐播放器后台播放功能。

2. 运行结果

本任务运行结果如图 10-3 所示。

【任务目标】

- 掌握 Service 的创建与声明方法。
- 掌握两种 Service 的启动方法。
- 掌握 Activity 与 Service 通信的方法。

【实现思路】

- 继承 Service，自定义 IBinder 类继承自 Binder，在 onBind()方法中返回 Activity 与 Service 交互的程序接口。
- 在 Service 中定义 playMusic()、stop()等系列控制音乐播放的方法。
- 在音乐播放 Activity 中通过 startService()方法和 bindService()方法启动服务并实现与 Service 的交互。
- 运行 App 并观察运行结果。

【实现步骤】

见电子活页任务指导书。

任务指导书 10.1

实现音乐播放器
后台播放功能

图 10-3　运行结果

10.4　Android 接口定义语言

在 Android 中，一个进程通常无法访问另一个进程的内存。因此，为了进行通信，进程需将其对象分解成可供操作系统理解的原语，并将其编组为可供操作的对象。Android 接口定义语言就是将对象分解成操作系统能理解的原语，并且使它们能够跨进程工作的方式。

使用 Messenger 的方式，实际就是基于 AIDL 的。AIDL 和 Messenger 方式不同，Messenger 方式在一个单独的线程中创建所有请求的队列，所以这样的 Service 每次只能接收一个请求；而 AIDL 可以实现 Service 并发地处理请求，此时，Service 必须具备多线程能力，并且需要是线程安全的。

10.4.1　创建 AIDL

为了能够直接使用 AIDL，必须创建一个 AIDL 文件，它定义了程序的接口。Android SDK 工具用这个文件生成抽象类以实现 interface 和处理进程间通信，然后在 Service 中继承、扩展该抽象类。

在 Android Studio 中创建 AIDL 文件的步骤如下。

① 右击 app/src/main 节点，单击"New">"Folder">"AIDL Folder"，系统自动命名文件夹为 aidl，如图 10-4 所示。

图 10-4　创建 aidl 文件夹

② 右击 aidl 文件夹，单击"New">"AIDL">"AIDL File"（见图 10-5），在弹出的对话框中输入接口名称，并单击"Finish"按钮完成 AIDL 文件的创建。

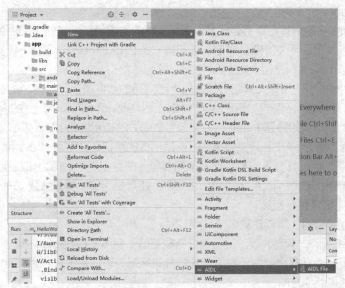

图 10-5　创建 AIDL 文件

在新建的 AIDL 文件中，必须使用 Java 编程语言语法定义 AIDL 接口，Android SDK 工具会生成一个基于该 AIDL 文件的 IBinder 接口，并将其使用相同的文件名（扩展名为.java）保存在项目的 app/build/generated/source/aidl/debug/packagename 目录中。此接口具有一个名为 Stub 的内部抽象类，用于扩展 Binder 类并实现 AIDL 接口中的方法。应用程序必须扩展 Stub 类并实现接口中的方法。

以下是一个 AIDL 文件示例。

```
// 文件名：IRemoteService.aidl
package com.example.android;

// 在这里用 import 语句声明任何非默任类型

interface IRemoteService {
    // 请求服务的进程 ID
    int getPid();

    /**
     * 在 AIDL 中用作参数和返回值的一些基本类型
     */
    void basicTypes(int anInt, long aLong, boolean aBoolean, float aFloat,
            double aDouble, String aString);
}
```

通过上面的示例可以看出，AIDL 使用简单语法，能通过可带参数和返回值的一个或多个方法来声明接口。参数和返回值可以是任意类型，甚至可以是其他 AIDL 生成的接口。

必须使用 Java 编程语言构建 AIDL 文件。每个 AIDL 文件都必须定义单个接口，并且只需包含接口声明和方法签名。

默认情况下，AIDL 支持下列数据类型。

- Java 编程语言中的所有原语类型（如 int、long、char、boolean 等）。
- String 类型。
- CharSequence 类型。
- List。List 中的所有元素都必须是以上所支持的数据类型、其他 AIDL 生成的接口或声明的可打包类型。可选择将 List 用作通用类（如 List<String>）。另一端实际接收的具体类始终是 ArrayList，但生成的方法使用的是 List 接口。
- Map。Map 中的所有元素都必须是以上所支持的数据类型、其他 AIDL 生成的接口或声明的可打包类型。不支持通用 Map（如 Map<String,Integer>形式的 Map）。另一端实际接收的具体类始终是 HashMap，但生成的方法使用的是 Map 接口。

除了以上数据类型外，AIDL 还支持 AIDL 自动生成的接口、实现 android.os.Parcelable 接口的类，但是必须实现 import 导入。要传递一个需要导入的数据类型的值，如实现 Parcelable 接口的类，除了要建立一个实现 Parcelable 接口的类外，还需要为这个类单独建立一个 AIDL 文件，并使用 parcelable 关键字进行定义。

定义 Service 接口时，需要注意以下几点。

- 方法可带 0 个或多个参数，返回某个值或空值（使用@nullable 注解）。
- 所有非原语参数都需要指示数据走向的方向标记，可以是 in、out 或 inout。原语默认为 in，不能是其他方向。
- AIDL 文件中包括的所有代码注释都包含在生成的 IBinder 接口中（import 和 package 语句之前的注释除外）。
- 可以在 AIDL 接口中定义 String 常量和 int 常量（例如"const int VERSION = 1;"）。
- 方法调用由 transact()方法的代码分派，该代码通常基于接口中的方法索引。由于这会增加版本控制的难度，因此可以向方法手动配置事务代码[例如"void method() = 10;"]。

注意 在 AIDL 接口首次发布后对其进行的任何更改都必须保持向后兼容性，以避免中断其他应用对 Service 的使用。也就是说，由于只有将 AIDL 文件复制到其他应用，才能让这些应用访问 Service 的接口，因此必须保留对原始接口的支持。

10.4.2 实现接口

Android SDK 工具会生成一个与 AIDL 文件同名的 JAVA 文件。生成的接口包括一个名为 Stub 的子类，这个子类是其父接口的抽象实现，用于声明 AIDL 文件中的所有方法。

Stub 还定义了几个帮助程序方法，其中最重要的是 asInterface()方法，该方法带 IBinder [通常是传递给客户端 onServiceConnected()回调方法的参数] 并返回存根接口实例。

以下是一个使用匿名实例实现名为 IRemoteService 的接口（由上文 IRemoteService.aidl 示例定义）的示例。

```
private final IRemoteService.Stub mBinder = new IRemoteService.Stub() {
    public int getPid(){
        return Process.myPid();
    }
    public void basicTypes(int anInt, long aLong, boolean aBoolean,
                        float aFloat, double aDouble, String aString) {
        // 事件处理
    }
};
```

现在，mBinder 是 Stub 类的一个实例（一个 Binder），用于定义 Service 的远程过程调用（Remote Procedure Call，RPC）接口。在下一步中，将向客户端公开该实例，以便客户端能与 Service 进行交互。

在实现 AIDL 接口时应注意遵守以下几个规则。

- 由于不能保证在主线程上执行传入调用，因此一开始就需要做好多线程处理准备，并将 Service 正确地编译为线程安全 Service。
- 默认情况下，RPC 是同步调用。如果明知 Service 完成请求的时间不止几毫秒，就不应该从 Activity 的主线程调用 Service，因为这样做可能会使应用挂起（Android 可能会显示 "Application is Not Responding" 对话框），而应该从客户端内的单独线程调用 Service。
- 程序引发的任何异常都不会回传给调用方。

10.4.3 公开接口

为 Service 实现 AIDL 接口后，就需要向客户端公开该接口，以便客户端进行绑定。要为 Service 公开该接口，需扩展 Service 并实现 onBind()方法，以返回一个类实例，这个类实现了生成的 Stub。以下是一个向客户端公开 IRemoteService 示例接口的 Service 示例。

```
public class RemoteService extends Service {
    @Override
    public void onCreate() {
        super.onCreate();
    }

    @Override
```

```
    public IBinder onBind(Intent intent) {
        // 返回接口
        return mBinder;
    }

    private final IRemoteService.Stub mBinder = new IRemoteService.Stub() {
        public int getPid(){
            return Process.myPid();
        }
        public void basicTypes(int anInt, long aLong, boolean aBoolean,
                            float aFloat, double aDouble, String aString) {
            // 事件处理
        }
    };
}
```

现在，当客户端（如 Activity）调用 bindService()方法以连接此 Service 时，客户端的 onService Connected()回调方法会接收 Service 的 onBind()方法返回的 mBinder 实例。

客户端还必须具有对 interface 类的访问权限。因此，如果客户端和 Service 在不同的应用内，则客户端的应用 src/目录内必须包含 AIDL 文件（它生成 android.os.Binder 接口，为客户端提供对 AIDL 方法的访问权限）的副本。

当客户端在 onServiceConnected()回调方法中收到 Ibinder 时，它必须调用 mService Interface.Stub.asInterface()方法以将返回的参数转换成公开的远程接口类型。例如：

```
IRemoteService mIRemoteService;
private ServiceConnection mConnection = new ServiceConnection() {
    // 在与服务建立连接时调用
    public void onServiceConnected(ComponentName className,
            IBinder service) {
        // 获取 IremoteInterface 的实例
        mIRemoteService = IRemoteService.Stub.asInterface(service);
    }

    // 当与服务器的连接意外断开时调用 unexpectedly
    public void onServiceDisconnected(ComponentName className) {
        Log.e(TAG, "Service has unexpectedly disconnected");
        mIRemoteService = null;
    }
};
```

10.4.4　通过 IPC 传递对象

通过 IPC 接口把某个类从一个进程发送到另一个进程是可以实现的，不过必须确保该类的代码对 IPC 通道的另一端可用，并且该类支持 Parcelable 接口（支持 Parcelable 接口很重要，因为 Android 可通过它将对象分解成可编组到各进程的原语）。

如需创建支持 Parcelable 协议的类，必须执行以下操作。

① 让类实现 Parcelable 接口。

② 实现 writeToParcel()方法，它会获取对象的当前状态并将其写入 Parcel。

③ 为类添加一个名为 CREATOR 的静态字段，这个字段是一个实现 Parcelable.Creator 接

口的对象。

④ 创建一个声明可打包类的 AIDL 文件。例如，以下这个 Rect.aidl 文件可创建一个可打包的
Rect 类。

```
package android.graphics;

// 声明 Rect，以便 AIDL 可以找到它并知道它实现了 parcelable 协议
parcelable Rect;
```

如果使用的是自定义编译进程，切勿在编译中添加 AIDL 文件。此 AIDL 文件与 C 语言中的头
文件类似，并未编译。

AIDL 在它生成的代码中使用 Parcelable 接口提供的方法将对象编组和取消编组。

以下示例展示了 Rect 类如何实现 Parcelable 协议。

```
import android.os.Parcel;
import android.os.Parcelable;

public final class Rect implements Parcelable {
    public int left;
    public int top;
    public int right;
    public int bottom;

    public static final Parcelable.Creator<Rect> CREATOR = new
            Parcelable.Creator<Rect>() {
        public Rect createFromParcel(Parcel in) {
            return new Rect(in);
        }

        public Rect[] newArray(int size) {
            return new Rect[size];
        }
    };

    public Rect() {
    }

    private Rect(Parcel in) {
        readFromParcel(in);
    }

    public void writeToParcel(Parcel out) {
        out.writeInt(left);
        out.writeInt(top);
        out.writeInt(right);
        out.writeInt(bottom);
    }

    public void readFromParcel(Parcel in) {
        left = in.readInt();
        top = in.readInt();
```

```
        right = in.readInt();
        bottom = in.readInt();
    }
}
```

10.4.5 调用 IPC 方法

调用类必须执行以下步骤，才能调用使用 AIDL 定义的远程接口。

① 在项目 src/目录中加入 AIDL 文件。

② 声明一个 IBinder 接口实例（基于 AIDL 生成）。

③ 实现 ServiceConnection。

④ 调用 Context.bindService()方法，以传入 ServiceConnection 实现。

⑤ 在 onServiceConnected()方法实现中，将收到一个 IBinder 实例（名为 service）。调用 mInterfaceName.Stub.asInterface()方法，以将返回的参数转换为远程接口类型。

⑥ 调用在接口上定义的方法。应该始终捕获 DeadObjectException 异常，它是在连接中断时引发的，这将是远程方法引发的唯一异常。

⑦ 如需断开连接，请使用接口实例调用 Context.unbindService()方法。

以下示例展示了如何调用 AIDL 创建的 Service。

```java
public static class Binding extends AppCompatActivity {
    /** 在服务器上调用的主接口 */
    IRemoteService mService = null;
    /** 辅助接口 */
    ISecondary mSecondaryService = null;

    Button mKillButton;
    TextView mCallbackText;
    private boolean mIsBound;

    @Override
    protected void onCreate(Bundle savedInstanceState) {
        super.onCreate(savedInstanceState);
        setContentView(R.layout.remote_service_binding);

        // 设置用户界面，注意按钮的点击
        …
    }

    // 用于与服务的主接口交互的类
    private ServiceConnection mConnection = new ServiceConnection() {
        public void onServiceConnected(ComponentName className,
                IBinder service) {
            mService = IRemoteService.Stub.asInterface(service);
            mKillButton.setEnabled(true);
            mCallbackText.setText("Attached.");

            try {
                mService.registerCallback(mCallback);
            } catch (RemoteException e) {
```

```
        }

    }

    public void onServiceDisconnected(ComponentName className) {
        mService = null;
        mKillButton.setEnabled(false);
        mCallbackText.setText("Disconnected.");
    }
};

// 用于与服务的辅助接口交互的类
private ServiceConnection mSecondaryConnection =
        new ServiceConnection() {
    public void onServiceConnected(ComponentName className,
            IBinder service) {
        mSecondaryService = ISecondary.Stub.asInterface(service);
        mKillButton.setEnabled(true);
    }

    public void onServiceDisconnected(ComponentName className) {
        mSecondaryService = null;
        mKillButton.setEnabled(false);
    }
};

private OnClickListener mBindListener = new OnClickListener() {
    public void onClick(View v) {
        Intent intent = new Intent(Binding.this, RemoteService.class);
        intent.setAction(IRemoteService.class.getName());
        bindService(intent, mConnection, Context.BIND_AUTO_CREATE);
        intent.setAction(ISecondary.class.getName());
        bindService(intent, mSecondaryConnection,
                Context.BIND_AUTO_CREATE);
        mIsBound = true;
        mCallbackText.setText("Binding.");
    }
};

private OnClickListener mUnbindListener = new OnClickListener() {
    public void onClick(View v) {
        if (mIsBound) {
            if (mService != null) {
                try {
                    mService.unregisterCallback(mCallback);
                } catch (RemoteException e) {
                }
            }

            unbindService(mConnection);
```

```
            unbindService(mSecondaryConnection);
            mKillButton.setEnabled(false);
            mIsBound = false;
            mCallbackText.setText("Unbinding.");
        }
    }
};

private OnClickListener mKillListener = new OnClickListener() {
    public void onClick(View v) {
        if (mSecondaryService != null) {
            try {
                int pid = mSecondaryService.getPid();
                Process.killProcess(pid);
                mCallbackText.setText("Killed service process.");
            } catch (RemoteException ex) {
            }
        }
    }
};

// 接收来自远程服务的回调
private IRemoteServiceCallback mCallback =
        new IRemoteServiceCallback.Stub() {
    public void valueChanged(int value) {
        mHandler.sendMessage(mHandler.obtainMessage(BUMP_MSG, value, 0));
    }
};

private static final int BUMP_MSG = 1;

private Handler mHandler = new Handler() {
    @Override public void handleMessage(Message msg) {
        switch (msg.what) {
            case BUMP_MSG:
                mCallbackText.setText("Received from service: " + msg.arg1);
                break;
            default:
                super.handleMessage(msg);
        }
    }

};
}
```

本章小结

　　本章介绍了 Android 应用组件之一 Service 的知识。首先介绍了 Service 的设计目的、创建和启动 Service 的方法及两种 Service 的生命周期，这是使用 Service 最基本的知识，要注意其与线程使用的区别；然后介绍了绑定型 Service 的特点、绑定接口的设计及与 Activity 之间的通信；最后介绍了 AIDL 及进程间通信的知识。在第 11 章，我们将介绍广播的知识，并介绍利用广播实现 Service 与 Activity 通信的机制。

动手实践

定义一个 AIDL 接口，实现 Activity 通过该接口控制 Service 中音乐的播放。

第11章
BroadcastReceiver与
广播通信

11

【学习目标】

子单元名称	知识目标	技能目标
子单元 1：发送与监听广播	目标 1：理解 Android 广播的作用与分类 目标 2：理解 Android 广播的发送、接收的工作原理	目标 1：掌握创建 BroadcastReceiver的方法 目标 2：掌握发送和监听广播的方法
子单元 2：EventBus 事件管理	目标 1：了解 EventBus 的架构 目标 2：理解 EventBus 的设计流程	掌握使用 EventBus 进行事件管理的方法
子单元 3：使用 App Widgets 创建桌面应用	目标 1：了解 App Widgets 的特点 目标 2：理解 App Widgets 的设计步骤	掌握使用 App Widgets 设计桌面应用的方法

11.1　发送与监听广播

在 Android 中，广播是一种广泛运用的在应用之间传输信息的机制，而 BroadcastReceiver 是对发送出来的广播进行过滤接收并响应的一类组件。

11.1.1　初识 BroadcastReceiver

广播作为 Android 组件间的通信方式，可以使用的场景如下。
- 同一应用内部的同一组件内的消息通信（单个或多个线程之间）。
- 同一应用内部的不同组件之间的消息通信（单个进程）。
- 同一应用具有多个进程的不同组件之间的消息通信。
- 不同应用之间的组件之间的消息通信。
- Android 在特定情况下与应用之间的消息通信。

从实现原理上看，Android 中的广播使用了观察者模式，基于消息的发布/订阅事件模型。在程序中使用 BroadcastReceiver 的一般步骤如下。

① 定义一个类继承 BroadcastReceiver，并且重载 onReceiver()方法来响应事件。

② 在程序中注册 BroadcastReceiver。

③ 构建 Intent 对象，把要发送的信息和用于过滤的信息如 Action、Category 装入一个 Intent 对象，调用 sendBroadcast()方法将其广播发出。

④ 在 Intent 发送以后，所有已经注册的 BroadcastReceiver 会检查注册时的 IntentFilter 是

否与发送的 Intent 相匹配，若匹配则调用 BroadcastReceiver 的 onReceive()方法。

一个 BroadcastReceiver 对象只有在被调用 onReceive()方法时才有效，从该方法返回后，该对象就无效了，其生命周期也结束了。

BroadcastReceiver 并没有提供可视化的界面来显示广播信息。一般都是使用 Notification 和 NotificationManager 来实现可视化的信息界面，用以显示广播信息的图标、内容及振动等提示信息。

11.1.2　创建 BroadcastReceiver

创建 BroadcastReceiver 主要通过定义一个继承 BroadcastReceiver 的类来实现，继承该类后重载其 onReceiver()方法。该方法是实现对广播的监听并响应广播事件的核心方法。例如，下面的代码演示了一个短信接收广播的工作方法。

```
public class SMSReceiver extends BroadcastReceiver {
    @Override
    public void onReceive(Context context, Intent intent) {
        Bundle bundle = intent.getExtras();
        if (bundle != null) {
            Object[] objArray = (Object[]) bundle.get("pdus");
            SmsMessage[] messages = new SmsMessage[objArray.length];
            for (int i = 0; i < objArray.length; i++) {
                messages[i] = SmsMessage.createFromPdu((byte[]) objArray[i]);
                StringBuilder str = new StringBuilder("from: ");
                str.append(messages[i].getDisplayOriginatingAddress());
                str.append("\nmessage:\n");
                str.append(messages[i].getDisplayMessageBody());
                Toast.makeText(context, str.toString(), Toast.LENGTH_LONG)
                        .show();
            }
        }
    }
}
```

响应广播事件处理的 Activity 需要在 onStart()方法中对相应的 BroadcastReceiver 进行注册。例如：

```
protected void onStart() {
    super.onStart();
    smsReceiver = new SMSReceiver();
    registerReceiver(callReceiver, new IntentFilter(
            "android.provider.Telephony.SMS_RECEIVED"));
}
```

并在 onStop()方法中进行注销。例如：

```
protected void onStop() {
    unregisterReceiver(smsReceiver);
    super.onStop();
}
```

以下是使用 BroadcastReceiver 时常见的方法。

● abortBroadcast()：截获由 sendOrderedBroadcast()方法发送的广播，让其他接收者

　　无法收到这个广播。

- clearAbortBroadcast()：针对上面的 abortBroadcast()方法，用于取消截获广播。这样它的下一级接收者就能够收到该广播。
- getAbortBroadcast()：判断是否调用了 abortBroadcast()方法。如果先调用 abort Broadcast()方法，再调用 getAbortBroadcast()方法，将返回 true；如果在调用 abortBroadcast()方法、clearAbortBroadcast()方法后，再调用 getAbortBroadcast()方法，将返回 false。
- getResultCode()：获取返回码。
- getResultData()：得到发送广播时设置的 initialData 的数据。
- isInitialStickyBroadcast()：如果接收者是目前处理的一个宿主（当前进程中的 Context）的广播的初始值，将返回 true。
- isOrderedBroadcast()：判断是否是有序广播。

11.1.3　注册广播

注册广播分为静态注册和动态注册两种。

1. 静态注册

静态注册是在 AndroidManifest.xml 的<application>里定义接收者并设置要接收的 Action 和 IntentFilter。例如：

```
<receiver android:name=".SMSReceiver">
  <intent-filter>
    <action android:name="android.provider.Telephony.SMS_RECEIVED" />
  </intent-filter>
</receiver>
```

> **注意**　Google 公司在 Android 8.0 后为了提高效率，删除了静态注册，防止关闭 App 后广播还在，造成内存泄露。现在静态注册的广播需要在构造 Intent 后通过 intent.set Package () 方法指定包名。

2. 动态注册

动态广播最好在 Activity 的 onResume()方法中注册，在 onPause()方法中注销。

（1）registerReceiver(receiver, filter)方法

第 1 个参数是要处理广播的 BroadcastReceiver（可以是系统的，也可以是自定义的），第 2 个参数是 Intent 过滤器。

（2）registerReceiver(receiver, filter, broadcastPermission, scheduler)方法

前两个参数的含义同（1），第 3 个参数是广播权限，第 4 个参数是 Handler。

> **注意**　如果在 AndroidManifest.xml 文件里已经声明了权限，在 registerReceiver()方法里再次声明权限，则接收者无法收到广播。如果在 AndroidManifest.xml 文件和 registerReceiver()方法里都没有声明权限，接收者也无法收到广播。

一个<receiver>可以接收多个 Action，即可以有多个<intent-filter>，这需要在 onReceive() 方法里对 intent.getAction()方法进行判断。

对于动态注册，需要特别注意的是，在退出程序前要记得调用 Context.unregisterReceiver() 方法对广播进行注销。如果在 Activity.onResume()方法中注册了，就必须在 Activity.onPause() 方法中注销。

11.1.4　发送广播

广播类型不同，使用的发送方法也不相同。有如下 3 种广播类型。

1.　正常广播

正常广播通过 Context.sendBroadcast()方法发送，是完全异步的。BroadcastReceiver 的 onReceiver()方法不能包含所要使用的结果或中止广播的方法。

2.　有序广播

有序广播通过 Context.sendOrderedBroadcast()方法发送，每次发送给一个接收者。所谓有序，就是每个接收者执行后可以传播给下一个接收者，也可以完全中止传播（不传播给其他接收者）。而接收者运行的顺序可以通过比较 IntentFilter 里的 android:priority 来控制，当优先级相同的时候，接收者以任意的顺序运行。

发送有序广播的方法有：

```
sendOrderedBroadcast(intent, receiverPermission)
sendOrderedBroadcast(intent, receiverPermission, resultReceiver, scheduler,
initialCode, initialData, initialExtras)
```

参数说明如下。

- receiverPermission 是权限，如果为 null，则表示不经许可的要求。
- resultReceiver 是自定义的 BroadcastReceiver 对象，用来当作结果处理的广播接收器。
- scheduler 用于调度自定义处理程序以安排 resultReceiver 回调。
- initialCode 是一种结果代码的初始值，通常情况下为 Activity.RESULT_OK。
- initialData 是一种结果数据的初始值，为 String 类型，通常情况下为 null。
- initialExtras 是一种结果数据额外附带的初始值，是 Bundle 类型，通常情况下为 null。

关于优先级说明如下。

- 广播有级别之分，优先级在<intent-filter>的 android:priority 中声明，级别数值为−1000～1000，值越大，优先级越高。
- 同级别广播的接收是随机的，然后到级别低的广播。
- 同级别接收时，如果先接收到的接收者把广播终止了，同级别的其他接收者是无法接收到该广播的。
- 高级别的接收者接收到该广播后，可以决定是否把该广播截断。

3.　异步广播

异步广播通过 Context.sendStickyBroadcast()方法发送，当处理完相应的 Intent 之后，BroadcastReceiver 依然存在，这时候 registerReceiver()方法还能收到它的值，直到调用 removeStickyBroadcast()方法把它去掉为止。异步广播不能将处理结果传给下一个接收者，且无法终止广播。

异步广播的发送和移除都需要在 AndroidManifest.xml 里声明如下权限。

```
<uses-permission android:name="android.permission.BROADCAST_STICKY" />
```

另外，有如下方法：

```
sendStickyOrderedBroadcast(intent, resultReceiver,
scheduler, initialCode, initialData, initialExtras)
```

这个方法既有有序广播的特性也有异步广播的特性，发送这个广播也需要上面的权限，否则将抛出 SecurityException 异常。同时，用这个方法发送的广播，在动态注册时需要注明优先级，如果都没有优先级，以代码注册的顺序处理广播。

拓展视频

广播项目实践　　常见的系统广播

> **注意** 通过 sendBroadcast()方法发出的 Intent 在 ReceiverActivity 不处于 onResume 状态时是无法接收到的，即使后面再次使其处于该状态也无法接收到。而 sendSticky Broadcast()方法发出的 Intent 当 ReceiverActivity 重新处于 onResume 状态之后就能重新接收到其 Intent。这就是广播滞留的表现。也就是说，sendSticky Broadcast()方法发出的最后一个 Intent 会被保留，下次当接收者处于活跃状态的时候，又会接收到它。

11.2 EventBus 事件管理

EventBus 是由 GreenRobot 开发的一个 Android 事件发布/订阅轻量级框架，主要用于应用内各组件间、组件与后台线程间的通信。前文主要介绍通过 Handler 或 BroadcastReceiver 实现 Fragment 之间的通信，本节介绍通过 EventBus 实现应用内的事件管理。

11.2.1 EventBus 的架构

EventBus 的架构如图 11-1 所示。

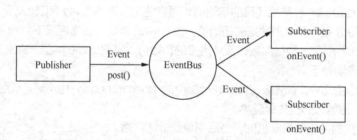

图 11-1　EventBus 的架构

在该架构中包含以下 3 个角色。

● Event：事件。它可以是任意类型，EventBus 会根据事件类型进行全局的通知。
● Subscriber：事件订阅者。在 EventBus 3.0 之前必须定义以 onEvent 开头的方法来处理事件，如 onEvent()方法、onEventMainThread()方法、onEventBackgroundThread()方法和 onEventAsync()方法等。而在 EventBus 3.0 之后事件处理的方法名可以随意取，不过需要加上注解@subscribe，并且指定线程模型，默认是 Thread.Mode.POSTING。
● Publisher：事件发布者，它可以在任意线程里发布事件。一般情况下，使用 EventBus. getDefault()方法就可以得到一个 EventBus 对象，再调用 post()方法即可发布事件。

EventBus 有以下 4 种线程模型。

- POSTING：默认的线程模型，表示事件处理方法的线程和发布事件的线程在同一个线程。
- MAIN：表示事件处理方法的线程在主线程（UI 线程），因此在这里不能进行耗时操作。
- BACKGROUND：表示事件处理方法的线程在后台线程，因此不能进行 UI 操作。如果发布事件的线程是主线程（UI 线程），那么事件处理方法将会开启一个后台线程；如果发布事件的线程是后台线程，那么事件处理方法就使用该线程。
- ASYNC：表示无论事件发布的线程是哪一个，事件处理方法始终会新建一个子线程运行，同样不能进行 UI 操作。

11.2.2　EventBus 的使用

在使用 EventBus 前，需要添加如下的依赖。

```
implementation 'org.greenrobot:eventbus:3.1.1'
```

应用 EventBus 管理事件的设计步骤如下。

① 定义事件消息类（POJO 对象）。例如：

```
public class MessageWrap {

    public final String message;

    public static MessageWrap getInstance(String message) {
        return new MessageWrap(message);
    }

    private MessageWrap(String message) {
        this.message = message;
    }
}
```

② 接收事件。一般在 Activity 的 onCreate()方法和 onDestory()方法里分别进行注册 EventBus 和解除注册，并实现 handleEvent()方法进行事件的处理。例如：

```
@Override
protected void onCreate(Bundle savedInstanceState) {
    super.onCreate(savedInstanceState);
    setContentView(R.layout.activity_main);
    EventBus.getDefault().register(this);   //事件的注册
    …
}

@Override
protected void onDestroy() {
    EventBus.getDefault().unregister(this); //解除注册
    super.onDestroy();
}

//普通事件的处理
@Subscribe(threadMode = ThreadMode.MAIN)
public void handleEvent(EventBusCarrier carrier) {
    String content = (String) carrier.getObject();
    show.setText(content);
}
```

注意 接收消息的方法必须是 public 类型，ThreadMode.MAIN 表示这个方法在主线程中执行。

③ 发布事件。一般在另一个 Activity 或 Fragment 里通过 post()方法发布事件。例如：

```
private void publishContent() {
    String msg = mEditText.getText().toString();
    EventBus.getDefault().post(MessageWrap.getInstance(msg));
    ToastUtils.makeToast("Published : " + msg);
}
```

通过以上步骤，即可实现 Activity 或 Fragment 之间的通信。

以下是几点说明。

（1）一般事件和黏性事件

一般事件组件在处理事件前必须先注册，注册完毕后才能处理相应的事件，该组件必须要先实例化。黏性事件组件不需要先注册，也能接收到事件。即组件在发布完事件后其他组件再实例化仍然能处理该事件。

EventBus 为每个类型保存最近一次被发送的事件——sticky。后续被发送过来的相同类型的 sticky 事件会自动替换之前缓存的事件。当一个监听者向 EventBus 进行注册时，它会请求缓存事件。这时，缓存事件就会被立即自动发送给这个监听者。例如：

```
@Subscribe(threadMode = ThreadMode.MAIN, sticky = true)
public void onGetStickyEvent(MessageWrap message) {
    String txt = "Sticky event: " + message.message;
    mEditText.setText(txt);
}
```

在发送黏性事件时，使用 postSticky()方法。例如：

```
private void publishStickyontent() {
    String msg = mEditText.getText().toString();
    EventBus.getDefault().postSticky(MessageWrap.getInstance(msg));
    ToastUtils.makeToast("Published : " + msg);
}
```

可以调用 removeStickyEvent()方法或 removeAllStickyEvents()方法移除指定的或全部黏性事件。

（2）终止事件

类似于广播，EventBus 也支持优先级高的订阅者终止事件往下传递。例如：

```
EventBus.getDefault().cancelEventDelivery(event) ;
```

（3）优先级

在@subscribe 注解中使用 priority 来指定订阅者的优先级。priority 是一个整数类型的值，默认是 0，值越大表示优先级越高。在某个事件被发布出来的时候，优先级较高的订阅者会首先接收到事件。

需要注意的是，只有当两个订阅者使用相同的 threadMode 参数的时候，它们的优先级才会与 priority 指定的值一致；只有当某个订阅者的 threadMode 参数为 ThreadMode.POSTING 的时候，它才能终止该事件的继续分发。例如：

```
@Subscribe(threadMode = ThreadMode.POSTING, sticky = true, priority = 1)
public void onGetStickyEvent(MessageWrap message) {
    String txt = "Sticky event: " + message.message;
    mEditText.setText(txt);
```

```
if (stopDelivery) {
    //终止事件的继续分发
    EventBus.getDefault().cancelEventDelivery(message);
}
}
```

任务 11.1 实现音乐播放器后台播放的控制

【任务介绍】

1. 任务描述

在第 10 章任务 10.1 的基础上，实现音乐在后台播放期间，使用 Notification 进行播放控制。

2. 运行结果

本任务运行结果如图 11-2 所示。

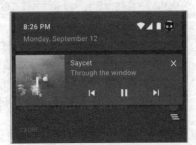

【任务目标】

● 掌握 BroadcastReceiver 的创建与监听方法。
● 掌握 Notification 与 NotificationChannels 的使用方法。

图 11-2 运行结果

【实现思路】

● 音乐播放 Activity 的按钮控件发送控制广播。
● 在 Service 内继承 BroadcastReceiver 并实现 onReceive() 方法监听 Activity 发来的广播。
● 在 Service 中定义音乐播放控制方法响应广播。
● 自定义 Notification 布局 RemoteViews。
● 在 Service 中初始化 Notification 并实现对应的更新方法。
● 运行 App 并观察运行结果。

任务指导书 11.1

实现音乐播放器
后台播放的控制

【实现步骤】

见电子活页任务指导书。

11.3 使用 App Widgets 创建桌面应用

App Widgets（微型应用）是放置于手机主屏幕的一个应用窗口，用户可以通过该窗口与应用进行交互，而不需要全屏打开应用。典型的 App Widgets 有主屏幕上的时钟、天气等。App Widgets 的主要工作原理就是广播通信。本节将详细介绍使用 App Widgets 创建桌面应用的方法。

11.3.1 认识 App Widgets

App Widgets 是一个可以嵌入其他应用（如主屏幕），并能定期更新其 View 的桌面小部件。一个能容纳其他 App Widgets 的应用，称为 App Widgets Host。图 11-3 展示了 Android 设备中常见的 App Widgets。

一个 App Widgets 包括以下 3 部分。

（1）视图布局

为了能让 App Widgets 进行显示，需要为 App Widgets 提供一个布局文件。

（2）AppWidgetProviderInfo

AppWidgetProviderInfo 用于对 App Widgets 的元数据进行描述，如 App Widgets 的布局、更新频率和 AppWidgetProvider 类。AppWidgetProvider Info 在 res/xml 目录中定义。

（3）AppWidgetProvider

AppWidgetProvider 定义了一些基本方法，

图 11-3　常见的 App Widgets

通过这些方法可以很方便地和 App Widgets 进行交互。AppWidgetProvider 基于广播事件，当 App Widgets 进行更新、启用、禁用和删除时，在 AppWidgetProvider 中，将收到其对应的广播，并调用相应的回调方法进行处理。

通常还可以实现一个用于对 App Widgets 进行配置的 Activity（称为 Configuration Activity）。该 Activity 是可选的，当用户添加 App Widgets 时，该 Acitivity 将被启动。通过它可以在 App Widgets 被创建时做一些对 App Widgets 的设置。这里的设置是指和 App Widgets 的事务相关的设置，不是设置 AppWidgetProviderInfo 的内容。

11.3.2　设计 App Widgets 布局

标准的 App Widgets 显示界面由 3 个组件组成：一个有界限的封装盒、一个框架和一个图形控制面板。好的设计往往在封装盒和框架之间有一些留白，在框架内界和 Widget 控件之间也有一些留白。App Widgets 显示界面设计示意如图 11-4 所示。

和 Activity 的布局文件一样，App Widgets 的布局文件也需要保存在 res/layout 目录下。但是它必须在 XML 文件中定义。因为 App Widgets 的布局是基于 RemoteViews 对象的，所以它并不能支持所有的 View。

RemoteViews 类在 android.widget.RemoteViews 包下，是一个能够显示在其他进程中的远程视图。App Widgets 中的视图都是通过 RemoteViews 表现的。

在 RemoteViews 的构造方法中，首先通过传入布

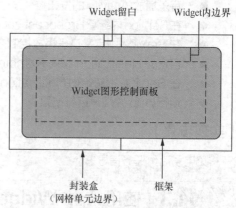

图 11-4　App Widgets 显示界面设计示意

局文件的 ID 来获取布局文件对应的 RemoteViews 视图，然后调用 RemoteViews 中的方法对布局中的控件进行设置。例如，可以调用 setTextViewText()方法来设置 TextView 控件的文本，可以调用 setOnClickPendingIntent()方法来设置 Button 的单击响应事件等。

RemoteViews 支持的布局包括 FrameLayout、LinearLayout、RelativeLayout 和 GridLayout 等，支持的控件包括 AnalogClock、Button、Chronometer、ImageButton、ImageView、ProgressBar、TextView、ViewFlipper、ListView、GridView、StackView 和 AdapterViewFlipper 等。RemoteViews 不支持布局类和控件类的派生。

11.3.3 实现 AppWidgetProviderInfo

AppWidgetProviderInfo 用于定义 App Widgets 的基本属性，如显示的最小尺寸、初始布局资源、更新频率和 Configuration Activity 等。

AppWidgetProviderInfo 的定义必须在一个只有单一的<appwidget-provider>标签的 XML 资源文件中进行，该文件必须放在 res/xml 目录下。例如：

```
<appwidget-provider
  xmlns:android="http://schemas.android.com/apk/res/android"
  android:minWidth="294dp"
  android:minHeight="72dp"
  android:updatePeriodMillis="86400000"
  android:previewImage="@drawable/preview"
  android:initialLayout="@layout/example_appwidget"
  android:configure="com.example.android.ExampleAppWidgetConfigure"
  android:resizeMode="horizontal|vertical"
  android:widgetCategory="home_screen">
</appwidget-provider>
```

以下是关于<appwidget-provider>标签的一些属性的介绍。

● minWidth 和 minHeight 属性用于说明 App Widgets 在屏幕上至少要占用多大的空间。每一个 App Widgets 都必须设置 minWidth 和 minHeight，表明它默认状态下的最小空间。

> **注意** 当 minResizeWidth 的值比 minWidth 的值大时，minResizeWidth 无效；当 resizeMode 的取值不包括 horizontal 时，minResizeWidth 无效；当 minResize Height 的值比 minHeight 的值大时，minResizeHeight 无效；当 resizeMode 的取值不包括 vertical 时，minResizeHeight 无效。

● updatePeriodMillis 属性用于说明 App Widgets 请求 AppWidgetProvider 的 onUpdate() 方法来更新 App Widgets 的频率。这个频率是无法完全保证的。一般来说，要尽量减少更新的频率，有时可能一小时才更新一次，以便节约电池电量。也可以提供一个配置，让用户自己设置更新的频率。

> **注意** 如果手机处于休眠状态，对 App Widgets 进行更新的时间到了，这时设备将醒来以便进行 App Widgets 的更新。如果不想手机在处于休眠状态时还进行 App Widgets 的更新，可以通过一个 Alarm 来进行更新。用 AlarmManager 设置一个定期发送 AppWidgetProvider 的 Intent 的 Alarm，且把 Alarm 的类型设置为 ELAPSED_ REALTIME 或 RTC，这两种类型的 Alarm 只有在系统处于唤醒状态才会发送。此时要把 android:updatePeriodMillis 设置为 0。

● previewImage 属性用于指明 App Widgets 的预览图标，帮助用户选中该 App Widgets 的图标，并在打算添加该 App Widgets 时进行显示，以便用户了解该 App Widgets 的界面。如果没有提供预览图标，显示的将是 App Widgets 的启动图标。
● initialLayout 属性用于设置 App Widgets 的布局文件。
● configure 属性用于说明 App Widgets 在被添加到 App Widgets Host 时，哪个 Configure

Activity 将首先启动。这是一个可选属性。Configure Activity 包含完整的包名，因为它将在 APK 包外被引用。

- autoAdvanceViewId 属性用于指定一个子 View ID，表明该子 View 会自动更新。
- resizeMode 属性用于说明 App Widgets 重新调整大小的规则。通过该属性，可以设置在什么方向允许调整 App Widgets 的大小，可以是垂直、水平或同时垂直和水平方向。用户可以按住 App Widgets 来显示大小调整拖柄，通过在水平或垂直方向拖动拖柄来调整 App Widgets 在垂直或水平方向的大小。resizeMode 属性的值可以是 horizontal、vertical、none 和 horizontal|vertical。
- icon 属性用于说明 AppWidget 在 App Widgets 列表中显示的图标。
- label 属性用于说明 App Widgets 在 App Widgets 列表中显示的名字。
- widgetCategory 属性用于声明 App Widgets 是否可以显示在主屏幕（home_screen）或锁定屏幕（keyguard）上。

11.3.4 扩展 AppWidgetProvider

AppWidgetProvider 继承 BroadcastReceiver，它对 App Widgets 的广播进行了简单分类，并封装了处理的统一接口，以方便使用。AppWidgetProvider 只接收和 App Widgets 相关的广播，例如 App Widgets 更新（ACTION_APPWIDGET_UPDATE）、删除（ACTION_APPWIDGET_DELETED）、启用（ACTION_APPWIDGET_ENABLED）、禁用（ACTION_APPWIDGET_DISABLED）和调整大小（ACTION_APPWIDGET_OPTIONS_CHANGED）的广播。收到以上广播后，将分别调用以下方法。

（1）onUpdate()方法

当系统以 AppWidgetProviderInfo 中的 updatePeriodMillis 属性定义的频率请求更新 App Widgets 时，将调用该方法。如果没有定义 Configuration Activity，当用户添加该 App Widgets 时，也会调用 onUpdate()方法，其主要用于处理初始化工作，如设置 View 的事件监听者、启动一个临时 Service 等；如果定义了 Configuration Activity，常在 onUpdate()方法中定义一个 PendingIntent 来启动这个 Activity 并使用 setOnClickPendingIntent()方法把它附着到这个 App Widgets 的按钮上。

AppWidgetManager 是 Android 上 App Widgets 的管理类，一般通过 getInstance()方法获取一个实例。AppWidgetManager 提供的一些方法可以绑定 App Widgets、通过 Provider 名称获取对应的 ID 及获取一个 App Widgets Provider 信息等，并向 AppwidgetProvider 发送通知。这些方法如下。

- bindAppWidgetId(int appWidgetId, ComponentName provider)：通过给定的 ComponentName 绑定 appWidgetId。
- getAppWidgetIds(ComponentName provider)：通过给定的 ComponentName 获取 AppWidgetId。
- getAppWidgetInfo(int appWidgetId)：通过 AppWidgetId 获取 App Widgets 信息。
- getInstalledProviders()：返回一个 List<AppWidgetProviderInfo>的信息。
- getInstance(Context context)：获取 AppWidgetManger 实例使用的上下文对象。
- updateAppWidget(int[] appWidgetIds, RemoteViews views)：通过 appWidgetIds 对传进来的 RemoteViews 进行修改，并重新刷新 App Widgets 组件。
- updateAppWidget(ComponentName provider, RemoteViews views)：通过

ComponentName 对传进来的 RemoteViews 进行修改，并重新刷新 App Widgets 组件。

● updateAppWidget(int appWidgetId, RemoteViews views)：通过 appWidgetId 对传进来的 RemoteViews 进行修改，并重新刷新 App Widgets 组件。

下面的代码演示了当用户单击一个 App Widgets 中的按钮时启动 Configuration Activity 的方法。

```java
public class ExampleAppWidgetProvider extends AppWidgetProvider {

    public void onUpdate(Context context, AppWidgetManager appWidgetManager,
                    int[] appWidgetIds) {
        final int N = appWidgetIds.length;

        for (int i=0; i<N; i++) {
            int appWidgetId = appWidgetIds[i];

            Intent intent = new Intent(context, ExampleActivity.class);
            PendingIntent pendingIntent = PendingIntent.getActivity(
                    context, 0, intent, 0);

            RemoteViews views = new RemoteViews(context.getPackageName(),
                    R.layout.appwidget_provider_layout);
            views.setOnClickPendingIntent(R.id.button, pendingIntent);

            appWidgetManager.updateAppWidget(appWidgetId, views);
        }
    }
}
```

在这个 AppWidgetProvider 中，只重载了 onUpdate()回调方法。在该方法中，定义了一个用于启动一个 Activity 的 PendingIntent，并通过 setOnClickPendingIntent()方法把该 PendingIntent 附在 App Widgets 的一个按钮上。注意：这里是在一个循环中对 appWidgetIds 这个数组的每项依次进行操作，该数组包括通过该 AppWidgetProvider 创建的所有 App Widgets 实例的 ID。通过该方法用户可以创建该 App Widgets 的多个实例，并同时对它们进行更新。然而，只有一个 App Widgets 实例的 updatePeriodMillis 的进度表用来对所有该 App Widgets 的实例的更新进行管理。

> **注意** 因为 AppWidgetProvider 继承 BroadcastReceiver，所以不能保证回调方法完成调用后，AppWidgetProvider 还在继续运行。如果 App Widgets 的初始化需要多达几秒的时间，而且我们希望 AppWidgetProvider 的进程能够长久运行，那么可以考虑在 onUpdate() 方法中启动一个 Service，在这个 Service 中更新 App Widgets。这样就不用担心 AppWidgetProvider 因为 ANR 而被迫关闭。

（2）onDeleted()方法

当用户将 App Widgets 从 App Widgets Host 中移除时，就会调用该方法。例如：

```java
@Override
public void onDeleted(Context context, int[] appWidgetIds) {
    final int N = appWidgetIds.length;
    for (int i=0; i<N; i++) {
        ExampleAppWidgetConfigure.deleteTitlePref(context,
```

```
            appWidgetIds[i]);
    }
}
```

（3）onEnabled()方法

当用户向 App Widgets Host 加入 App Widgets，并且在 App Widgets Host 中还没有该 App Widgets 实例时，就会调用该方法。在该方法中可以做一些初始化工作，如果需要打开一个新的数据库或者执行其他对于所有的 App Widgets 实例只需要发生一次的设置，均可在该方法中处理。例如：

```
@Override
public void onEnabled(Context context) {
    PackageManager pm = context.getPackageManager();
    pm.setComponentEnabledSetting(
            new ComponentName("com.example.android.apis",
                    ".appwidget.ExampleBroadcastReceiver"),
            PackageManager.COMPONENT_ENABLED_STATE_ENABLED,
            PackageManager.DONT_KILL_APP);
}
```

（4）onDisabled()方法

当用户将 App Widgets 从 App Widgets Host 中移除，并且该 App Widgets 是 App Widgets Host 中的唯一的该 App Widgets 实例时，就会调用该方法。该方法可以用来清理在 onEnabled() 方法中做的工作，例如清理临时的数据库。

（5）onAppWidgetOptionsChanged()方法

当首次放置 App Widgets 时或者每当调整 App Widgets 的大小时，就会调用该方法。使用该方法可以根据 App Widgets 的大小显示或隐藏内容。App Widgets 的大小可以通过调用 getApp WidgetOptions()方法来获取，该方法的返回值包括 OPTION_APPWIDGET_MIN_WIDTH、OPTION_APPWIDGET_MIN_HEIGHT、OPTION_APPWIDGET_MAX_WIDTH 和 OPTION_ APPWIDGET_MAX_HEIGHT。

（6）onReceive()方法

在收到任何广播时，该方法都会被调用，而且该方法的调用在以上 5 个方法被调用前进行。一般来说不用重载该方法，因为 AppWidgetProvider 已经提供了默认的实现，用来对广播进行分类，并调用其对应的回调方法。例如：

```
@Override
public void onReceive(Context context, Intent intent) {
    final String action = intent.getAction();
    if (AppWidgetManager.ACTION_APPWIDGET_DELETED.equals(action)) {
        final int appWidgetId = extras
                .getInt(AppWidgetManager.EXTRA_APPWIDGET_ID,
                        AppWidgetManager.INVALID_APPWIDGET_ID);
        if (appWidgetId != AppWidgetManager.INVALID_APPWIDGET_ID) {
            this.onDeleted(context, new int[] { appWidgetId });
        }
    } else {
        super.onReceive(context, intent);
    }

}
```

11.3.5 声明 App Widgets

实现 AppWidgetProviderInfo 并扩展 AppWidgetProvider 之后，即可在 AndroidManifest. xml 文件中声明该 AppWidgetProvider 类。例如：

```
<receiver android:name="ExampleAppWidgetProvider" >
  <intent-filter>
    <action android:name="android.appwidget.action.APPWIDGET_UPDATE" />
  </intent-filter>
  <meta-data android:name="android.appwidget.provider"
    android:resource="@xml/example_appwidget_info" />
</receiver>
```

<receiver>标签的 android:name 属性必须进行设置。该属性声明将使用哪个 AppWidget Provider 来提供 App Widgets。

<intent-filter>标签必须包含 android:name 属性值为"android.appwidget.action.APPWIDGET_ UPDATE"的 Action。该属性声明 AppWidgetProvider 可以接收 ACTION_APPWIDGET_ UPDATE 广播。该广播是唯一必须声明接收的广播，其他广播如删除（ACTION_APPWIDGET_ DELETED）、启用（ACTION_APPWIDGET_ENABLED）和禁用（ACTION_APPWIDGET_ DISABLED）等则不一定要声明。AppWidgetManager 能自动地把其他所有的 App Widgets 广播发送到 AppWidgetProvider。

在<meta-data>标签中，必须指定 AppWidgetProviderInfo 资源文件，并定义以下两个属性。

- android:name 属性用于定义<meta-data>标签的名字。必须把该属性值设置为 "android.appwidget.provider" 以表明该 <meta-data> 标签是用于描述 AppWidgetProviderInfo 资源文件位置的。
- android:resource 属性用于说明 AppWidgetProviderInfo 资源文件的位置。

11.3.6 实现 Configuration Activity

如果想让用户在添加一个新的 App Widgets 时能对该 App Widgets 进行一些个性化的配置，可以通过编写一个 App Widgets 的 Configuration Activity 来实现。

Configuration Activity 和一般的 Activity 一样，在 AndroidManifest.xml 文件中进行声明。App Widgets Host 通过 Action 为 ACTION_APPWIDGET_CONFIGURE 的 Intent 来启动 Configuration Activity，所以 Configuration Activity 必须要能接收该 Action。例如：

```
<activity android:name=".ExampleAppWidgetConfigure">
  <intent-filter>
    <action
      android:name="android.appwidget.action.APPWIDGET_CONFIGURE"/>
  </intent-filter>
</activity>
```

同时在 AppWidgetProviderInfo 文件中使用 android:configure 属性指明该 Configuration Activity。

在实现一个 Configuration Activity 时，需要注意以下两点。

- 通过 App Widgets Host 调用 Configuration Activity 时，Configuration Activity 应该总是能返回一个执行结果。返回结果应该包含通过 Intent 传给 Configuration Activity 的要添加的 App Widgets 的 ID（该 ID 通过 EXTRA_APPWIDGET_ID 保存在 Intent 的 extras 中）。

● 如果 App Widgets 有 Configuration Activity，那么当 App Widgets 被创建时，AppWidgetProvider 的 onUpdate()方法将不会被调用。当 App Widgets 被创建的时候，Configuration Activity 必须负责请求 AppWidgetManager 对 App Widgets 进行首次更新。然而以后只要更新时间到了，系统还是会发送 ACTION_APPWIDGET_UPDATE 广播，因此 App Widgets 的 onUpdate()方法还是会被调用，以进行 App Widgets 更新。系统只是在 App Widgets 被创建的时候不发送 ACTION_APPWIDGET_UPDATE 广播。

以下是在 Configuration Activity 中更新 App Widgets 和退出 Configuration Activity 的主要步骤。

① 在启动 Configuration Activity 的 Intent 中得到 App Widgets 的 ID。例如：

```
Intent intent = getIntent();
Bundle extras = intent.getExtras();
if (extras != null) {
    mAppWidgetId = extras.getInt(AppWidgetManager.EXTRA_APPWIDGET_ID,
    AppWidgetManager.INVALID_APPWIDGET_ID);
}
```

② 进行 App Widgets 配置的处理。

③ App Widgets 的配置事务被处理完后，调用 AppWidgetManager.getInstance()方法来得到 AppWidgetManager 的一个实例。例如：

```
AppWidgetManager appWidgetManager = AppWidgetManager.getInstance(context);
```

④ 调用 updateAppWidget()方法，通过 RemoteViews 对象来更新 App Widgets。例如：

```
RemoteViews views = new RemoteViews(context.getPackageName(),R.layout.
example_appwidget);
appWidgetManager.updateAppWidget(mAppWidgetId, views);
```

⑤ 把执行结果放在 Intent 的附加数据中并通过 Intent 返回结果，退出 Configuration Activity。例如：

```
Intent resultValue = new Intent();
resultValue.putExtra(AppWidgetManager.EXTRA_APPWIDGET_ID, mAppWidgetId);
    setResult(RESULT_OK, resultValue);
finish();
```

> **注意** 当 Configuration Activity 首次启动的时候，应该把 Activity 的返回结果设置为 RESULT_CANCELED。这样如果用户中途退出 Configuration Activity，系统将通知 App Widgets Host 该配置过程被取消，这样 App Widgets 将不被添加。

 ## 任务 11.2　实现音乐播放器桌面应用

【任务介绍】

1. 任务描述

实现音乐播放器桌面应用，并实现对音乐播放的控制。

2. 运行结果

本任务运行结果如图 11-5 所示。

【任务目标】

● 掌握 App Widgets 的设计步骤。
● 掌握 App Widgets 对象的实现方法。

【实现思路】

● 创建音乐播放器桌面应用的布局文件。
● 定义 AppWidgetProviderInfo 来实现对 App Widgets 基本
属性的配置。
● 继承 AppWidgetProvider 类来处理 App
Widgets 广播。
● 运行 App 并观察运行结果。

【实现步骤】

见电子活页任务指导书。

任务指导书 11.2

实现音乐播放
器桌面应用

图 11-5　运行结果

本章小结

本章介绍了 Android 应用组件之一 BroadcastReceiver 的知识。首先介绍了 Broadcast
Receiver 的设计意图，以及创建 BroadcastReceiver、注册广播和监听广播的方法；然后介绍了
广泛应用于 Android 开发的发布/订阅型框架 EventBus 的使用方法，包括架构组成及设计流程等；
最后介绍了桌面应用组件 App Widgets 的设计方法。

动手实践

定义一个 BroadcastReceiver，实现对音乐播放器中存储卡插拔的监听。

第12章
ContentProvider与应用间数据共享

12

【学习目标】

子单元名称	知识目标	技能目标
子单元 1：访问系统 ContentProvider	目标 1：理解 ContentProvider 的设计思想 目标 2：理解访问系统 ContentProvider 的基本步骤 目标 3：理解 query()方法中的参数的含义	目标 1：掌握访问系统 Content Provider 的方法 目标 2：掌握对系统 Content Provider 进行增、删、改、查等操作的方法
子单元 2：自定义 ContentProvider	目标 1：理解 URI 的作用 目标 2：理解自定义 ContentProvider 的基本步骤	目标 1：掌握自定义 Content Provider 的方法 目标 2：掌握设计内容 URI 的方法
子单元 3：存储访问框架	目标 1：理解 SAF 的设计思想 目标 2：理解 SAF 的数据模型	掌握使用 SAF 访问特定文件的方法
子单元 4：使用 ContentObserver 监听数据变化	目标 1：理解 ContentObserver 的设计思想 目标 2：理解 registerContentObserver()方法参数的含义	掌握使用 ContentObserver 监听特定 URI 数据变化的方法

12.1　访问系统 ContentProvider

Android 提供了一系列的 ContentProvider，用户通过访问该 ContentProvider 来获取存储在后台的信息，这些信息包括联系人信息、多媒体信息、日历信息等。

12.1.1　初识 ContentProvider

ContentProvider 是 Android 四大组件之一。它通过封装数据，提供对结构化数据集（以一个或多个表的形式将数据呈现给外部应用，这些表与关系数据库中的表类似）的访问，并提供用于定义数据安全性的机制。图 12-1 展示了 ContentProvider 与其他组件的关系。

ContentProvider 的功能包括以下几项。

- 与其他应用共享对应用数据的访问。
- 向 App Widgets 发送数据。

拓展视频

系统
ContentProvider

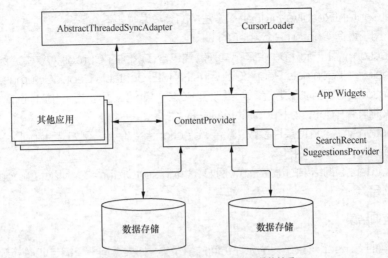

图 12-1 ContentProvider 与其他组件的关系

- 使用 SearchRecentSuggestionsProvider 通过搜索框架返回应用的自定义搜索建议。
- 使用 AbstractThreadedSyncAdapter 的实现以同步服务器中的应用数据。
- 使用 CursorLoader 加载界面中的数据。

如果想要访问 ContentProvider 中的数据,可以将应用的 Context 中的 ContentResolver 对象用作客户端来与 ContentProvider 通信。ContentResolver 对象会与 ContentProvider 对象(实现 ContentProvider 的类实例)通信。ContentProvider 对象从客户端接收数据请求,执行请求的操作并返回结果。

如果不打算与其他应用共享数据,则无须开发自己的 ContentProvider。不过,需要通过自己的 ContentProvider 在自己的应用中提供自定义搜索建议。如果想将复杂的数据或文件从应用复制并粘贴到其他应用中,也需要创建自己的 ContentProvider。

12.1.2 查询 ContentProvider

若要查询一个 ContentProvider,需要以下 3 方面的信息。
- 标识此 ContentProvider 的 URI。
- 想要收到的数据字段的名字。
- 这些字段的数据类型。

1. 生成查询

通常使用 ContentResolver.query() 方法或 Activity.managedQuery() 方法来查询一个 ContentProvider,返回 Cursor 对象。其中,managedQuery() 方法的原型如下。

```
public final Cursor managedQuery(Uri uri, String[] projection,
      String selection, String[] selectionArgs, String sortOrder) {
   Cursor c = getContentResolver().query(uri, projection, selection,
      selectionArgs, sortOrder);
   if (c != null) {
      startManagingCursor(c);
   }
   return c;
}
```

其中，getContentResolver().query()方法中的参数说明如下。

- uri：用于查询 ContentProvider 的 URI。
- projection：用于标识 uri 中有哪些列需要包含在返回的 Cursor 对象中。例如"String[] projection = { Contacts.PeopleColumns.NAME, Contacts.PeopleColumns.NOTES };"。
- selection：作为查询的过滤参数，类似于 SQL 中 where 语句之后的条件选择。例如"String selection = Contacts.People.NAME +"=?";"。
- selectionArgs：查询条件参数，配合 selection 参数使用。例如"String[] selectionArgs = {"azul","liweiyong"};"。
- sortOrder：查询结果的排序方式。例如"String sortOrder = Contacts.PeopleColumns.NAME;"。

2. 读取查询结果

查询所返回的 Cursor 对象是一个允许访问的记录集。如果查询一个指定 ID 的记录，则只会返回一个值。因为 Cursor 对象对于每种类型的数据使用单独的方法（如 getString()方法、getInt()方法、getFloat()方法），所以必须知道字段的数据类型，才可以从指定的记录字段中读取数据。Cursor 允许通过某个列的位置来获取该列的名称，或通过某个列的名称来获取该列的位置。下面的代码展示了读取联系人姓名的方法。

```
String name = cursor.getString(cursor.getColumnIndex(
        ContactsContract.Contacts.DISPLAY_NAME));
```

如果查询返回二进制数据（如图像、声音等），则这个数据可能直接保存在表里或者保存的是 content:URI，然后可通过 URI 获得数据。一般来说，少量的数据（20~50KB 或者更少）通常直接保存在表里并且可以通过 getBlob()方法直接读取，它返回一个字节数组。但是如果表里是 URI，就不应该直接打开读取文件（因为权限的问题会导致失败），而应该调用 ContentResolver.openInputStream()方法获取一个 InputStream 对象来读取数据。

下面的代码能够读取系统内联系人的姓名和电话号码。

```
public static String getContacts(Context context) {
    StringBuilder sb = new StringBuilder();
    ContentResolver cr = context.getContentResolver();
    Cursor cursor = cr.query(ContactsContract.Contacts.CONTENT_URI, null,
            null, null, null);

    if (cursor.moveToFirst()) {
        do {
            String contactId = cursor.getString(cursor
                    .getColumnIndex(ContactsContract.Contacts._ID));
            String name = cursor.getString(cursor.
                    getColumnIndex(ContactsContract.Contacts.DISPLAY_NAME));
            if (sb.length() == 0) {
                sb.append(name);
            } else {
                sb.append("\n" + name);
            }

            Cursor phones = cr.query(
                    ContactsContract.CommonDataKinds.Phone.CONTENT_URI,
```

```
                null, ContactsContract.CommonDataKinds.Phone.CONTACT_ID
                    + " = " + contactId, null, null);
            while (phones.moveToNext()) {
                String phoneNumber = phones.getString(phones.getColumnIndex(
                        ContactsContract.CommonDataKinds.Phone.NUMBER));
                //添加联系人的电话信息
                sb.append("\t").append(phoneNumber);
            }
            phones.close();
        } while (cursor.moveToNext());
    }
    cursor.close();
    return sb.toString();
}
```

其中的 ContactsContract.Contacts.CONTENT_URI 是联系人 ContentProvider 的 URI。_ID 和 DISPLAY_NAME 是联系人关系中数据字段的名字。getColumnIndex()方法获得字段在关系中的索引，然后 Cursor 对象根据索引来调用 getString()等方法获取对应字段的数据。

为了运行这个代码段，需要添加 READ_CONTACTS 权限。

```
<uses-permission android:name="android.permission.READ_CONTACTS"/>
```

12.1.3 修改 ContentProvider 中的数据

与从 ContentProvider 中查询数据的方式相同，修改数据也可通过 ContentResolver 和 ContentProvider 之间的交互来进行。

1. 添加记录

首先创建 ContentValues 对象，每个 key 对应列的名称，value 就是所要插入列的值。调用 ContentResolver.insert()方法并传递这个 ContentProvider 所需要的 URI 和 ContentValues。结果将返回一个新的记录，它以 URI 形式返回。例如：

```
ContentValues values = new ContentValues();
values.put(People.NAME, "Abraham Lincoln");
values.put(People.STARRED, 1);
Uri uri = getContentResolver().insert(People.CONTENT_URI, values);
```

2. 添加新的数据

如果记录存在，则可以添加新的数据或者修改存在的数据。添加数据到 ContentProvider 较好的方法是在 URI 后面加上要添加数据到表的表名，然后使用修改过的 URI 添加数据。例如：

```
Uri phoneUri = Uri.withAppendedPath(uri, People.Phones.CONTENT_DIRECTORY);
ContentValues values = new ContentValues();
values.put(People.Phones.TYPE, People.Phones.TYPE_MOBILE);
values.put(People.Phones.NUMBER, "13400073235");
getContentResolver().insert(phoneUri, values);
```

3. 批量更新记录

批量更新一组记录，可以调用 ContentResolver.update()方法传入指定列和值来进行。例如：

```
// 定义包含更新值的 ContentValues 对象
ContentValues mUpdateValues = new ContentValues();

// 定义更新条件的 WHERE 信息
String mSelectionClause = UserDictionary.Words.LOCALE +  "LIKE ?";
String[] mSelectionArgs = {"en_%"};

// 定义包含更新行数的变量
int mRowsUpdated = 0;
…
// 设置更新条件的值

mUpdateValues.putNull(UserDictionary.Words.LOCALE);

mRowsUpdated = getContentResolver().update(
    UserDictionary.Words.CONTENT_URI, // 查询的 URI
    mUpdateValues                      // 更新的列
    mSelectionClause                   // 选择的列
    mSelectionArgs                     // WHERE 的条件值
);
```

4．删除记录

删除单条记录，可以调用 ContentResolver.delete()方法传入指定行的 URI 来进行；删除多条记录，可以调用 ContentResolver.delete()方法传入要删除记录的类型的 URI 来进行。例如：

```
// 定义要删除的行的选择条件
String mSelectionClause = UserDictionary.Words.APP_ID + " LIKE ?";
String[] mSelectionArgs = {"user"};

// 定义包含已删除行数的变量
int mRowsDeleted = 0;

…

// 删除符合选择条件的记录
mRowsDeleted = getContentResolver().delete(
    UserDictionary.Words.CONTENT_URI, // 删除的 URI
    mSelectionClause                   // 选择的列
    mSelectionArgs                     // WHERE 的条件值
);
```

12.2　自定义 ContentProvider

如果要实现与其他应用的数据共享，可以自定义 ContentProvider 来为其他应用提供一个访问的数据通道。

拓展视频

自定义
ContentProvider

12.2.1　自定义 ContentProvider 的步骤

自定义 ContentProvider 一般是为了以下使用情境。

- 为其他应用提供复杂的数据或文件。
- 允许用户将复杂的数据从一个应用复制到其他应用中。
- 使用搜索框架提供自定义搜索建议。

如果完全是在自己的应用中使用，则不需要定义自己的 ContentProvider，直接使用 SQLite 数据库即可。

自定义 ContentProvider 的一般步骤如下。

① 为数据设计原始存储。

- 文件数据。文件数据通常是存储在文件中的数据，如照片、音频或视频等。ContentProvider 可以根据其他应用发出的文件请求提供这些文件数据的访问句柄。
- 结构化数据。结构化数据通常是存储在数据库、数组或类似结构中的数据。结构化数据以兼容行列表的形式存储。行表示实体，列表示实体的某项数据。此类数据通常存储在 SQLite 数据库中，但可以使用任何类型的持久存储。

② 定义 ContentProvider 类及其所需方法的具体实现。此类是数据与 Android 其余部分之间的接口。

③ 定义 ContentProvider 的授权字符串、内容 URI 及列名称。如果要让 ContentProvider 的应用处理 Intent，则还要定义 Intent 操作、Extra 数据及标志。此外，还要定义想要访问数据的应用必须具备的权限。应该考虑在一个单独的协定类中将所有这些值定义为常量，以后可以将此类公开给其他开发者。

④ 添加其他可选部分，如示例数据或可以在 ContentProvider 与云数据之间同步数据的 AbstractThreadedSyncAdapter 实现。

12.2.2　设计数据存储

ContentProvider 是用于访问以结构化格式保存的数据的接口。在创建该接口之前，必须决定如何存储数据。开发者可以按自己的喜好以任何形式存储数据，然后根据需要设计读写数据的接口。以下是 Android 中提供的一些数据存储技术。

- Android 包括一个 SQLite 数据库 API，Android 自己的 ContentProvider 使用它来存储面向表的数据。SQLiteOpenHelper 类可帮助创建数据库，SQLiteDatabase 类是用于访问数据库的基类。

 注意　不必使用数据库来实现存储区。**ContentProvider** 在外部表现为一组表，与关系数据库类似，但这并不是对 **ContentProvider** 内部实现的要求。

- 为了存储文件数据，Android 提供了各种面向文件的 API。如果要设计提供媒体相关数据（如音乐或视频等）的 ContentProvider，则可开发一个合并表数据和文件的 ContentProvider。
- 如果要使用基于网络的数据，则可以使用 java.net 和 android.net 中的类，也可以将基于网络的数据与本地数据存储（如数据库）同步，然后以表或文件的形式提供数据。
  以下是一些设计 ContentProvider 数据结构的技巧。
- 表数据应始终具有一个主键列，ContentProvider 将其作为与每行对应的唯一数字值加以维护。可以使用此值将该行链接到其他表中的相关行（将其用作外键）。尽管可以为此列使用任何名称，但使用 BaseColumns._ID 是最佳选择，因为将 ContentProvider 查询的结果链接到 ListView 的条件是检索到的其中一个列的名称必须是_ID。

- 如果想提供位图图像或其他非常庞大的文件导向型数据，则应将数据存储在一个文件中，然后间接提供这些数据，而不是直接将其存储在表中。如果执行了此操作，则需要告知 Content Provider 的用户，他们需要使用 ContentResolver 文件方法来访问数据。

- 使用二进制大型对象（BLOB）数据类型存储大小或结构会发生变化的数据。例如，可以使用 BLOB 列来存储协议缓冲区或 JSON 结构。也可以使用 BLOB 列来实现独立于架构的表。在这类表中，需要以 BLOB 列形式定义一个主键列、一个 MIME 类型列以及一个或多个通用列。这些 BLOB 列中数据的含义通过 MIME 类型列中的值指示。这样一来，就可以在同一个表中存储不同类型的行。举例来说，联系人 ContentProvider 的"数据"表 ContactsContract.Data 便是一个独立于架构的表。

以下是使用 SQLiteOpenHelper 实现设计数据存储的示例。

```java
public class DatabaseHelper extends SQLiteOpenHelper {
    private static final int VERSION = 1;

    public DatabaseHelper(Context context, String name, CursorFactory factory,
            int version) {
        super(context, name, factory, version);
    }

    public DatabaseHelper(Context context, String name, int version){
        this(context,name,null,version);
    }

    public DatabaseHelper(Context context, String name){
        this(context,name,VERSION);
    }

    @Override
    public void onCreate(SQLiteDatabase db) {
        db.execSQL("create table user(id int,name varchar(20))");
    }

    @Override
    public void onUpgrade(SQLiteDatabase arg0, int arg1, int arg2) {
        System.out.println("upgrade a database");
    }
}
```

12.2.3 设计内容 URI

内容 URI 是用于 ContentProvider 中标识数据的 URI。内容 URI 包括整个 ContentProvider 的符号名称（其授权）和一个指向表或文件的名称（路径）。可选 ID 部分指向表中的单个行。ContentProvider 的每一个数据访问方法都将内容 URI 作为参数，可以利用这一点确定要访问的表、行或文件。

1. 设计授权

ContentProvider 通常具有单一授权，该授权充当其 Android 内部名称。为避免与其他 ContentProvider 发生冲突，应该使用互联网网域所有权（反向）作为 ContentProvider 授权的基

础。由于此建议也适用于 Android 软件包名称，因此可以将 ContentProvider 授权定义为包含该
ContentProvider 的软件包名称的扩展名。例如，如果 Android 软件包名称为 com.example.
<appname>，则应为 ContentProvider 提供 com.example.<appname>.provider 授权。

2. 设计路径结构

开发者通常通过追加指向单个表的路径来根据权限创建内容 URI。例如，如果有两个表 table1
和 table2，则可以通过合并上文中的权限来生成内容 URI：com.example.<appname>. provider/
table1 和 com.example.<appname>.provider/table2。路径并不限定于单个段，也无须为每一级
路径都创建一个表。

3. 处理内容 URI ID

按照惯例，ContentProvider 通过接收末尾具有行所对应 ID 值的内容 URI 来提供对表中单个
行的访问。同样，ContentProvider 会将该 ID 值与表的_ID 列进行匹配，并对匹配的行执行请求
的访问。

这一惯例为访问 ContentProvider 的应用的常见设计模式提供了便利。应用会对 Content
Provider 执行查询，并使用 CursorAdapter 以 ListView 显示生成的 Cursor。定义 CursorAdapter
的条件是，Cursor 中的一个列必须是_ID。用户随后从 UI 上显示的行中选取其中一行，以查询或
修改数据。应用会从支持 ListView 的 Cursor 中获取对应行，获取该行的_ID 值，将其追加到内容
URI，再向 ContentProvider 发送访问请求。然后，ContentProvider 便可对用户选取的特定行执
行查询或修改操作。

4. 内容 URI 模式

为帮助选择对传入的内容 URI 执行的操作，ContentProvider API 中加入了实用类
UriMatcher，它会将内容 URI 模式映射到整型值。可以在一个 switch 语句中使用这些整型值，为
匹配特定模式的一个或多个内容 URI 选择所需操作。

内容 URI 模式使用两种通配符匹配内容 URI。

- *：匹配由任意长度的任何有效字符组成的字符串。
- #：匹配由任意长度的数字字符组成的字符串。

以设计和编码内容 URI 处理为例，假设一个具有授权 com.example.app.provider 的 Content
Provider 能识别以下指向表的内容 URI。

- content://com.example.app.provider/table1：一个名为 table1 的表。
- content://com.example.app.provider/table2/dataset1：一个名为 dataset1 的表。
- content://com.example.app.provider/table2/dataset2：一个名为 dataset2 的表。
- content://com.example.app.provider/table3：一个名为 table3 的表。

ContentProvider 也能识别追加了行 ID 的内容 URI。例如，content://com.example.app.
provider/table3/1 对应由表 table3 中 1 标识的行的内容 URI。

可以使用以下内容 URI 模式。

- content://com.example.app.provider/* 匹配 ContentProvider 中的任何内容 URI。
- content://com.example.app.provider/table2/* 匹配表 dataset1 和表 dataset2 的内容
  URI，但不匹配表 table1 或表 table3 的内容 URI。
- content://com.example.app.provider/table3/# 匹配表 table3 中单个行的内容 URI，
  如 content://com.example.app.provider/table3/6 对应由 6 标识的行的内容 URI。

以下代码段演示了 UriMatcher 中方法的工作方式。

```java
public class ExampleProvider extends ContentProvider {
    …
    // 创建 UriMatcher 对象
    private static final UriMatcher sUriMatcher =
            new UriMatcher(UriMatcher.NO_MATCH);

    static {
        sUriMatcher.addURI("com.example.app.provider", "table3", 1);
        sUriMatcher.addURI("com.example.app.provider", "table3/#", 2);
    }
    …
    // 实现 ContentProvider.query()方法
    public Cursor query( Uri uri, String[] projection,
            String selection, String[] selectionArgs,
            String sortOrder) {

        …
        switch (sUriMatcher.match(uri)) {
        case 1:
            if (TextUtils.isEmpty(sortOrder)) sortOrder = "_ID ASC";
            break;

        // 如果传入的 URI 是一行的
        case 2:
            selection = selection + "_ID = " uri.getLastPathSegment();
            break;
        default:
            …
        }

    }
}
```

此代码采用不同方式处理整个表的 URI 与单个行的 URI。它为表使用的内容 URI 模式是 content://<authority>/<path>，为单个行使用的内容 URI 模式则是 content://<authority>/<path>/<id>。

addURI()方法会将授权和路径映射到一个整型值。switch 语句会在查询整个表与查询单个行之间进行选择。此外，可选方法 match()会返回 URI 的整型值。

【知识拓展】URI

ContentProvider 通过暴露一个公共的 URI 来标识唯一的数据集。ContentProvider 可以控制多个数据集并为每一个数据集提供一个 URI。

所有的 URI 开头都是 "content://" 字符串。"content:" 表示该数据由 ContentProvider 来控制管理。如果定义了一个 ContentProvider，就需要同时为它的 URI 定义一个常量。例如，前文中 ContactsContract.Contacts.CONTENT_URI 的本质是字符串 "content://com.android.contacts/contacts"。

图 12-2 所示是一个 URI 的典型构成。

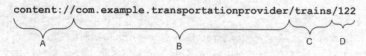

图 12-2　URI 的典型构成

其中的 A、B、C、D 这 4 个部分说明如下。

A：标准前缀，用来说明这是一个由 ContentProvider 所控制的数据集。

B：URI 的权限，它定义了是哪个 ContentProvider 提供这些数据。对于第三方应用程序，为了保证 URI 的唯一性，它必须是一个完整的、小写的字符串。该权限在 AndroidManifest.xml 的 <provider> 标签的 android:authorities 属性中声明。例如：

```
<provider android:name=".TransportationProvider"
   android:authorities="com.example.transportationprovider"
 … >
```

C：路径，ContentProvider 使用这些路径来确定当前需要什么类型的数据。URI 中可能不包括路径，也可能包括多个路径。如果 ContentProvider 只展示一种数据类型（例如 trains），则可以默认路径。如果 ContentProvider 展示的是一系列类型，包括子类型，例如有 "land/bus" "land/train" "sea/ship" "sea/submarine" 这 4 种可能性，则后面需要添加路径。

D：如果 URI 中包含该部分，则表示需要获取记录的 ID。如果没有 ID，就表示返回全部。

例如，content://com.example.transportationprovider/trains/122 表示操作 trains 表中 _ID 为 122 的记录，content://com.example.transportationprovider/trains/122/type 表示操作 trains 表中 _ID 为 122 的记录的 type 字段。

下面介绍两个和 URI 相关的工具类的使用。

（1）UriMatcher 类

UriMatcher 类主要用于匹配 URI。其使用步骤一般如下。

① 注册需要匹配的 URI 路径。例如：

```
public static final UriMatcher sUriMatcher;
static {
    sUriMatcher = new UriMatcher(UriMatcher.NO_MATCH);
    sUriMatcher.addURI(NotePad.AUTHORITY, "notes", NOTES);  // NOTES=1
    sUriMatcher.addURI(NotePad.AUTHORITY, "notes/#", NOTE_ID);
    sUriMatcher.addURI(NotePad.AUTHORITY, "live_folders/notes",
    LIVE_FOLDER_NOTES);
}
```

其中，常量 UriMatcher.NO_MATCH 表示不匹配任何路径，返回码是 1。

addURI() 方法添加需要匹配的 URI，第 1 个参数传入标识 ContentProvider 的 Authority 字符串；第 2 个参数传入需要匹配的路径，这里的 "#" 代表匹配任意数字，另外还可以用 "*" 来匹配任意文本；第 3 个参数必须传入一个大于 0 的匹配码，用于 match() 方法对相匹配的 URI 返回相对应的匹配码。

② 使用 uriMatcher.match() 方法对输入的 URI 进行匹配，如果匹配就返回匹配码（大于 0）。例如：

```
public int delete(Uri uri, String where, String[] whereArgs) {
    SQLiteDatabase db = mOpenHelper.getWritableDatabase();
    int count;
    switch (sUriMatcher.match(uri)) {
      case NOTES:
          count = db.delete(NOTES_TABLE_NAME, where, whereArgs);
```

```
                break;
        case NOTE_ID:
            String noteId = uri.getPathSegments().get(1);
            count = db.delete(NOTES_TABLE_NAME, Notes._ID + "=" + noteId
                + (!TextUtils.isEmpty(where)
                ? " AND (" + where + ')' : ""), whereArgs);
            break;
        default:
            throw new IllegalArgumentException("Unknown URI " + uri);
    }
    getContext().getContentResolver().notifyChange(uri, null);
    return count;
}
```

若无法匹配传入的 URI，则抛出 IllegalArgumentException 异常。

（2）ContentUris 类

ContentUris 类用于获取 URI 路径后面的 ID 部分。它有两个比较实用的方法。

① withAppendedId()方法用于为路径加上 ID 部分。例如：

```
Uri noteUri = ContentUris.withAppendedId(NotePad.Notes.CONTENT_URI, rowId);
```

② parseId()方法用于从路径中获取 ID 部分。例如：

```
Uri uri = Uri.parse(""content://contacts/phones/10");
long phoneid = ContentUris.parseId(uri);   //获取的结果为 10
```

12.2.4　实现 ContentProvider

抽象类 ContentProvider 定义了 6 个抽象方法，必须将这些方法作为自己具体子类的一部分加以实现。这些方法除 onCreate()方法外都由一个尝试访问内容 ContentProvider 的客户端应用调用。

- query()：从 ContentProvider 检索数据。此方法使用参数选择要查询的表、要返回的行和列以及结果的排序顺序，将数据作为 Cursor 对象返回。
- insert()：在 ContentProvider 中插入一个新行。此方法使用参数选择目标表并获取要使用的列值，返回新插入行的内容 URI。
- update()：更新 ContentProvider 中的现有行。此方法使用参数选择要更新的表和行，并获取更新后的列值，返回已更新的行数。
- delete()：从 ContentProvider 中删除行。此方法使用参数选择要删除的表和行，返回已删除的行数。
- getType()：此方法返回内容 URI 对应的 MIME 类型，本小节不详细介绍。
- onCreate()：初始化 ContentProvider。Android 会在创建 ContentProvider 后立即调用此方法。注意：ContentResolver 对象尝试访问 ContentProvider 时，系统才会创建此方法。

注意　这些方法的签名与同名的 ContentResolver 的方法相同。

在实现这些方法时应考虑以下事项。

- 所有这些方法 [onCreate()方法除外] 都可由多个线程同时调用，因此它们必须是线程安全方法。

● 避免在 onCreate() 方法中执行长时间操作，将初始化任务推迟到实际需要时进行。

● 尽管必须实现这些方法，但代码只需返回要求的数据类型，无须执行任何其他操作。例如，可能想防止其他应用向某些表插入数据。要实现此目的，可以忽略 insert() 方法调用并返回 0。

1. 实现 query() 方法

query() 方法必须返回 Cursor 对象。如果失败，则会引发 Exception。如果使用 SQLite 数据库作为数据存储，则只需返回由 SQLiteDatabase 类的一个 query() 方法返回的 Cursor；如果查询不匹配任何行，则应该返回一个 Cursor 实例 [其 getCount() 方法返回 0] ；只有查询过程中出现内部错误时，才应该返回 null。

如果不使用 SQLite 数据库作为数据存储，则应使用 Cursor 的一个具体子类。例如，在 Matrix Cursor 类实现的 Cursor 中，每一行都是一个 Object 数组。对于此类，应使用 addRow() 方法来添加新行。

Android 必须能够跨进程边界传播 Exception。Android 可以为以下异常执行此操作，这些异常可能有助于处理查询错误。

● IllegalArgumentException：可以选择在 ContentProvider 收到无效的内容 URI 时引发此异常。

● NullPointerException：空指针异常。

2. 实现 insert() 方法

insert() 方法会使用 ContentValues 参数中的值向相应表中添加新行。如果 ContentValues 参数中未包含列名称，ContentProvider 将使用默认值插入。

此方法应该返回新行的内容 URI。要想构建此方法，应使用 withAppendedId() 方法向表的内容 URI 追加新行的 _ID（或其他主键）值。

3. 实现 update() 方法

update() 方法采用与 insert() 方法所使用的相同 ContentValues 参数，以及与 delete() 方法和 query() 方法所使用的相同 selection 和 selectionArgs 参数。这样一来，就可以在这些方法之间重复使用代码。

4. 实现 delete() 方法

delete() 方法不需要从数据存储中实际删除行。如果将同步适配器与 ContentProvider 一起使用，应该考虑为已删除的行添加"删除"标志，而不是将行整个删除。同步适配器可以检查是否存在已删除的行，并将它们从服务器中删除，然后将它们从 ContentProvider 中删除。

5. 实现 onCreate() 方法

Android 会在启动 ContentProvider 时调用 onCreate() 方法。只应在此方法中执行运行快速的初始化任务，而将数据库创建和数据加载推迟到 ContentProvider 实际收到数据请求时进行。如果在 onCreate() 方法中执行长时间的任务，则会减慢 ContentProvider 的启动速度，进而减慢 ContentProvider 对其他应用的响应速度。

例如，如果使用 SQLite 数据库，则可以在 ContentProvider.onCreate() 方法中创建一个新的 SQLiteOpenHelper 对象，然后在首次打开数据库时创建 SQL 表。为简化这一过程，在首次调用

getWritableDatabase()方法时，Context 会自动调用 SQLiteOpenHelper.onCreate()方法。

以下两个代码段展示了 ContentProvider.onCreate()方法与 SQLiteOpenHelper.onCreate() 方法之间的交互。第一个代码段是 ContentProvider.onCreate()方法的实现。

```java
public class ExampleProvider extends ContentProvider {

    private MainDatabaseHelper mOpenHelper;
    private static final String DBNAME = "mydb";
    private SQLiteDatabase db;

    public boolean onCreate() {
        mOpenHelper = new MainDatabaseHelper(
                getContext(),          // 应用的 context
                DBNAME,                // 数据库的名称
                null,                  // SQLite 默认
                1                      // 版本号
        );

        return true;
    }

    …

    // 实现 Content Provider 的 insert 方法
    public Cursor insert(Uri uri, ContentValues values) {
        …
        db = mOpenHelper.getWritableDatabase();
    }
}
```

第二个代码段是 SQLiteOpenHelper.onCreate()方法的实现，其中包括一个帮助程序类。

```java
private static final String SQL_CREATE_MAIN = "CREATE TABLE " +
        "main " +                        // 表的名称
        "(" +                            // 表中的列
        " _ID INTEGER PRIMARY KEY, " +
        " WORD TEXT" +
        " FREQUENCY INTEGER " +
        " LOCALE TEXT )";
…
protected static final class MainDatabaseHelper extends SQLiteOpenHelper {
    MainDatabaseHelper(Context context) {
        super(context, DBNAME, null, 1);
    }

    public void onCreate(SQLiteDatabase db) {
        db.execSQL(SQL_CREATE_MAIN);
    }
}
```

与 Activity 和 Service 组件类似，必须使用<provider>标签在 AndroidManifest.xml 中为 ContentProvider 声明。例如：

```
<permission android:name="android.permission.WRITE_SCP" />
<permission android:name="android.permission.READ_SCP"/>

<provider
   android:name="com.test.contentprovider.SimpleContentProvider"
   android:authorities="com.test.providers.SimpleContentProvider"
   android:exported="true"
   android:readPermission="android.permission.READ_SCP"
   android:writePermission="android.permission.WRITE_SCP" >
   <path-permission
      android:pathPrefix="/search_query"
      android:readPermission="android.permission.GLOBAL_SEARCH" />
</provider>
```

其中的属性说明如下。

● android:authorities 表示授权信息，用于区分不同的 ContentProvider。

● android:exported="true"表示允许在其他应用中访问该 Provider。若设置为 false，只有同一个应用的组件或带有相同用户 ID 的应用才能启动或绑定该服务。

● android:permission 表示声明访问 Provider 的权限，分为 readPermission 和 writePermission。

12.3 存储访问框架

存储访问框架（Storage Access Framework，SAF）是 Android 4.4（API 19）引入的功能。借助 SAF，用户可轻松在其所有首选文档存储的提供程序中浏览并打开文档、图像及其他文件。用户可通过易用的标准界面，以统一方式在所有应用和提供程序中浏览文件，以及访问最近使用的文件。

12.3.1 初识 SAF

在 Android 中，SAF 主要实现以下功能。

● 允许用户浏览所有文档提供程序而不仅仅是单个应用中的内容。

● 让应用获得对文档提供程序所拥有文档的长期、持久性访问权限。用户可以通过此访问权限添加、编辑、保存和删除提供程序上的文件。

● 支持多个用户账户和临时根目录（如只有在插入驱动器后才会出现的 USB 存储提供程序）。
SAF 的架构包括以下内容。

● 文档提供程序：这是一个特殊的 ContentProvider，可以让一个存储服务（如 Google Drive）对外展示自己所管理的文件。一个文档提供程序其实就是实现了 Documents Provider 的子类。Document Provider 的 schema 和传统的文件存储路径格式一致，至于内容是怎么存储的完全取决于 ContentProvider 自身。Android 中已经内置了几个这样的 Document Provider，如关于下载图片及视频的 Document Provider。

● 客户端应用：这是一种自定义应用，它调用 ACTION_OPEN_DOCUMENT 或 ACTION_CREATE_DOCUMENTIntent 并接收文档提供程序返回的文件。

● 选取器：这是一种系统 UI，允许用户访问所有满足客户端应用搜索条件的文档提供程序内的文档。

图 12-3 显示了一个图像文件选取器界面，它在用户登录 Google 公司的云端硬盘账户后，显示可供客户端应用使用的所有根目录。当用户选择某一具体的目录后，系统会显示该目录下的图像，如图 12-4 所示。此时，用户便可通过文档提供程序和客户端应用所支持的方式与这些图像交互。

图 12-3　图像文件选取器界面

图 12-4　文档交互界面

12.3.2　SAF 数据模型

SAF 围绕的文档提供程序是 DocumentsProvider 类的一个子类。在文档提供程序内，数据结构采用传统的文件层次结构，根目录指向单个文档，后者随即启动整个文档结构树的扇出。SAF 数据模型如图 12-5 所示。

图 12-5　SAF 数据模型

SAF 数据模型包括以下特点。

- 每个文档提供程序都会报告一个或多个作为探索文档结构树起点的根目录。每个根目录都有唯一的 COLUMN_ROOT_ID，并且指向表示该根目录下内容的文档（目录）。根目录采用动态设计，以支持多个账户、临时 USB 存储设备或用户登录/注销等用例。
- 每个根目录下都有一个文档。该文档指向 1～N 个文档，而其中每个文档又可指向 1～N 个文档。
- 每个存储后端都会通过使用唯一的 COLUMN_DOCUMENT_ID 引用各个文件和目录来显示它们。文档 ID 必须具有唯一性，一旦发放便不得更改，因为它们用于所有设备重启过程中的永久性 URI 授权。
- 文档可以是可打开的文件（具有特定 MIME 类型）或包含附加文档的目录（具有 MIME_TYPE_DIR MIME 类型）。
- 每个文档都可以具有不同的功能，如 FLAG_SUPPORTS_WRITE、FLAG_SUPPORTS_DELETE 和 FLAG_SUPPORTS_THUMBNAIL。多个目录中可以包含相同的 COLUMN_DOCUMENT_ID。

文档提供程序的数据模型基于传统文件层次结构。不过，可以通过 DocumentsProvider API 按照自己喜欢的任何方式存储数据。例如，可以使用基于标记的云存储来存储数据。

图 12-6 所示为存储访问框架流，展示的是照片应用如何利用 SAF 访问存储的数据。

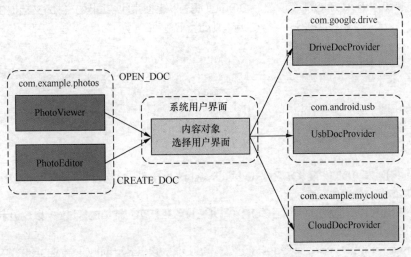

图 12-6　存储访问框架流

在使用 SAF 时应注意以下事项。

- 在 SAF 中，文档提供程序和客户端并不直接交互。客户端请求与文件交互（读取、编辑、创建或删除文件）的权限。
- 交互在应用触发 Intent ACTION_OPEN_DOCUMENT 或 ACTION_CREATE_DOCUMENT 后开始。Intent 可能包括进一步细化条件的过滤器。例如，设置 MIME 类型为 image/*。
- Intent 触发后，选取器将检索每个已注册的文档提供程序，并向用户显示匹配的内容根目录。
- 选取器会为用户提供一个标准的文档访问界面，但底层文档提供程序可能与其差异很大。

12.3.3　编写客户端应用

Android 在编写客户端应用时，将涉及 Activity 的隐式调用以及 Intent 的解析等，并对检索其他应用中的文件提供两种处理 Intent 的方法。

- 对于 Android 4.3 及更低版本，调用 ACTION_PICK 或 ACTION_GET_CONTENT 等 Intent，用户必须选择一个要从中选取文件的应用，并且所选应用必须提供一个用户界面，以便用户浏览和选取可用文件。
- 对于 Android 4.4 及更高版本，使用 ACTION_OPEN_DOCUMENT Intent，应用会显示一个由系统控制的选取器 UI，用户可以通过它浏览其他应用提供的所有文件。用户只需通过这个 UI 便可从任何受支持的应用中选取文件。

一般地，Intent 的使用取决于应用的需要。

- 如果只想让应用读取/导入数据，使用 ACTION_GET_CONTENT 即可。使用此方法时，应用会导入数据（如图像文件）的副本。
- 如果想让应用获得对文档提供程序所拥有文档的长期、持久性访问权限，使用 ACTION_OPEN_DOCUMENT 即可。例如，照片编辑应用允许用户编辑存储在文档提供程序中的图像。

以下示例演示了如何编写基于 ACTION_OPEN_DOCUMENT 和 ACTION_CREATE_DOCUMENT Intent 的客户端应用。

（1）搜索文档

以下代码段使用 ACTION_OPEN_DOCUMENT 来搜索包含图像文件的文档提供程序。

```java
private static final int READ_REQUEST_CODE = 42;

public void performFileSearch() {
    Intent intent = new Intent(Intent.ACTION_OPEN_DOCUMENT);
    intent.addCategory(Intent.CATEGORY_OPENABLE);
    intent.setType("image/*");
    startActivityForResult(intent, READ_REQUEST_CODE);
}
```

 注意 当应用触发 ACTION_OPEN_DOCUMENT Intent 时，后者会启动一个选取器来显示所有匹配的文档提供程序。

在 Intent 中添加类别 CATEGORY_OPENABLE 可对结果进行过滤，以仅显示可以打开的文档（如图像文件）。

语句 intent.setType("image/*")可做进一步过滤，以仅显示 MIME 类型为图像的文档。

（2）处理结果

用户在选取器中选择文档后，系统就会调用 onActivityResult()方法。指向所选文档的 URI 包含在 resultData 参数中。使用 getData()方法提取 URI。获得 URI 后，即可使用它来检索用户想要的文档。例如：

```java
@Override
public void onActivityResult(int requestCode, int resultCode,
                 Intent resultData) {
    if (requestCode == READ_REQUEST_CODE
        && resultCode == Activity.RESULT_OK) {
        Uri uri = null;
        if (resultData != null) {
            uri = resultData.getData();
            Log.i(TAG, "Uri: " + uri.toString());
            showImage(uri);
        }
    }
}
```

（3）检查文档元数据

获得文档的 URI 后，即可获得对其元数据的访问权限。以下代码段用于获取 URI 所指定文档的元数据并将其记入日志。

```java
public void dumpImageMetaData(Uri uri) {
    Cursor cursor = getActivity().getContentResolver()
            .query(uri, null, null, null, null, null);

    try {
        if (cursor != null && cursor.moveToFirst()) {
            String displayName = cursor.getString(
```

```
                     cursor.getColumnIndex(OpenableColumns.DISPLAY_NAME));
            Log.i(TAG, "Display Name: " + displayName);
            int sizeIndex = cursor.getColumnIndex(OpenableColumns.SIZE);
            String size = null;

            if (!cursor.isNull(sizeIndex)) {
                size = cursor.getString(sizeIndex);
            } else {
                size = "Unknown";
            }
            Log.i(TAG, "Size: " + size);
        }
    } finally {
        cursor.close();
    }
}
```

（4）打开文档

获得文档的 URI 后，即可打开文档或对其执行任何其他想要执行的操作。以下示例展示了如何打开位图。

```
private Bitmap getBitmapFromUri(Uri uri) throws IOException {
    ParcelFileDescriptor parcelFileDescriptor =
            getContentResolver().openFileDescriptor(uri, "r");
    FileDescriptor fileDescriptor = parcelFileDescriptor.getFileDescriptor();
    Bitmap image = BitmapFactory.decodeFileDescriptor(fileDescriptor);
    parcelFileDescriptor.close();

    return image;
}
```

 注意 不应该在 UI 线程上执行此操作，以免阻塞 UI 线程。推荐使用 AsyncTask 在后台执行此操作。打开位图后，即可在 ImageView 中显示它。

以下示例展示了如何从 URI 中获取 InputStream。在此代码段中，系统将文件行读取到一个字符串中。

```
private String readTextFromUri(Uri uri) throws IOException {
    InputStream inputStream = getContentResolver().openInputStream(uri);
    BufferedReader reader = new BufferedReader(new InputStreamReader(
            inputStream));
    StringBuilder stringBuilder = new StringBuilder();
    String line;
    while ((line = reader.readLine()) != null) {
        stringBuilder.append(line);
    }
    fileInputStream.close();
    parcelFileDescriptor.close();

    return stringBuilder.toString();
}
```

（5）创建新文档

应用可以使用 ACTION_CREATE_DOCUMENT Intent 在文档提供程序中创建新文档。要想创建文档，需要为 Intent 提供一个 MIME 类型和文件名，然后通过唯一的请求码启动它，系统会为它执行其余操作。

```java
private static final int WRITE_REQUEST_CODE = 43;

private void createFile(String mimeType, String fileName) {
    Intent intent = new Intent(Intent.ACTION_CREATE_DOCUMENT);
    intent.addCategory(Intent.CATEGORY_OPENABLE);
    intent.setType(mimeType);
    intent.putExtra(Intent.EXTRA_TITLE, fileName);
    startActivityForResult(intent, WRITE_REQUEST_CODE);
}
```

创建新文档后，即可在 onActivityResult()方法中获取其 URI，以便继续向其写入内容。

（6）删除文档

如果获得了文档的 URI，并且文档的 Document.COLUMN_FLAGS 包含 SUPPORTS_DELETE，便可以删除该文档。例如：

```java
DocumentsContract.deleteDocument(getContentResolver(), uri);
```

（7）编辑文档

可以使用 SAF 编辑文档。以下代码段会触发 ACTION_OPEN_DOCUMENT Intent 并使用类别 CATEGORY_OPENABLE 进一步过滤以仅显示可以打开的文档，即仅显示文本文档。

```java
private static final int EDIT_REQUEST_CODE = 44;

private void editDocument() {
    Intent intent = new Intent(Intent.ACTION_OPEN_DOCUMENT);
    intent.addCategory(Intent.CATEGORY_OPENABLE);
    intent.setType("text/plain");
    startActivityForResult(intent, EDIT_REQUEST_CODE);
}
```

接下来，可以从 onActivityResult()方法调用代码以执行编辑。以下代码段可从 Content Resolver 获取 FileOutputStream。

```java
private void alterDocument(Uri uri) {
    try {
        ParcelFileDescriptor pfd = getActivity().getContentResolver().
            openFileDescriptor(uri, "w");
        FileOutputStream fileOutputStream =
            new FileOutputStream(pfd.getFileDescriptor());
        fileOutputStream.write(("Overwritten by MyCloud at " +
            System.currentTimeMillis() + "\n").getBytes());
        // 关闭数据流
        fileOutputStream.close();
        pfd.close();
    } catch (FileNotFoundException e) {
        e.printStackTrace();
    } catch (IOException e) {
        e.printStackTrace();
    }
}
```

默认情况下，它使用"写入"模式。最佳做法是请求获得所需的最低限度访问权限，因此如果只需要写入权限，就不要请求获得读取/写入权限。

（8）保留权限

当应用打开文档进行读取或写入时，系统会为应用提供针对该文档的 URI 授权。该授权将一直持续到用户设备重启时。假定应用是图像编辑应用，而且希望用户能够直接从应用中访问他们编辑的最后 5 张图像。如果用户的设备已经重启，就需要将用户转回系统选取器以查找这些文档，这显然不是理想的做法。

为防止出现这种情况，可以保留系统为应用授予的权限。应用实际上是"获取"了系统提供的持久 URI 授权。这使用户能够通过应用持续访问文档，即使设备已重启也不受影响。代码如下。

```
final int takeFlags = intent.getFlags()
        & (Intent.FLAG_GRANT_READ_URI_PERMISSION
        | Intent.FLAG_GRANT_WRITE_URI_PERMISSION);
getContentResolver().takePersistableUriPermission(uri, takeFlags);
```

还有最后一个步骤。即使已经保存了应用最近访问的 URI，它们也可能不再有效，因为另一个应用可能已删除或修改了文档。因此，应该始终调用 getContentResolver().takePersistableUriPermission()方法以检查有无最新数据。

任务 12.1　实现微信朋友圈导入本地相册

【任务介绍】

1. 任务描述

实现在微信中发布朋友圈动态时，批量选择本地相册中图片的功能。

2. 运行结果

本任务运行结果如图 12-7 所示。

【任务目标】

● 掌握 SAF 客户端应用的设计步骤。
● 掌握处理 SAF 返回结果的方法。

【实现思路】

● 编写客户端应用，通过触发 ACTION_OPEN_DOCUMENT Intent 来启动选取器。
● 在 resultData 中，通过 getData()方法提取反馈结果的 URI。
● 处理 URI 所指定文档的元数据。
● 运行 App 并观察运行结果。

任务指导书 12.1

实现微信朋友圈导入本地相册

图 12-7　运行结果

【实现步骤】

见电子活页任务指导书。

12.4 使用 ContentObserver 监听数据变化

Android 中，使用 ContentObserver 的目的是观察和捕捉特定 URI 引起的数据库的变化，继而做相应的处理。它类似于数据库技术中的触发器，当 ContentObserver 所观察的 URI 发生变化时，便会触发它。

12.4.1 初识 ContentObserver

触发器分为表触发器、行触发器，相应地，ContentObserver 也分为 "表" ContentObserver、"行" ContentObserver，当然这是与它所监听的 URI MIME 类型有关的。

ContentProvider 可以通过 UriMatcher 类注册不同类型的 URI，可以通过这些不同类型的 URI 来查询不同的结果。根据 URI 返回的结果，URI MIME 类型可以分为返回多条数据的 URI 和返回单条数据的 URI。

使用 ContentObserver 的情况主要要有以下两种。

- 需要频繁检测数据库或者某个数据是否发生改变，使用线程去操作不划算而且很耗时。
- 在用户不知晓的情况下对数据库做一些操作，例如后台发送信息、拒绝接收短信黑名单等。

12.4.2 实现 ContentObserver

使用 ContentObserver 的关键是生成一个派生类，构造方法如下。

```
public void ContentObserver(Handler handler)
```

所有 ContentObserver 的派生类都需要调用该构造方法，参数 Handler 对象可以是主线程 Handler（多用于更新 UI），也可以是任何 Handler。

除了构造方法外，通常还需实现如下方法。

- void onChange()：当观察到的 URI 发生变化时，回调该方法去处理逻辑。所有 ContentObserver 的派生类都需要重载该方法去处理逻辑。
- boolean deliverSelfNotifications()：当观察到的 URI 发生变化时，通过 Notification 告诉 Cursor 数据的改变，一般不重载。
- final void dispatchChange()：这是为 Handler 执行 onChange()方法提供的一个接口，所以一般也没必要重载它。

12.4.3 观察 URI

观察 URI 的一般步骤如下。

① 构造 ContentObserver 的派生类，并实现 onChange()方法去处理回调后的功能实现。

② 利用 Context.getContentResolover()方法获得 ContentResolove 对象，接着调用 registerContentObserver()方法注册 ContentObserver。registerContentObserver()方法的原型如下。

```
registerContentObserver(Uri uri, boolean notifyForDescendents,
ContentObserver observer)
```

该方法的功能是为指定的 URI 注册一个 ContentObserver 的派生类实例。当给定的 URI 发生改变时，回调该实例去处理。其中参数的含义如下。

- uri 是需要观察的 URI（需要在 UriMatcher 里注册）。
- notifyForDescendents 若为 false，则表示精确匹配，即只匹配该 URI；若为 true，则表示可以同时匹配其派生的 URI。

例如，在 UriMatcher 里注册的 URI 内容如下。

```
UriMatcher matcher;
matcher = new UriMatcher(UriMatcher.NO_MATCH);
matcher.addURI("com.example.sqlite", "person", PERSON);
matcher.addURI("com.example.sqlite", "person/#", NUMBER);
```

假设当前需要观察的 URI 为 content://com.example.sqlite/person。如果发生数据变化的 URI 为 content://com.example.sqlite/person/personid，当 notifyForDescendents 为 false 时，该 ContentObserver 监听不到该 URI 的数据库变化；但是当 notifyForDescendents 为 true 时，该 ContentObserver 能监听到该 URI 的数据库变化。

- observer 是 ContentObserver 的派生类实例。

③ 由于 ContentObserver 的生命周期不同步于 Activity 和 Service 等，因此在不需要时，需要手动调用 unregisterContentObserver()方法取消注册。取消注册 ContentObserver 方法的原型如下。

```
unregisterContentObserver(ContentObserver observer)
```

下面的示例用来观察系统是否改变了飞行模式状态，核心代码如下。

```
public class AirplaneContentObserver extends ContentObserver {
    private static String TAG = "AirplaneContentObserver" ;
    private static int MSG_AIRPLANE = 1 ;
    private Context mContext;
    private Handler mHandler ;

    public AirplaneContentObserver(Context context, Handler handler) {
        super(handler);
        mContext = context;
        mHandler = handler ;
    }

    @Override
    public void onChange(boolean selfChange) {
        //系统是否处于飞行模式下
        try {
            int isAirplaneOpen = Settings.System.getInt(
                mContext.getContentResolver(),
                Settings.System.AIRPLANE_MODE_ON);
            mHandler.obtainMessage(MSG_AIRPLANE,isAirplaneOpen)
                .sendToTarget() ;
        }
        catch (SettingNotFoundException e) {
            e.printStackTrace();
        }
    }
}
```

发动观察事件的 Activity 核心代码如下。

```
public class MainActivity extends AppCompatActivity {
    private AirplaneContentObserver airplaneCO;
    …

    @Override
    public void onCreate(Bundle savedInstanceState) {
        super.onCreate(savedInstanceState);
        setContentView(R.layout.main);

        airplaneCO = new AirplaneContentObserver(this, mHandler);
        // 注册 ContentObserver
        Uri airplaneUri =
                Settings.System.getUriFor(Settings.System.AIRPLANE_MODE_ON);
        getContentResolver()
            .registerContentObserver(airplaneUri, false, airplaneCO);
    }

}
```

本章小结

本章介绍了 Android 应用组件之一 ContentProvider 的知识。首先介绍了 ContentProvider 的设计意图，介绍了使用 ContentResolver 对系统提供的 ContentProvider 进行增、删、改、查等操作的方法。通过 ContentProvider 来访问系统的数据是 App 中使用非常广泛的应用场景，这也是本章的重点。然后介绍了通过自定义 ContentProvider 来为其他应用提供数据的设计方法。最后介绍了通过 SAF 实现文档提供程序中浏览并打开文档的方法。

动手实践

设计一个图 12-8 所示的联系人应用，通过 ContentProvider 获取本地联系人信息。

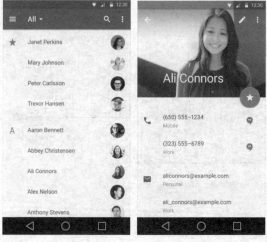

图 12-8　联系人应用

第13章
网络连接与管理

13

【学习目标】

子单元名称	知识目标	技能目标
子单元 1：使用 ConnectivityManager 管理网络	目标 1：理解 ConnectivityManager 的主要作用 目标 2：理解监听网络状态变化的机制	目标 1：掌握使用 ConnectivityManager 管理网络连接的方法 目标 2：掌握判断网络接入类型及监听网络状态变化的方法
子单元 2：使用 HttpURLConnection 访问网络	目标 1：理解 Android 网络编程常用协议和数据格式 目标 2：理解 URL 的组成与作用 目标 3：理解使用 HttpURLConnection 访问网络的基本步骤	目标 1：掌握使用 HTTP 访问网络的方法 目标 2：掌握使用 URL 定位网络资源的方法 目标 3：掌握使用 HttpURLConnection 访问网络服务的方法
子单元 3：JSON 数据解析	目标 1：理解 JSON 数据格式的特点 目标 2：理解 JSON 的数据结构	目标 1：掌握使用 JSON 进行网络数据交换的方法 目标 2：掌握 JSON 数据的解析方法

13.1 使用 ConnectivityManager 管理网络

Android SDK 为标准网络、蓝牙（Bluetooth）、近场通信（Near Field Communication，NFC）、Wi-Fi 等的连接与管理提供了丰富的接口。应用需要根据自身的特点和服务方式选择不同的网络连接策略。

13.1.1 初识 ConnectivityManager

ConnectivityManager 是 android.net 包提供的用于管理与网络连接相关的操作类，可以实现查询网络连接状态、当网络状态发生改变时通知应用等操作。

ConnectivityManager 的主要作用如下。

- 监听手机网络的状态，包括通用分组无线业务（General Packet Radio Service，GPRS）、Wi-Fi、通用移动通信系统（Universal Mobile Telecommunications System，UMTS）等。
- 网络状态发生改变时发送广播。
- 当一个网络连接失败时进行故障切换（尝试连接到其他的网络）。
- 为应用查询网络状态提供 API 接口。

初始化一个 ConnectivityManager 的方法如下。

```
ConnectivityManager connectivityManager = (ConnectivityManager) context
```

```
              .getSystemService(Context.CONNECTIVITY_SERVICE);
```

ConnectivityManager 提供以下几个主要方法。

- NetworkInfo getActiveNetworkInfo()：获取当前连接可用的网络信息。
- NetworkInfo[] getAllNetworkInfo()：获取设备支持的所有网络类型的连接状态信息。
- NetworkInfo getNetworkInfo()：获取特定网络类型的连接状态信息。
- int getNetworkPreference()：检索当前的首选网络类型。
- boolean isActiveNetworkMetered()：判断当前网络是否计算流量。
- static boolean isNetworkTypeValid()：判断给定的整数是否表示一种有效的网络类型。

注意 要执行和 ConnectivityManager 相关的网络操作，需要在应用的 AndroidManifest.xml 文件中包含以下权限。

```
<uses-permission android:name="android.permission.INTERNET" />
<uses-permission android:name="android.permission.ACCESS_NETWORK_STATE" />
```

如果需要更改网络状态，还需要包含以下权限。

```
<uses-permission android:name="android.permission.CHANGE_NETWORK_STATE" />
```

13.1.2　网络接入管理

1. 网络可用判断

当应用试图连接到网络时，应该先检查网络连接是否可用。通常有如下两种方法。
方法 1：

```
public static boolean isNetworkAvailable(Context context) {
    ConnectivityManager connectivity = (ConnectivityManager) context
            .getSystemService(Context.CONNECTIVITY_SERVICE);
    if (connectivity == null) {
        Log.w(LOG_TAG, "couldn't get connectivity manager");
    } else {
        NetworkInfo[] info = connectivity.getAllNetworkInfo();
        if (info != null) {
            for (int i = 0; i < info.length; i++) {
                if (info[i].isAvailable()) {
                    Log.d(LOG_TAG, "network is available");
                    return true;
                }
            }
        }
    }

    Log.d(LOG_TAG, "network is not available");
    return false;
}
```

在方法 1 中，通过调用 ConnectivityManager 的 getAllNetworkInfo()方法，返回 NetworkInfo 数组。NetworkInfo 描述给定类型的网络接口状态。NetworkInfo 包含对 Wi-Fi 和移动网络两种网

络类型的详细描述。

NetworkInfo 提供以下几个重要的方法。

- getState()：获取代表连接成功与否等状态的 State 对象。
- getDetailedState()：获取详细状态信息。
- getExtraInfo()：获取附加信息。
- getReason()：获取连接失败的原因。
- getType()：获取网络类型（一般为 Wi-Fi 或移动网络）。
- getTypeName()：获取网络类型名称（一般取值为 WI-FI 或 MOBILE）。
- isAvailable()：判断该网络是否可用。
- isConnected()：判断是否已经连接可用网络。
- isConnectedOrConnecting()：判断是否已经连接或正在连接可用网络。
- isFailover()：判断是否连接失败。
- isRoaming()：判断是否漫游。

在对 NetworkInfo 数组的遍历中，通过调用 isAvailable()方法判断当前设备有无可用的网络。
方法 2：

```
public static boolean isNetworkAvailable(Context context) {
    ConnectivityManager connectivity = (ConnectivityManager) context
            .getSystemService(Context.CONNECTIVITY_SERVICE);

    if (connectivity == null) {
        Log.w(LOG_TAG, "couldn't get connectivity manager");
    } else {
        NetworkInfo activeNetwork = connectivity.getActiveNetworkInfo();
    }

    return activeNetwork.isConnectedOrConnecting();
}
```

在方法 2 中，首先获取 ConnectivityManager 实例，然后通过 getActiveNetworkInfo()方法
返回当前连接可用的网络信息，最后调用 isConnectedOrConnecting()方法判断是否已经连接或
正在连接可用网络。

2. 网络连接判断

在确定有可用网络的前提下，还需要检查网络是否连接，方法如下。

```
public static boolean checkNetState(Context context) {
    boolean netstate = false;
    ConnectivityManager connectivity = (ConnectivityManager) context
            .getSystemService(Context.CONNECTIVITY_SERVICE);
    if (connectivity != null) {
        NetworkInfo[] info = connectivity.getAllNetworkInfo();
        if (info != null) {
            for (int i = 0; i < info.length; i++) {
                if (info[i].getState() == NetworkInfo.State.CONNECTED) {
                    netstate = true;
                    break;
                }
            }
```

```
        }
    }

    return netstate;
}
```

NetworkInfo 有两个枚举类型的成员变量 NetworkInfo.DetailedState 和 NetworkInfo.State，用于查看当前网络的状态。

还可以使用如下方法打开网络设置界面。

```
public static void setNetworkMethod(final Context context) {
    AlertDialog.Builder builder = new Builder(context);
    builder.setTitle("网络设置提示")
            .setMessage("网络连接不可用,是否进行设置?")
            .setPositiveButton("设置", new DialogInterface.OnClickListener() {

        @Override
        public void onClick(DialogInterface dialog, int which) {
            Intent intent = null;
            if (android.os.Build.VERSION.SDK_INT > 10) {
                intent = new Intent(
                        android.provider.Settings.ACTION_WIRELESS_SETTINGS);
            } else {
                intent = new Intent();
                ComponentName component = new ComponentName(
                        "com.android.settings",
                        "com.android.settings.WirelessSettings");
                intent.setComponent(component);
                intent.setAction("android.intent.action.VIEW");
            }
            context.startActivity(intent);
        }
    }).setNegativeButton("取消", new DialogInterface.OnClickListener() {

        @Override
        public void onClick(DialogInterface dialog, int which) {
            dialog.dismiss();
        }
    }).show();
}
```

13.1.3　监听网络连接状态

在 Android 网络应用程序开发中，经常要判断网络连接是否可用，因此有必要监听网络连接状态的变化。Android 的网络连接状态监听可以用 BroadcastReceiver 来接收网络连接状态改变的广播，具体实现步骤如下。

① 定义一个 BroadcastReceiver，并重载其中的 onReceive()方法，在其中完成监听网络连接状态的功能。例如：

```
private class ConnectionChangeReceiver  extends BroadcastReceiver {
    @Override
```

```
public void onReceive(Context context, Intent intent) {
    ConnectivityManager connectivityManager = (ConnectivityManager)
            context.getSystemService( Context.CONNECTIVITY_SERVICE );
    NetworkInfo activeNetInfo =
            connectivityManager.getActiveNetworkInfo();
    NetworkInfo mobNetInfo = connectivityManager.getNetworkInfo(
            ConnectivityManager.TYPE_MOBILE );
    if ( activeNetInfo != null ) {
        Toast.makeText( context, "Active Network Type : "
                    + activeNetInfo.getTypeName(),
            Toast.LENGTH_SHORT ).show();
    }
    if( mobNetInfo != null ) {
        Toast.makeText( context, "Mobile Network Type : "
                    + mobNetInfo.getTypeName(),
            Toast.LENGTH_SHORT ).show();
    }
}
}
```

② 只要网络的连接状态发生变化，ConnectivityManager 就会立刻发送广播 CONNECTIVITY_ACTION。因此，需要在适当的位置注册 BroadcastReceiver。例如，在 Activity 的 onCreate() 生命周期方法中添加以下动态注册信息。

```
IntentFilter intentFilter = new IntentFilter();
intentFilter.addAction(ConnectivityManager.CONNECTIVITY_ACTION);
registerReceiver(connectionChangeReceiver, intentFilter);
```

③ 在适当的位置取消注册 BroadcastReceiver。例如，在 Activity 的 onDestroy()生命周期方法中添加以下动态注册信息。

网络连接优化

```
if (connectionChangeReceiver!= null) {
    unregisterReceiver(connectionChangeReceiver);
}
```

> **说明** 通常网络的改变会比较频繁，因此没有必要不间断地注册监听网络的改变。另外，通常用户会在有 Wi-Fi 的时候进行下载动作，若是网络切换到移动网络则通常会暂停当前下载，当监听到恢复到 Wi-Fi 的情况时，又开始恢复下载。

13.2 使用 HttpURLConnection 访问网络

大多数网络连接的 Android 应用使用 HTTP 发送和接收数据，Android 原生的 HTTP 客户端 HttpURLConnection 支持 HTTPS、流上传和下载、超时配置、IPv6 及连接池等。

13.2.1 HTTP

HTTP 是一个基于请求与响应模式的、无状态的应用层协议，通常基于 TCP 的连接方式。

1. HTTP 的特点与分类

HTTP 的主要特点如下。

- 支持客户端/服务器模式。
- 简单快速：客户端向服务器请求服务时，只需传送请求方法和路径。
- 灵活：HTTP 允许传输任意类型的数据对象（类型由 Content-Type 加以标记）。
- 无连接：即每次连接只处理一个请求，处理完客户端的请求并收到客户端的应答后就断开连接。采用这种方式可以节省传输时间。
- 无状态：无状态是指协议对于事务处理没有记忆能力。

HTTP 包括以下两种。

HTTP 1.0：客户端在每次向服务器发出请求后，服务器就会向客户端返回响应消息（包括请求是否正确及所请求的数据），在确认客户端已经收到响应消息后，服务器就会关闭网络连接（关闭 TCP 连接）。在这个数据传输过程中，并不保存任何历史信息和状态信息。因此，HTTP 1.0 也被认为是无状态的协议。

HTTP 1.1：客户端连接到服务器后，服务器就将关闭客户端连接的主动权交还给客户端。也就是说，在客户端向服务器发送一个请求并接收一个响应后，只要不调用类似 Socket 类的 close() 方法关闭网络连接，就可以继续向服务器发送 HTTP 请求，并且同一对客户端/服务器之间的后续请求和响应都可以通过这个连接发送，这样就可以大大减轻服务器的压力。

2. HTTP 请求/响应的组成

HTTP 消息由客户端到服务器的请求消息和服务器到客户端的响应消息组成。请求消息和响应消息都是由开始行（对于请求消息，开始行就是请求行；对于响应消息，开始行就是状态行）、消息报头（可选）、空行（只有 CRLF 的行）、消息正文（可选）组成的。

（1）请求行

请求行以一个方法符号开头，以空格分开，后面跟着请求的 URI 和协议的版本，格式如下。

```
Method Request-URI HTTP-Version CRLF
```

其中 Method 表示请求方法，Request-URI 是一个统一资源标识符，HTTP-Version 表示请求的 HTTP 版本，CRLF 表示回车和换行（除了作为结尾的 CRLF 外，不允许出现单独的 CR 或 LF 字符）。

HTTP 请求方法（所有方法全为大写）说明如表 13-1 所示。

表 13-1　HTTP 请求方法说明

请求方法	说明
GET	请求获取 Request-URI 所标识的资源
POST	在 Request-URI 所标识的资源后附加新的数据
HEAD	请求获取由 Request-URI 所标识的资源的响应消息报头
PUT	请求服务器存储一个资源，并用 Request-URI 作为其标识
DELETE	请求服务器删除 Request-URI 所标识的资源
TRACE	请求服务器回送收到的请求信息，主要用于测试或诊断
CONNECT	保留将来使用
OPTIONS	请求查询服务器的性能，或者查询与资源相关的选项和需求

（2）状态行

状态行包括 HTTP 版本号、状态码及状态码的文本描述信息。例如 HTTP/1.1 200 OK。

状态码由一个 3 位数组成，大体有以下 5 种含义。

- 1××：信息提示。100 表示请求收到，继续处理。
- 2××：成功。200 表示请求成功，206 表示断点续传。
- 3××：重定向。一般跳转到新的地址。
- 4××：客户端错误。404 表示文件不存在。
- 5××：服务器错误。500 表示内部错误。

（3）消息报头

HTTP 消息报头包括请求报头、响应报头、实体报头。每一个消息报头域都由"名字+:+空格+值"组成，消息报头域的名字是大小写无关的。

① 请求报头。

请求报头允许客户端向服务器传递请求的附加信息以及客户端自身的信息。

常用的请求报头包括以下几类。

- Accept 请求报头域用于指定客户端接收哪些类型的信息。
- Accept-Charset 请求报头域用于指定客户端接收的字符集。
- Accept-Encoding 请求报头域类似于 Accept，但是它用于指定可接收的内容编码。
- Accept-Language 请求报头域类似于 Accept，但是它用于指定一种自然语言。
- Authorization 请求报头域主要用于证明客户端有权查看某个资源。
- Host 请求报头域主要用于指定被请求资源的 Internet 主机和端口号，它通常是从 HTTP URL 中提取出来的。
- User-Agent 请求报头域允许客户端将它的操作系统、浏览器和其他属性告诉服务器。

② 响应报头。

响应报头允许服务器传递不能放在状态行中的附加响应信息，以及关于服务器的信息和对 Request-URI 所标识的资源进行下一步访问的信息。

常用的响应报头包括以下几类。

- Location 响应报头域用于重定向接收者到一个新的位置。Location 响应报头域常用在更换域名的时候。
- Server 响应报头域包含服务器用来处理请求的软件信息。

③ 实体报头。

请求消息和响应消息都可以传送一个实体。

常用的实体报头包括以下几类。

- Content-Encoding 实体报头域指示已经被应用到实体正文的附加内容的编码。
- Content-Language 实体报头域描述资源所用的自然语言。
- Content-Length 实体报头域用于指明实体正文的长度，以字节方式存储的十进制数字来表示。
- Content-Type 实体报头域用于指明发送给接收者的实体正文的媒体类型。
- Last-Modified 实体报头域用于指示资源的最后修改日期和时间。
- Expires 实体报头域给出响应过期的日期和时间。

13.2.2 HttpURLConnection 的特点

抽象类 URLConnection 是所有类的超类，它代表应用程序和 URL 之间的通信连接。此类的实例可用于读取和写入此 URL 引用的资源。java.net.HttpURLConnection 类是继承 URLConnection 的一个抽象类，是一种多用途、轻量级的 HTTP 客户端，使用它来进行 HTTP 操作可以适用于大多数的应用程序。

HttpURLConnection 的特点如下。

- HttpURLConnection 是 Android SDK 的标准实现。
- HttpURLConnection 直接支持 GZIP 压缩。
- HttpURLConnection 直接支持系统级连接池，即打开的连接不会直接关闭，在一段时间内所有程序可共用。
- HttpURLConnection 直接在系统层面做了缓存策略处理，加快重复请求的速度。

13.2.3 创建 HttpURLConnection 连接

通常创建一个和 URL 连接，并发送请求、读取此 URL 引用的资源需要以下几个步骤。

① 通过 URL 对象的 openConnection()方法来创建 URLConnection 对象。

② 设置 URLConnection 的参数和普通请求属性。

③ 如果是发送 GET 方式的请求，使用 connect()方法建立和远程资源之间的实际连接即可；如果需要发送 POST 方式的请求，则需要获取 URLConnection 实例对应的输出流来发送请求参数。

④ 远程资源变为可用，程序可以访问远程资源的头字段，或通过输入流来读取远程资源的数据。

1. 创建 HttpURLConnection 对象

HttpURLConnection 是一种访问 HTTP 资源的方式。在 HTTP 编程时，来自 HttpURLConnection 的类是所有操作的基础。

HttpURLConnection 是一个抽象类，不能通过 new HttpURLConnection()方法来获取一个 HttpURLConnection 对象。常见的做法是使用 java.net.URL 封装 HTTP 资源的 URL，并使用 openConnection()方法获得 HttpURLConnection 对象。例如：

```
try {
    URL url = new URL(httpUrl);
    URLConnection urlConnection = url.openConnection();
    HttpURLConnection httpUrlConnection = (HttpURLConnection) urlConnection;
} catch (MalformedURLException e) {
    e.printStackTrace();
} catch (IOException e) {
    e.printStackTrace();
}
```

2. 设置 HttpURLConnection 参数

HttpURLConnection API 提供了一系列的 set 方法来设置网络连接的参数，主要如下。

- void setConnectTimeout(int timeout)：设置一个指定的超时值（以 ms 为单位），该值将在打开到此 URLConnection 引用的资源的通信连接时使用。如果在建立连接之前超时期满，则会引发 java.net.SocketTimeoutException 异常。超时值为 0 表示无穷大超时。
- void setRequestMethod(String method)：设置 URL 请求的方法，包括 GET、POST、HEAD、OPTIONS、PUT、DELETE 和 TRACE，具体取决于协议的限制。默认方法为 GET。如果无法重置方法或者请求的方法对 HTTP 无效，则抛出 ProtocolException 异常。
- void setDoInput(boolean doinput)：将此 URLConnection 的 doInput 字段的值设置为指定的值。URL 连接可用于输入或输出。如果打算使用 URL 连接进行输入，则将 DoInput 标志设置为 true；如果不打算使用，则设置为 false。默认值为 true。
- void setDoOutput(boolean dooutput)：将此 URLConnection 的 doOutput 字段的值

设置为指定的值。如果打算使用 URL 连接进行输出，则将 DoOutput 标志设置为 true；如果不打算使用，则设置为 false。默认值为 false。

- void setDefaultUseCaches(boolean defaultusecaches)：将 useCaches 字段的默认值设置为指定的值。

- void setUseCaches(boolean usecaches)：将此 URLConnection 的 useCaches 字段的值设置为指定的值。有些协议用于文档缓存，有时候能够进行"直通"并忽略缓存尤其重要，例如浏览器中的"重新加载"按钮。如果连接中的 UseCaches 标志为 true，则允许连接使用任何可用的缓存；如果为 false，则忽略缓存。默认值来自 DefaultUseCaches，它默认为 true。

- void setRequestProperty(String key, String value)：设置一般请求属性。参数 key 用于识别请求的关键字（例如"Content-type"）。参数 value 表示与 key 关联的值（例如 "application/x- java-serialized-object"）。HTTP 要求所有能够合法拥有多个具有相同 key 的实例的请求属性，使用以逗号分隔的列表语法，这样可实现将多个属性添加到一个属性中。

- static void setContentHandlerFactory(ContentHandlerFactory fac)：设置应用程序的 ContentHandlerFactory。一个应用程序最多只能调用一次该方法。ContentHandlerFactory 实例用于根据内容类型构造内容处理程序。如果有安全管理器，此方法首先调用安全管理器的 checkSetFactory()方法以确保允许该操作。这可能会导致 SecurityException 异常。

- static void setDefaultAllowUserInteraction(boolean defaultallowuserinteraction)：将未来的所有 URLConnection 对象的 allowUserInteraction 字段的默认值设置为指定的值。

- void setChunkedStreamingMode(int chunklen)：该方法用于在预先不知道内容长度时启用没有进行内部缓冲的 HTTP 请求正文的流。在此模式下，使用存储块传输编码发送请求正文。注意：并非所有 HTTP 服务器都支持此模式。启用输出流时，不能自动处理验证和重定向。如果需要验证和重定向，则在读取响应时将抛出 HttpRetryException 异常。可以查询此异常以获取错误的详细信息。该方法必须在连接 URLConnection 前调用。

- void setFixedLengthStreamingMode(int contentLength)：该方法用于在预先已知内容长度时启用没有进行内部缓冲的 HTTP 请求正文的流。如果应用程序尝试写入的数据长度大于指示的内容长度，或者应用程序在写入指示的内容长度前关闭了 OutputStream，将抛出异常。启用输出流时，不能自动处理验证和重定向。如果需要验证和重定向，则在读取响应时将抛出 HttpRetryException 异常。可以查询此异常以获取错误的详细信息。该方法必须在连接 URLConnection 前调用。

3. 进行 HttpURLConnection 连接

设置好 HttpURLConnection 的连接参数后，即可通过 connect()方法进行网络连接。如果在已打开连接（此时 connected 属性值为 true）的情况下调用 connect()方法，则忽略该调用。

> **注意** HttpURLConnection 的 connect()方法实际上只是建立了一个与服务器的 TCP 连接，并没有实际发送 HTTP 请求。无论是 POST 请求方式还是 GET 请求方式，HTTP 请求实际上直到 HttpURLConnection 的 getInputStream()方法被调用时才正式发送出去。

如果服务器近期不太可能有其他请求，可以调用 disconnect()方法断开连接。disconnect()方法并不意味着可以对其他请求重用此 HttpURLConnection 实例。

在使用 HttpURLConnection 进行网络连接时需要注意以下几点。

- 一般需要通过 setConnectTimeout()方法设置连接超时，如果网络不好，Android 在超过默认时间后会收回资源中断操作。
- 通过 getResponseCode()方法对状态码进行判断，如果返回的状态码为 200，则表示连接成功。
- 在对大文件进行操作时，要将文件写到存储卡上，不要直接写到手机内存上。
- 操作大文件时，要一边从网络上读取，一边往存储卡上写入，减少手机内存的使用。
- 对文件流操作完毕后要记得及时关闭流对象。

13.2.4　HttpURLConnection 数据交换

HttpURLConnection API 提供了一系列的 get 方法来获取网络传递的信息，主要如下。
- Object getContent()：获取该 URLConnection 的内容。
- String getHeaderField()：获取指定响应头字段的值。经常有可能访问的头字段有以下几类。
- getContentEncoding()：获取 content-enconding 响应头字段的值。
- getContentLength()：获取 content-length 响应头字段的值。
- getContentType()：获取 contet-type 响应头字段的值。
- getDate()：获取 date 响应头字段的值。
- getExpiration()：获取 expires 响应头字段的值。
- getLastModified()：获取 last-modified 响应头字段的值。
- InputStream getInputStream()：返回从此打开的连接读取的输入流。在读取返回的输入流时，如果在数据可供读取之前达到读入超时时间，则会抛出 SocketTimeout Exception 异常。
- OutputStream getOutputStream()：返回写入此连接的输出流。
- int getResponseCode()：从 HTTP 响应消息获取状态码。如果无法从响应中识别任何代码（响应不是有效的 HTTP），则返回-1。常见的状态码包括 HTTP_OK（状态码为 200，表示服务器成功返回网页）、HTTP_NOT_FOUND（状态码为 404，表示请求的网页不存在）、HTTP_SERVICE_UNAVAILABLE（状态码为 503，表示服务器超时）等。
- String getResponseMessage()：获取与来自服务器的响应代码一起返回的 HTTP 响应消息（如果有）。如果无法从响应中识别任何字符（结果不是有效的 HTTP），则返回 null。
- InputStream getErrorStream()：如果连接失败但服务器仍然发送了有用数据，则返回错误流。典型示例是，当 HTTP 服务器使用 404 响应时，将导致在连接中抛出 FileNotFound Exception 异常，但是服务器同时会发送建议如何操作的 HTML 帮助页。此方法不会导致启用连接。如果没有建立连接，或在连接时服务器没有发生错误，或服务器出错但没有发送错误数据，则此方法返回 null。

对 HTTP 资源的读写操作是通过 InputStream 和 OutputStream 进行的，下面列举几个常见的用法。

1. 使用 POST 方式请求数据

使用 POST 方式请求数据的一般步骤如下。

① 确定 URL，一般为 URI。例如：

```
String uri = "http://localhost/njcit/login.jsp";
URL url = new URL(uri);
```

② 确定请求参数。例如：

```
String params = "userName=value1&loginPwd=value2&…";
```

③ 通过 URL 创建 HttpURLConnection 对象。

④ HttpURLConnection 设置连接可读写数据。例如：

```
conn.setDoOutput(true);
conn.setDoInput(true);
```

⑤ 通过 getOutputStream()方法获得输出流对象，进而发送请求参数。例如：

```
Printer out = new Printer(conn.getOutputStream());
out.write(params);
```

下面的代码演示了使用 POST 方式请求数据的过程。

```java
public static String doPost(String url, String param) {
    PrintWriter out = null;
    BufferedReader in = null;
    String result = "";
    try {
        URL realUrl = new URL(url);
        //打开和 URL 之间的连接
        HttpURLConnection conn = (HttpURLConnection) realUrl
                .openConnection();
        //设置通用的请求属性
        conn.setRequestProperty("accept", "*/*");
        conn.setRequestProperty("connection", "Keep-Alive");
        conn.setRequestMethod("POST");
        conn.setRequestProperty("Content-Type",
                "application/x-www-form-urlencoded");
        conn.setRequestProperty("charset", "utf-8");
        conn.setUseCaches(false);
        //发送 POST 请求必须设置如下两行
        conn.setDoOutput(true);
        conn.setDoInput(true);
        conn.setReadTimeout(TIMEOUT_IN_MILLIONS);
        conn.setConnectTimeout(TIMEOUT_IN_MILLIONS);

        if (param != null && !param.trim().equals("")) {
            //获取 URLConnection 对象对应的输出流
            out = new PrintWriter(conn.getOutputStream());
            //发送请求参数
            out.print(param);
            // flush 输出流的缓冲
            out.flush();
        }
        //定义 BufferedReader 输入流来读取 URL 的响应
        in = new BufferedReader(
                new InputStreamReader(conn.getInputStream()));
        String line;
        while ((line = in.readLine()) != null) {
            result += line;
        }
    } catch (Exception e) {
```

```
            e.printStackTrace();
        }
        //使用finally块来关闭输出流、输入流
        finally {
            try {
                if (out != null) {
                    out.close();
                }
                if (in != null) {
                    in.close();
                }
            } catch (IOException ex) {
                ex.printStackTrace();
            }
        }
    return result;
}
```

代码分析如下。

param 是请求参数，请求参数的一般形式是 name1=value1&name2=value2。本次连接的 Content-type 为 application/x-www-form-urlencoded，表示正文是 UrlEncoded 编码过的 form 参数，POST 请求不能使用缓存。在设置是否向 HttpURLConnection 输出时，因为是 POST 请求，参数要放在 HTTP 正文内，所以需要设为 true。

HTTP 通信中使用较多的是 GET 和 POST 两种请求。GET 请求可以获取静态页面，也可以把参数放在 URL 字符串后面传递给服务器。POST 与 GET 的不同之处在于 POST 的参数不是放在 URL 字符串中，而是放在 HTTP 请求数据中。使用 POST 请求时，不需要在 URL 中附加任何参数，这些参数会通过 cookie 或者 session 等其他方式以键值对的形式传送到服务器上。

> **注意** 在用 POST 方式发送 URL 请求时，URL 请求参数的设定都必须要在 connect()方法执行之前完成。而对 OutputStream 的写操作，又必须要在 InputStream 的读操作之前。如果 InputStream 的读操作在 OutputStream 的写操作之前，则会抛出 java.net.Protocol Exception 异常。

2. 使用 GET 方式请求数据

使用 GET 方式请求数据的一般步骤如下。

① 确定 URL，一般结构为 url+"?"+params。例如：

```
String uri = "http://localhost/njcit/login.jsp";
String params = "userName=value1&loginPwd=value2&…";
URL url = new URL(uri + params);
```

② 通过 URL 调用 openConnection()方法创建 HttpURLConnection 对象。

③ HttpURLConnection 对象调用 setConnectTimeout()方法设置网络响应时间，调用 setRequestMethod()方法设置发送请求的方法。

④ 通过 getInputStream()方法获得输入流，进而获得响应。

下面的代码演示了使用 GET 方式请求数据的过程。

```
public static String doGet(String urlStr) {
    URL url = null;
```

```
HttpURLConnection conn = null;
InputStream is = null;
ByteArrayOutputStream baos = null;
try {
    url = new URL(urlStr);
    conn = (HttpURLConnection) url.openConnection();
    conn.setReadTimeout(TIMEOUT_IN_MILLIONS);
    conn.setConnectTimeout(TIMEOUT_IN_MILLIONS);
    conn.setRequestMethod("GET");
    conn.setRequestProperty("accept", "*/*");
    conn.setRequestProperty("connection", "Keep-Alive");
    if (conn.getResponseCode() == 200) {
        is = conn.getInputStream();
        baos = new ByteArrayOutputStream();
        int len = -1;
        byte[] buf = new byte[128];

        while ((len = is.read(buf)) != -1) {
            baos.write(buf, 0, len);
        }
        baos.flush();
        return baos.toString();
    } else {
        throw new RuntimeException(" responseCode is not 200 … ");
    }

} catch (Exception e) {
    e.printStackTrace();
} finally {
    try {
        if (is != null)
            is.close();
    } catch (IOException e) {
    }
    try {
        if (baos != null)
            baos.close();
    } catch (IOException e) {
    }
    conn.disconnect();
}

return null;
}
```

在 GET 请求时，一般在 URL 中带有请求的参数，请求的 URL 格式通常为 "http://xxx.xxxx. com/xx.aspx?param=value" 。

在使用 HttpURLConnection 进行数据交换时，需要注意以下两点。

OkHttp 的使用

● 上传数据至服务器（向服务器发送请求）时，如果知道上传数据的大小，则应显式使用 setFixedLengthStreamingMode()方法来设置上传数据的精确值；如果不知道上传数据的大小，则应使用 setChunked StreamingMode()方法（通常使用默认值 0 作为实际参数传入）。如果两个方法都未设置，则系统会强制将请求体中的所有内容都缓存至内存中（在通过网络进行传输之前），这样会浪费堆内存（甚至可能耗尽），并加重隐患。

- 如果通过流输入或输出少量数据，则需要使用带缓冲区的流（如 BufferedInputStream）；大量读取或输出数据时，可忽略缓冲流（不使用缓冲流会增加磁盘输入/输出，默认的流操作是直接进行磁盘输入/输出的）。
- 当需要传输（输入或输出）大量数据时，使用"流"来限制内存中的数据量，即将数据直接放在"流"中，而不是放在字节数组或字符串中（这些都存储在内存中）。

任务 13.1　实现音乐播放器搜索网络音乐

【任务介绍】

1. 任务描述

实现音乐播放器搜索网络音乐的功能，并实现对搜索结果的播放。

2. 运行结果

本任务运行结果如图 13-1 所示。

【任务目标】

- 掌握 Android 网络编程的方法和步骤。
- 掌握常见 HTTP 框架的使用方法。
- 掌握接入 RESTful 的方法。

图 13-1　运行结果

【实现思路】

- 接入云音乐开放平台（如网易云音乐[1]）。
- 定义网络工具，以 OkHttp 等框架访问网络服务。
- 解析回调结果并显示。
- 运行 App 并观察运行结果。

任务指导书 13.1

实现音乐播放器
搜索网络音乐

【实现步骤】

见电子活页任务指导书。

13.3　JSON 数据解析

JSON 是一种轻量级的数据交换格式，具有良好的可读和便于快速编写的特性，同时易于机器解析和生成，非常适用于服务器与客户端的交互。

拓展视频

13.3.1　JSON 与 XML 对比

JSON 采用与编程语言无关的文本格式，业内主流技术为其提供了完整的

解析 JSON 数据

---

[1] 文档网址：https://binaryify.github.io/NeteaseCloudMusicApi/。

解决方案（有点类似于正则表达式），从而可以在不同平台间进行数据交换。JSON 采用兼容性很高的文本格式，同时具备类似于 C 语言体系的行为。

相对于 XML，JSON 的优点和不足体现在以下几个方面。

1. 解析方式

XML 目前设计了两种解析方式：DOM 和 SAX。

DOM 是把一个数据交换格式 XML 看成一个 DOM 对象，需要把整个 XML 文件读入内存，这一点上 JSON 和 XML 的原理是一样的。但是 XML 要考虑父节点和子节点，这一点上 JSON 的解析难度要小很多，因为 JSON 构建于两种结构——键值对的集合、值的有序列表，可理解为数组。

SAX 不需要读入整个文件就可以对解析出的内容进行处理，是一种逐步解析的方法。程序也可以随时终止解析。这样，一个大的文件就可以逐步地、一点一点地展现出来，所以 SAX 适用于大规模的解析。这一点，JSON 目前是做不到的。

所以，JSON 和 XML 的轻/重量级的区别在于：JSON 只提供整体解析方案，而这种方案只在解析较少的数据时才能达到良好的效果；XML 提供对大规模数据的逐步解析方案，这种方案适用于对大量数据的处理。

2. 编码

虽然 XML 和 JSON 都有各自的编码工具，但是 JSON 的编码要比 XML 的编码简单，即使不借助工具，也可以写出 JSON 代码，但不借助工具写出好的 XML 代码就有点困难。与 XML 一样，JSON 也是基于文本的，它们都使用 Unicode 编码，且都具有可读性。

从主观来看，JSON 更为清晰且冗余更少。JSON 网站提供了对 JSON 语法的严格描述，只是描述较简短。从总体来看，XML 比较适于标记文档，而 JSON 却更适于进行数据交换处理。

3. 可读性

从可读性方面来看，XML 有明显的优势，毕竟人类的语言更贴近 XML 的说明结构。JSON 更像一个数据块，读起来比较费解。不过，读起来费解的语言，恰恰适合机器。

4. 传输速度

JSON 相对 XML 来说，数据的文件量小，传递的速度更快。

下面分别给出一个表示我国部分省市数据的 XML 和 JSON 的示例。

XML 格式代码如下。

```xml
<?xml version="1.0" encoding="utf-8" ?>
<country>
    <name>中国</name>
    <province>
        <name>黑龙江</name>
        <citys>
            <city>哈尔滨</city>
            <city>大庆</city>
        </citys>
    </province>
    <province>
        <name>广东</name>
        <citys>
```

```
          <city>广州</city>
          <city>深圳</city>
          <city>珠海</city>
      </citys>
   </province>
   <province>
      <name>台湾</name>
      <citys>
          <city>台北</city>
          <city>高雄</city>
      </citys>
   </province>
   <province>
      <name>新疆</name>
      <citys>
          <city>乌鲁木齐</city>
      </citys>
   </province>
</country>
```

JSON 格式代码如下。

```
var country = {
   name: "中国",
   provinces: [
      { name: "黑龙江", citys: { city: ["哈尔滨", "大庆"]} },
      { name: "广东",   citys: { city: ["广州", "深圳", "珠海"]} },
      { name: "台湾",   citys: { city: ["台北", "高雄"]} },
      { name: "新疆",   citys: { city: ["乌鲁木齐"]} }
   ]
}
```

13.3.2　JSON 数据结构

和 XML 一样，JSON 也是基于纯文本的数据结构（JSON 文件的文件类型是.json，JSON 文本的 MIME 类型是 application/json）。

JSON 有以下两种数据结构。

- 键值对的集合。在不同的编程语言中，它被理解为对象（Object）、记录（Record）、结构（Struct）、字典（Dictionary）、哈希表（Hash Table）、有键列表（Keyed List）或者关联数组（Associative Array）。
- 值的有序列表。在大部分编程语言中，它被实现为数组（Array）、矢量（Vector）、列表（List）、序列（Sequence）。

JSON 的常见数据形式有以下 5 种。

1. 对象

一个对象以"{"开始，并以"}"结束，如图 13-2 所示。一个对象包含一系列非排序的键值对，每个键值对之间使用逗号分隔。此处的对象相当于 Java 中的 Map<String,Object>，而不是 Java 中的 Class。例如，一个 Address 对象包含如下键值对。

```
{"city":"Beijing","street":"Chaoyang Road","postcode":100025}
```

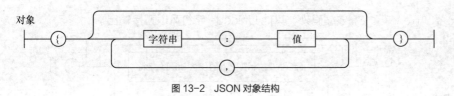

图 13-2   JSON 对象结构

其中，值也可以是另一个对象或者数组。因此，复杂的对象可以嵌套表示。例如，一个 Person 对象包含 name 对象和 address 对象，可以表示如下。

```
{"name":"Michael","address":{"city":"Beijing","street":"ChaoyangRoad",
"postcode":100025}}
```

2. 值

值可以是双引号标注的字符串、数值、对象、数组、布尔值（true、false）或 null，如图 13-3 所示。这些结构可以嵌套。

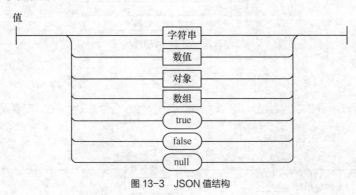

图 13-3   JSON 值结构

3. 数组

数组使用[]包含所有元素，两个元素之间用逗号分隔，如图 13-4 所示。元素可以是任意的值。例如，以下数组包含一个字符串、数值、布尔值和一个 null。

```
[ "abc" , 12345 , false , null ]
```

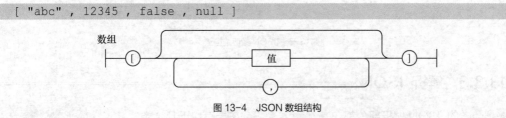

图 13-4   JSON 数组结构

以下是一个嵌套的数组。

```
{ "people": [
{ "firstName": "Brett", "lastName":"McLaughlin", "email": "aaaa" },
{ "firstName": "Jason", "lastName":"Hunter", "email": "bbbb"},
{ "firstName": "Elliotte", "lastName":"Harold", "email": "cccc" }
]}
```

4. 字符串

字符串是以双引号标注的一串字符，如图 13-5 所示。除了部分字符（"、\、/）和一些控制字符（\b、\f、\n、\r、\t）需要编码外，其他 Unicode 字符可以直接输出。

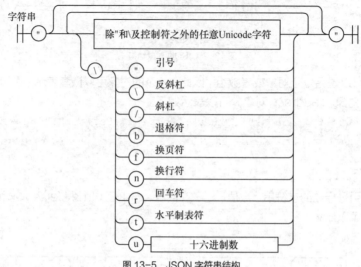

图 13-5　JSON 字符串结构

5. 数值

数值是一系列 0~9 的数字组合，可以为负数或者小数，还可以用"e"或者"E"表示为指数形式，如图 13-6 所示。

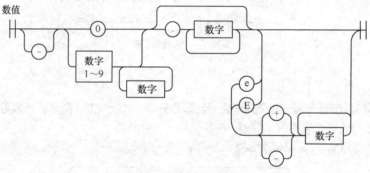

图 13-6　JSON 数值结构

13.3.3　解析 JSON

Android 的 JSON 解析部分都在 org.json 包下，主要有以下几个类。

1. JSONObject

JSONObject 是一个无序的键值对的集合，可以看作一个 JSON 对象，这是系统中有关 JSON 定义的基本单元。它的外在形式是一个用花括号标注，并用冒号将名字和值分开的字符串，内部形式就是一个对象。

JSONObject 提供了一系列的 get、set 和 opt 方法来访问 JSONObject 实例。这些值可以是 Boolean、JSONArray、JSONObject、Number、String 或者默认值 JSONObject.NULL 对象。

对 JSONObject 有两个不同的取值方法。

- getType()方法可以将要获取的键值转换为指定的类型，如果无法转换或没有值则抛出 JSONException 异常。
- optType()方法也是将要获取的键值转换为指定的类型，如果无法转换或没有值则返回用户提供或者默认提供的值。

在使用 JSONObject 时，一般先创建一个 JSONObject 对象，再使用 put()等方法添加键值对，最后使用 toString()方法将 JSONObject 对象按照 JSON 的标准格式进行封装。

例如，下面的代码用于创建一个 JSONObject 对象。

```java
private JSONObject createJSONObject() {
    JSONObject person = new JSONObject();
    try {
        JSONArray phone = new JSONArray();
        phone.put("12345678");
        phone.put("87654321");
        person.put("phone", phone);
        person.put("name", "liweiyong");
        person.put("age", 100);
        JSONObject address = new JSONObject();
        address.put("country", "china");
        address.put("province", "jiangsu");
        person.put("address", address);
        person.put("married", false);
    } catch (JSONException e) {
        e.printStackTrace();
    }
    return person;
}
```

创建的 JSONObject 对象形式如下。

```
{"phone":["12345678","87654321"],                         //数组
 "married":false,                                         //布尔值
 "address":{"province":"jiangsu","country":"china"},      // JSON 对象
 "age":100,                                               //数值
 "name":"liweiyong"                                       //字符串
}
```

2. JSONStringer

JSONStringer 是 JSON 文本构建类，用于帮助快速和便捷地创建 JSON 文本。其最大的优点在于可以减少因格式的错误而导致程序异常，引用这个类可以自动严格按照 JSON 语法规则创建 JSON 文本。每个 JSONStringer 实体只能对应创建一个 JSON 文本。例如：

```java
try {
    String myString = new JSONStringer().object()
            .key("id").value("20120226")
            .key("name").value("lxb")
            .endObject().toString();
} catch (JSONException ex) {
    throw new RuntimeException(ex);
}
```

结果是一组标准格式的 JSON 文本：{"id" : "20120226","name" : "lxb"}。为了按照对象标准

给数值添加边界，.object()方法和.endObject()方法必须同时使用。类似地，针对数组也有一组标准的方法.array()和.endArray()来生成边界。

3. JSONArray

JSONArray 代表一组有序的数值。表现形式是用方括号标注，数值以逗号分隔（例如[value1, value2,value3]）。这个类的内部同样具有查询行为，通过 get()和 opt()两种方法都可以根据索引返回指定的数值，通过 put()方法可以添加或者替换数值。这个类和 JSONObject 一样支持相同的数据类型。

下面的代码是对 JSONArray 遍历的典型方式。

```
JSONArray array = JSONArray.fromObject(data);
for (Object object : array) {
    JSONObject o = JSONObject.fromObject(object);
    o.get("key")
}
```

4. JSONTokener

JSONTokener 是系统为 JSONObject 和 JSONArray 构造的解析类，它可以从源信息中提取数值信息。例如:

```
private static String getJSONContent(){
    JSONTokener jsonTokener = new JSONTokener(JSONText);
    JSONObject studentJSONObject;
    String name = null;
    int id = 0;
    String phone = null;
    try {
        studentJSONObject = (JSONObject) jsonTokener.nextValue();
        name = studentJSONObject.getString("name");
        id = studentJSONObject.getInt("id");
        phone = studentJSONObject.getString("phone");
    } catch (JSONException e) {
        e.printStackTrace();
    }

    return name + " " + id + "   " + phone;
}
```

5. JSONException

JSONException 是 json.org 类抛出的异常信息。当语法错误或者过程异常的时候，会抛出 JSONException 异常。

以下情况下会产生 JSONException。

- 试图解析或构建一个格式错误的 JSON 文档。
- 使用 null 作为关键词。
- 使用 JSON 不支持的数值类型，如 NaN 或无穷大的值。
- 使用不存在的键进行查找。
- 解析的类型不匹配。

6. JSONString

JSONString 是一个接口，以便其他类可以通过实现该接口的 toString() 方法来改变 JSONObject、JSONArray 等内部 toString() 方法的功能，以实现它们自己的序列化。

7. JSONWriter

JSONWriter 位于 android.util 包下，是一个快速将 JSON 文本写入数据流的工具。每次只能输出一个字符串。流中既包括字符串、数值、布尔值和空值，也包括作为对象、数组的开始和结束标志的分隔符。

例如，下面的 writeJsonStream() 方法主要利用 JsonWriter 把联系人的信息写入文件流。

```java
private void writeJsonStream() {
    ByteArrayOutputStream out = new ByteArrayOutputStream();
    JsonWriter writer = new JsonWriter(new OutputStreamWriter(out, "UTF-8"));

    Cursor cur = context.getContentResolver().query(
        ContactsContract.Contacts.CONTENT_URI,
        null,
        null,
        null,
        ContactsContract.Contacts.DISPLAY_NAME
                + " COLLATE LOCALIZED ASC");

    if (cur != null && cur.moveToFirst()) {
        int idColumn = cur.getColumnIndex(ContactsContract.Contacts._ID);

        int displayNameColumn = cur
                .getColumnIndex(ContactsContract.Contacts.DISPLAY_NAME);
        writer.setIndent(" ");
        writer.beginObject();
        writer.name(ContactStruct.CONTACTS);
        writer.beginArray();

        do {
            writer.beginObject();
            String contactId = cur.getString(idColumn);
            writer.name(ContactStruct._ID).value(contactId);
            String disPlayName = cur.getString(displayNameColumn);
            writer.name(ContactStruct.NAME).value(disPlayName);
            int phoneCount = cur.getInt(cur.getColumnIndex(
                    ContactsContract.Contacts.HAS_PHONE_NUMBER));
            Log.i("username", disPlayName);
            if (phoneCount > 0) {
                Cursor phones = context.getContentResolver().query(
                        ContactsContract.CommonDataKinds.Phone.CONTENT_URI,
                        null,
                        ContactsContract.CommonDataKinds.Phone.CONTACT_ID
                                + " = " + contactId, null, null);
                if (phones != null && phones.moveToFirst()) {
```

```
                        writer.name(ContactStruct.PHONENUMBERS);
                        writer.beginArray();
                        do {
                            writer.beginObject();
                            String phoneNumber = phones.getString(phones
                                    .getColumnIndex(ContactsContract
                                            .CommonDataKinds.Phone.NUMBER));
                            String phoneType = phones.getString(phones
                                    .getColumnIndex(ContactsContract
                                            .CommonDataKinds.Phone.TYPE));
                            writer.name(ContactStruct.TYPE).value(phoneType);
                            writer.name(ContactStruct.PHONENUMBER).value(
                                    phoneNumber);
                            writer.endObject();
                            Log.i("phoneNumber", phoneNumber + "");
                            Log.i("phoneType", phoneType + "");
                        } while (phones.moveToNext());
                        writer.endArray();
                    }
                    closeCursor(phones);
                }
        } while (cur.moveToNext());
    }
}
```

8. JSONReader

JsonReader 位于 android.util 包下，主要用来读取 JSON 字符串的内容。例如，JSON 字符串如下。

```
private static final String JSONString =
    "[{\"name\":\"Michael\",\"age\":20},{\"name\":\"Mike\",\"age\":21}]";
```

在 Activity 中调用解析方法。

```
JSONUtils jsonUtils = new JSONUtils();
jsonUtils.parseJson(JSONString);
```

其中的 JSONUtils 代码如下。

```
public class JSONUtils {
    public void parseJson(String jsonData) {
        try {
            JsonReader reader = new JsonReader(new StringReader(jsonData));
            reader.beginArray();
            while (reader.hasNext()) {
                reader.beginObject();
                while (reader.hasNext()) {
                    String tagName = reader.nextName();
                    if (tagName.equals("name")) {
                        System.out.println("name--->" + reader.nextString());
                    } else if (tagName.equals("age")) {
                        System.out.println("age--->" + reader.nextInt());
                    }
```

```
            }
            reader.endObject();
        }
        reader.endArray();
    } catch (Exception e) {
        e.printStackTrace();
    }
  }
}
```

在"Logcat"窗口中观察运行结果，如图 13-7 所示。

最后，演示一个向中国天气网发送获取天气信息的请求，然后解析获取的 JSON 数据并显示的示例。

首先创建一个如下的请求连接工具类 HttUtil，代码如下。

```
System.out        name--->Michael
System.out        age--->20
System.out        name--->Mike
System.out        age--->21
```

图 13-7 "Logcat" 窗口中的运行结果

```java
public class HttUtil {

    public static HttpClient httpClient = new DefaultHttpClient();

    /**
     * @param url 请求地址
     * @return 服务器响应的字符串
     * @throws InterruptedException
     * @throws ExecutionException
     */
    public static String getRequest(final String url)
            throws InterruptedException, ExecutionException {
        FutureTask<String> task = new FutureTask<String>(
            new Callable<String>() {

                @Override
                public String call() throws Exception {
                    HttpGet get = new HttpGet(url);
                    HttpResponse httpResponse = httpClient.execute(get);
                    if (httpResponse.getStatusLine()
                            .getStatusCode() == 200) {
                        return EntityUtils.toString(httpResponse
                            .getEntity());
                    }
                    return null;
                }
            });

        new Thread(task).start();
        return task.get();
    }

}
```

然后实现一个简单的 Activity 实例，代码如下。

```java
public class JSONParsingActivity extends Activity {
```

```java
    private TextView showResult;

    @Override
    protected void onCreate(Bundle savedInstanceState) {
        super.onCreate(savedInstanceState);
        setContentView(R.layout.activity_jsonparsing);

        showResult = (TextView) findViewById(R.id.result);

        WeatherAsyncTask task = new WeatherAsyncTask();
        task.execute(
                "http://www.weather.com.cn/data/cityinfo/101010100.html");
    }

    class WeatherAsyncTask extends AsyncTask<String, Integer, String> {

        public WeatherAsyncTask() {
            super();
        }

        @Override
        protected String doInBackground(String... params) {
            String result = "";
            try {
                result = HttUtil.getRequest(params[0]);
            } catch (InterruptedException e) {
                e.printStackTrace();
            } catch (ExecutionException e) {
                e.printStackTrace();
            }

            return result;
        }

        @Override
        protected void onPostExecute(String result) {
            try {
                //获取 JSONObject 对象
                JSONObject jsonobject = new JSONObject(result);
                JSONObject jsoncity = new JSONObject(
                        jsonobject.getString("weatherinfo"));
                showResult.setText("城市:" + jsoncity.getString("city") + "\n"
                        + "气温:最高" + jsoncity.getString("temp1")
                        + "    最低" + jsoncity.getString("temp2") + "\n"
                        + "今天天气:" + jsoncity.getString("weather"));
            } catch (JSONException e) {
                e.printStackTrace();
            }
        }

    }

}
```

在 Activity 中定义 WeatherAsyncTask（继承 AsyncTask）实例，并调用其 execute()方法执行异步任务。覆盖的 doInBackground()方法向中国天气网请求数据，并将数据赋给 result 字符串，该字符串的内容如下。

```
{"weatherinfo":{"city":"北京","cityid":"101010100","temp1":"15℃","temp2":"5℃",
"weather":"多云","img1":"d1.gif","img2":"n1.gif","ptime":"08:00"}}
```

onPostExecute()方法对返回的结果进行解析。通过上面的结果可以看到，JSONObject 对象的一系列 get 方法里的参数 city、temp1、temp2、weather 等都是 key。

任务 13.2　实现音乐播放器加载歌词

【任务介绍】

1. 任务描述

在本章任务 13.1 的基础上，实现歌词的加载与动态显示。

2. 运行结果

本任务运行结果如图 13-8 所示。

【任务目标】

- 掌握接入第三方 UI 库的方法。
- 掌握 JSON 数据的解析方法。

【实现思路】

- 自定义 LrcView[1]用于显示歌词。
- 访问网络服务平台，获取并解析歌词。
- 运行 App 并观察运行结果。

【实现步骤】

见电子活页任务指导书。

任务指导书 13.2

实现音乐播放器
加载歌词

图 13-8　运行结果

本章小结

　　本章介绍了 Android 网络编程的相关知识。首先介绍了通过 ConnectivityManager 来管理网络的连接、监听网络连接状态等知识；然后介绍了基于 HttpURLConnection 进行 HTTP 编程的方法和步骤，并介绍了典型的 POST 和 GET 请求的处理；最后介绍了 JSON 的相关知识，包括 JSON 的特点、数据结构及解析对象等。本章并未对 Android 常见的网络编程框架 OkHttp、Retrofit 等进行系统介绍，也

拓展视频

OkHttp 访问
网络

拓展视频

使用 WebView 构
建网络应用

---

[1] 参阅 https://www.cnblogs.com/fuyaozhishang/p/7297746.html。

未介绍接入 RESTful 平台的方法，但是这些知识是进行 Android 应用开发非常重要的内容，还需要读者深入研究。

动手实践

设计一个图 13-9 所示的天气应用，从中国天气网获取天气信息并显示。

图 13-9　天气应用

第14章
Android性能分析与测试

14

【学习目标】

子单元名称	知识目标	技能目标
子单元1：应用性能分析	目标1：理解应用性能分析的指标含义 目标2：理解"Profiler"窗口中各参数的含义	目标1：掌握 Android Profiler 工具的使用方法 目标2：掌握优化应用性能的常用技巧
子单元2：测试应用	目标1：理解测试金字塔模型的含义 目标2：理解 androidTest 和 test 的区别	目标1：掌握 Android Studio 中单元测试的配置方法 目标2：掌握基于 Android Studio 的单元测试与界面测试方法

14.1 应用性能分析

如果一个应用的程序响应缓慢、动画显示不流畅或电量消耗过大，则会被认为性能很差。为了避免这些性能问题，Android Studio 提供了 Android Profiler 这款性能分析工具来识别应用在CPU、内存、图形、网络和设备电池等方面的性能。

14.1.1 启动 Android Profiler

在 Android Studio 中，单击"View">"Tool Windows">"Profiler"，打开图 14-1 所示的"Profiler"窗口。

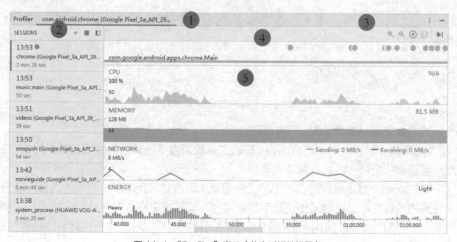

图 14-1 "Profiler"窗口（共享时间轴视图）

① 窗口顶部显示当前正在分析的进程和设备。

② 在"SESSIONS"窗格中，选择要查看的会话，或启动一个新的分析会话。

③ 使用"Zoom out"按钮 🔍、"Zoom in"按钮 🔍 控制要查看的时间轴范围，或使用"Attach to live"按钮 ▶│ 跳转到实时更新。

④ 事件时间轴显示与用户输入相关的事件，包括键盘 Activity、音量控制更改和屏幕旋转。

⑤ 共享时间轴视图包括 CPU、MEMORY（内存）、NETWORK（网络）和 ENERGY（耗电量）图表。共享时间轴视图只显示时间轴图表。

Android Profiler 提供了将分析器数据另存为会话的功能。这些会话将一直保留，直到退出 Android Studio。通过在多个会话中记录分析信息并在它们之间进行切换，可以比较各种场景中的资源使用情况。

单击"Start a new profiling session"按钮 + 即可启动一个新的会话，然后从弹出的下拉菜单中选择一个应用进程。在记录函数数据或捕获堆转储后，Android Studio 会将相应数据（以及应用的网络 Activity）作为单独的条目添加到当前会话。

单击"Stop the current profiling session"按钮 ■，则停止向当前会话添加数据。单击"Start a new profiling session"按钮 +，然后选择"Load from file"，则导入之前运行 Android Studio 时导出的跟踪记录。

14.1.2 检查 CPU 活动

CPU Profiler 用于与应用交互时实时检查应用的 CPU 使用率和线程活动，也可以检查记录的方法跟踪数据、函数跟踪数据和系统跟踪数据的详细信息。

单击"Profiler"窗口的 CPU 时间轴上的任意位置可以打开"CPU"窗口，如图 14-2 所示。

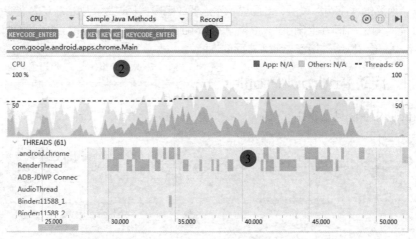

图 14-2　"CPU Profiler"窗口

CPU Profiler 的默认视图包括以下时间轴。

① 事件时间轴：显示应用中的 Activity 在其生命周期内不断转换而经历各种不同状态的过程，并指示用户与设备的交互，包括屏幕旋转事件。

② CPU 时间轴：显示应用的实时 CPU 使用率（以占总可用 CPU 时间的百分比表示）以及应用当前使用的线程总数。此时间轴还显示其他进程（如系统进程或其他应用）的 CPU 使用率，以便将其与当前应用的 CPU 使用率进行对比。沿时间轴的水平轴移动鼠标指针可以检查历史 CPU 使用率数据。

③ 线程活动时间轴：列出属于应用进程的每个线程，并使用下面列出的颜色在时间轴上指示它们的活动。记录跟踪数据后，可以从此时间轴上选择一个线程，以在跟踪数据窗格中检查其数据。

● 绿色：表示线程处于活动状态或准备使用 CPU。也就是说，它处于正在运行或可运行状态。

● 黄色：表示线程处于活动状态，但它正在等待一项 I/O 操作（如磁盘或网络 I/O），然后才能完成它的工作。

● 灰色：表示线程正在休眠且没有消耗任何 CPU 时间。当线程需要访问尚不可用的资源时，可能会发生这种情况。在这种情况下，要么线程自主进入休眠状态，要么内核将线程置于休眠状态，直到所需的资源可用。

CPU Profiler 还会报告 Android Studio 和 Android 添加到应用进程的线程的 CPU 使用率，这些线程包括 JDWP、Profile Saver、Studio:VMStats、Studio:Perfa 和 Studio:Heartbeat 等（它们在线程活动时间轴上显示的确切名称可能有所不同）。Android Studio 将报告此数据，以便确定线程活动和 CPU 使用实际在何时由当前应用的代码引发。

在 CPU Profiler 顶部的下拉菜单中选择记录配置，然后单击"Record"按钮将开始记录跟踪数据，"Record"按钮变为"stop"按钮，在完成时再次单击。分析器将自动选择记录的时间范围，并在跟踪数据窗格中显示其跟踪信息，如图 14-3 所示。

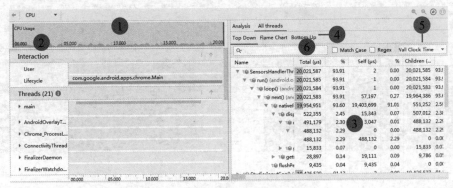

图 14-3　记录方法跟踪数据后的 CPU Profiler

① 选定范围：确定要在跟踪数据窗格中检查所记录时间的哪一部分。当首次记录跟踪数据时，CPU Profiler 会自动在 CPU 时间轴上选择记录的完整长度。要检查所记录时间范围的一部分的跟踪数据，可以拖曳突出显示区域的边缘。

② 时间戳：指示所记录跟踪数据的开始和结束时间（相对于分析器开始和结束收集 CPU 使用率信息的时间）。要选择完整的记录，可以单击时间戳。

③ 跟踪数据窗格：显示选择的时间范围和线程的跟踪数据。只有在至少记录一条跟踪数据后，才会显示此窗格。在此窗格中，可以选择如何查看每个堆栈轨迹（使用跟踪数据窗格标签）及如何测量执行时间（使用时间参考下拉菜单）。

④ 跟踪数据窗格标签：选择如何显示跟踪数据详细信息。

⑤ 时间参考下拉菜单：选择以下选项之一，以确定如何测量每次调用的时间信息。

● Wall Clock Time（挂钟时间）：时间信息表示实际经过的时间。

● Thread time（线程时间）：时间信息表示实际经过的时间减去线程在该时间内没有消耗 CPU 资源的所有部分。对于任何给定的调用，其线程时间始终小于或等于其挂钟时间。使用线程时间可以更好地了解线程的实际 CPU 使用率中有多少是给定方法或函数消耗的。

⑥ 过滤器：按函数、方法、类或软件包名称过滤跟踪数据。例如，如果要快速识别与特定调用相关的跟踪数据，按 Ctrl + F 组合键，然后在搜索字段中输入相应的名称。在"Flame Chart"标签中，会突出显示包含符合搜索查询条件的调用、软件包或类的调用堆栈。在"Top Down"和"Bottom Up"标签中，这些调用堆栈优先于其他跟踪结果。还可以通过勾选搜索字段旁边的复选框来启用以下选项。

- Match Case：如果搜索区分大小写，请使用此选项。
- Regex：要在搜索中包含正则表达式，请使用此选项。

14.1.3 查看堆和内存分配

Memory Profiler 是 Android Profiler 中的一个组件，可帮助识别可能会导致应用卡顿、冻结甚至崩溃的内存泄漏和内存抖动。它显示一个应用内存使用量的实时图表，可以捕获堆转储、强制执行垃圾回收以及记录内存分配。

单击 MEMORY 时间轴上的任意位置以打开"Memory"分析器，如图 14-4 所示。

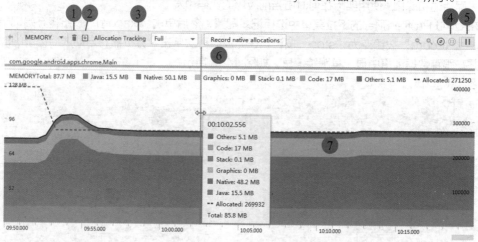

图 14-4 "Memory"分析器

首次打开 Memory Profiler 时，将看到一条表示应用内存使用量的详细时间轴，并可使用各种工具来强制执行垃圾回收、捕获堆转储及记录内存分配。Memory Profiler 的默认视图包括以下各项。

① "Force garbage collection"按钮 🗑：用于强制执行垃圾回收事件。
② "Dump java heap"按钮 📥：用于捕获堆转储。

> **注意** 只有在连接到搭载 Android 7.1（API 级别为 25）或更低版本的设备时，才会在"Dump java heap"按钮 📥 右侧显示用于记录内存分配的"Record memory allocations"按钮 ●。

③ "Allocation Tracking"下拉菜单：用于指定分析器捕获内存分配的频率。选择适当的选项有助于在分析时提高应用性能。
④ 缩放按钮 🔍、🔍、⊙：用于放大/缩小时间轴。
⑤ "Attach to live"按钮 ▶ / ⏸：用于跳转到实时内存数据。
⑥ 事件时间轴：显示活动状态、用户输入事件和屏幕旋转事件。
⑦ 内存使用量时间轴，它包括以下内容。

- 一个堆叠图表，显示每个内存类别当前使用多少内存，如左侧的垂直轴以及顶部的彩色图例所示。
- 一条虚线，表示分配的对象数，如右侧的垂直轴所示。

不过，如果使用的是搭载 Android 7.1 或更低版本的设备，则并非所有分析数据在默认情况下都可见。

Memory Profiler 显示内存中的每个 Java 对象和 JNI 引用是如何分配的。具体而言，Memory Profiler 可显示有关对象分配的以下信息。

- 分配了哪些类型的对象及它们使用多少空间。
- 每个分配的堆栈轨迹包括在哪个线程中。
- 对象在何时被取消分配（仅当使用搭载 Android 8.0 或更高版本的设备时）。

如果设备搭载的是 Android 8.0 或更高版本，则可以随时查看对象分配，在时间轴上拖曳以选择要查看哪个区域的分配。不需要开始记录会话，因为 Android 8.0 及更高版本附带设备内置分析工具，可持续跟踪应用分配。

要检查分配记录，请按以下步骤操作。

① 浏览列表以查找堆计数异常大且可能存在泄漏的对象。为帮助查找已知类，首先单击"Class Name"列标题以按字母顺序排序。然后单击一个类名称，此时右侧将出现"Instance View"窗格，显示该类的每个实例，如图 14-5 所示。

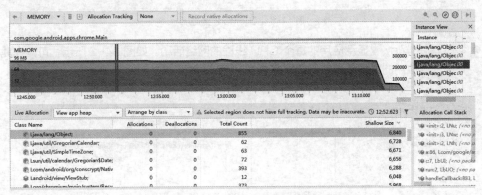

图 14-5 "Instance View"窗格

② 在"Instance View"窗格中单击一个实例，此时下方将出现"Call Stack"标签，显示该实例被分配到何处及哪个线程中。

③ 在"Call Stack"标签中，右击任意行并在弹出的菜单中选择"Jump to Source"选项，以在编辑器中打开该代码。

14.1.4 检查网络流量

Network Profiler 在时间轴上显示实时网络活动，包括发送和接收的数据及当前的连接数。这便于检查应用传输数据的方式和时间，并适当优化底层代码。

单击 NETWORK 时间轴上的任意位置以打开"Network"分析器，如图 14-6 所示。

窗口顶部显示的是事件时间轴。在时间轴上，可以单击并拖曳以选择时间轴的一部分来检查网络流量。在时间轴下方的窗格中，可以选择以下某个标签，以查看有关时间轴上选定时段内的网络活动的更多详细信息。

- Connection View：列出了在时间轴上选定时段内从应用的所有 CPU 线程发送或接收的

文件。对于每个请求，可以检查大小、类型、状态和传输时长。单击任意列标题可以对此列表排序。在"Connection View"中还会看到时间轴上选定时段的明细数据，从而了解每个文件的发送或接收时间。

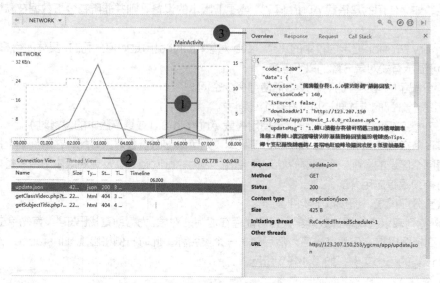

图 14-6　"Network"分析器

- Thread View：显示应用的每个 CPU 线程的网络活动。如图 14-7 所示，可以在此视图中检查应用的线程负责的每个网络请求。

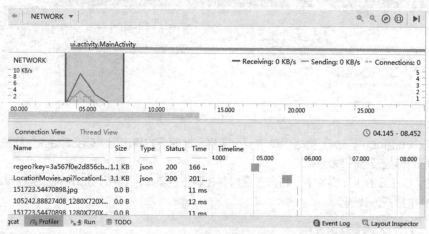

图 14-7　在"Thread View"中检查应用的线程负责的每个的网络请求

在"Connection View"或"Thread View"中单击一个请求名称可检查有关已发送或已接收数据的详细信息，单击"Response""Request""Call Stack"等标签可查看响应标头和正文、请求标头和正文或调用堆栈。

在"Response"标签和"Request"标签中，单击"View Source"链接可显示原始文本，单击"View Parsed"链接可显示格式化文本，如图 14-8 所示。

目前，Network Profiler 仅支持 HttpURLConnection 和 OkHttp 网络连接库。如果应用使用的是其他网络连接库，可能无法在 Network Profiler 中查看网络活动。

图 14-8　原始文本（左侧）和格式化文本（右侧）之间切换

{
"code": "200",
"data": {
"version": "阅海餐存栈1.6.0错汔断码"维蹄回装",
"versionCode": 140,
"isForce": false,
"downloadUrl": "http://123.207.150
.253/ygcms/app/BTMovie_1.6.0_release.apk",
"updateMsg": "1.新U演餐存存储时仿锰三捣浃堆嚩鍞溏
准海3群锋U演闷维错u源精拥锰回装墙U墙碲嗵nTips。

14.2　测试应用

测试应用是应用开发过程中不可或缺的一部分。通过持续对应用运行测试，可以在公开发布应用之前验证其正确性、功能行为和易用性。

14.2.1　测试概述

使用 Android Studio 创建的项目会自动生成 androidTest 和 test 两个测试文件夹，如图 14-9 所示。

图 14-9　项目中的测试文件夹

这两个测试文件夹的特点如表 14-1 所示。

表 14-1　test 和 androidTest 测试文件夹的特点

测试文件夹	功能	特点
test	本地测试文件夹	• 在本地计算机上运行的测试，如单元测试 • 测试基于 JUnit 4（默认的）

续表

测试文件夹	功能	特点
test	本地测试文件夹	<ul><li>测试不必继承 junit.framework.TestCase 类</li><li>不用在测试方法的前面加上 test 关键字</li><li>不用任何 junit.framework 或 junit.extensions 包里的类</li><li>测试方法必须以@Test 注解开头</li></ul>
androidTest	Instrumentation 测试文件夹	<ul><li>在真实或虚拟设备上运行的测试。此类测试包括集成测试、端到端测试，以及仅靠 JVM 无法完成应用功能验证的其他测试</li><li>Instrumented 单元测试类应该被写为一个 JUnit 4 测试类</li><li>在开始定义测试类前添加注解@RunWith(AndroidJUnit4.class)</li><li>需要具体声明 Android Testing Support Library 提供的 AndroidJUnitRunner 类作为默认测试运行器</li></ul>

在测试时一般要创建测试金字塔模型的 3 类测试，如图 14-10 所示。

- 小型测试是指单元测试，用于验证应用的行为，一次验证一个类。
- 中型测试是指集成测试，用于验证模块内堆栈级别之间的交互或相关模块之间的交互。
- 大型测试是指端到端测试，用于验证跨越了应用的多个模块的用户操作流程。

沿着测试金字塔逐级向上，从小型测试到大型测试，各类测试的保真度逐级提高，但维护和调试工作所需的执行时间和工作量也逐级增加。因此，编写的单元测试应多于集成测试，集成测试应多于端到端测试。虽然各类测试的比例可能会因应用的用例不同而异，但通常建议各类测试所占比例为：小型测试占 70%，中型测试占 20%，大型测试占 10%。

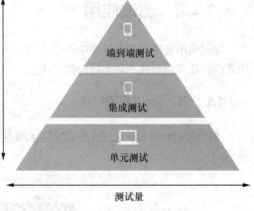

图 14-10　测试金字塔模型

14.2.2　单元测试

单元测试是应用测试策略中的基本测试。通过针对代码创建和运行单元测试，可以验证各个单元的逻辑是否正确。在每次编译后运行单元测试可快速捕捉和修复由应用的代码更改导致的软件回归。单元测试通常以可重复的方式运用尽可能小的代码单元（可能是方法、类或组件）的功能。例如，如果正在对某个类进行单元测试，则测试可能会检查该类是否处于正确状态。

1.　本地单元测试

当需要更快地运行测试而不需要与在真实设备上运行测试关联的保真度和置信度时，可以使用本地单元测试来评估应用的逻辑。这些测试编译为在 Java 虚拟机本地运行，以最大限度地缩短执行时间。

在进行本地单元测试前，需要为 JUnit 4 或 Robolectric（如果测试对 Android 框架有依赖）添加如下依赖。

```
dependencies {
    // 必选 -- JUnit 4 框架
```

```
    testImplementation 'junit:junit:4.12'
    // 可选 - Robolectric 环境
    testImplementation 'androidx.test:core:1.0.0'
    // 可选 - Mockito 框架
    testImplementation 'org.mockito:mockito-core:1.10.19'
}
```

本地单元测试直接使用 JUnit 4 来测试一些与 Android 不相关的类。测试方法以@Test 注解开头，并且包含用于运用和验证要测试的组件中的单项功能的代码（代码存放在 test/java/中）。以下示例展示了如何实现本地单元测试类。

```
import com.google.common.truth.Truth.assertThat;
import org.junit.Test;

public class EmailValidatorTest {
    @Test
    public void emailValidator_CorrectEmailSimple_ReturnsTrue() {
        assertThat(EmailValidator.isValidEmail("name@email.com")).isTrue();
    }
}
```

测试方法emailValidator_CorrectEmailSimple_ReturnsTrue()验证被测应用中的isValidEmail()方法是否返回正确的结果。Truth 库用来代替基于 JUnit 或 Hamcrest 的断言，如 assertThat (object).hasFlags(FLAGS)、assertThat(object).doesNotHaveFlags(FLAGS)等。

如果测试与多个 Android 框架依赖项交互，或以复杂的方式与这些依赖项交互，则需使用 AndroidX Test 提供的 Robolectric 库。下面的示例展示了使用 Robolectric 库进行单元测试的方法。

首先添加如下依赖。

```
android {
    // …
    testOptions {
        unitTests.includeAndroidResources = true
    }
}
```

测试示例如下。

```
public class UnitTestSampleJava {
    private static final String FAKE_STRING = "HELLO_WORLD";
    private Context context = ApplicationProvider.getApplicationContext();

    @Test
    public void readStringFromContext_LocalizedString() {
        // 给定从 Robolectric 检索到的 Context 对象
        ClassUnderTest myObjectUnderTest = new ClassUnderTest(context);

        // …当字符串从被测试对象返回时…
        String result = myObjectUnderTest.getHelloWorldString();

        // …那么结果应该是预期的
        assertThat(result).isEqualTo(FAKE_STRING);
    }
}
```

2. 插桩单元测试

插桩单元测试是在物理设备和模拟器上运行的测试，此类测试可以利用 Android 框架 API 和辅助性 API。插桩单元测试提供的保真度比本地单元测试的要高，但运行速度要慢得多。因此，建议只有在必须针对真实设备的行为进行测试时才使用插桩单元测试。

在进行插桩单元测试前，需要在 app/build.gradle 中添加如下依赖。

```
dependencies {
    androidTestImplementation 'androidx.test:runner:1.1.0'
    androidTestImplementation 'androidx.test:rules:1.1.0'
    // 可选 - Hamcrest 库
    androidTestImplementation 'org.hamcrest:hamcrest-library:1.3'
    // 可选 - 使用 Espresso 测试 UI
    androidTestImplementation 'androidx.test.espresso:espresso-core:3.1.0'
    // 可选 - 使用 UI Automator 测试 UI
    androidTestImplementation 'androidx.test.uiautomator:uiautomator:2.2.0'
}
```

并在顶层 build.gradle 中将 AndroidJUnitRunner 指定为默认插桩单元测试运行程序，方法如下。

```
android {
    defaultConfig {
        testInstrumentationRunner "androidx.test.runner.AndroidJUnitRunner"
    }
}
```

下面的示例展示了如何编写插桩单元测试来验证是否为 LogHistory 类正确实现了 Parcelable 接口（代码存放在 androidTest/java/中）。

```
@RunWith(AndroidJUnit4.class)
@SmallTest
public class LogHistoryAndroidUnitTest {

    public static final String TEST_STRING = "This is a string";
    public static final long TEST_LONG = 12345678L;
    private LogHistory mLogHistory;

    @Before
    public void createLogHistory() {
        mLogHistory = new LogHistory();
    }

    @Test
    public void logHistory_ParcelableWriteRead() {
        // 设置要发送和接收的 Parcelable 对象
        mLogHistory.addEntry(TEST_STRING, TEST_LONG);

        // 数据写入
        Parcel parcel = Parcel.obtain();
        mLogHistory.writeToParcel(parcel, mLogHistory.describeContents());

        // 需要重设 Parcel 以便阅读
        parcel.setDataPosition(0);
```

```
        // 读取数据
        LogHistory createdFromParcel =
                LogHistory.CREATOR.createFromParcel(parcel);
        List<Pair<String, Long>> createdFromParcelData
                = createdFromParcel.getData();

        // 验证接收到的数据是否正确
        assertThat(createdFromParcelData.size()).isEqualTo(1);
        assertThat(createdFromParcelData.get(0).first)
                .isEqualTo(TEST_STRING);
        assertThat(createdFromParcelData.get(0).second).isEqaulTo(TEST_LONG);
    }
}
```

3．运行单元测试

运行单元测试的步骤如下。

① 单击工具栏中的"Sync Project with Grade Files"按钮 🔁，确保项目与 Gradle 同步。

② 通过以下方式来运行单元测试。

● 要运行单个测试，在"Project"窗口，右击一个测试，然后在弹出的菜单中选择"Run"选项。

● 要测试一个类中的所有方法，右击测试文件中的一个类或方法，然后在弹出的菜单中选择"Run"选项。

● 要运行一个目录中的所有测试，右击该目录，然后在弹出的菜单中选择"Runtests"选项。

Android Plugin for Gradle 会编译位于默认目录中的单元测试代码，构建一个测试应用，并使用默认测试运行程序类在本地执行该测试应用。Android Studio 随后会在"Run"窗口中显示结果。

14.2.3 界面测试

通过界面测试可以确保应用满足其功能要求并达到较高的质量标准，从而更有可能成功地被用户采用。人工方法的界面测试非常耗时、烦琐且容易出错。更高效的方法是编写界面测试，以便以自动化方式执行用户操作。

1．单个界面测试

测试单个应用内的用户交互有助于确保用户在与应用交互时不会出现意外结果或体验不佳。由 AndroidX Test 提供的 Espresso 测试框架提供了一些 API，用于编写界面测试来模拟单个目标应用内的用户交互。Espresso 会检测主线程何时处于空闲状态，以便在适当的时间运行测试命令，从而提高测试的可靠性。

使用 Espresso 需要添加如下依赖。

```
androidTestImplementation 'androidx.test.espresso:espresso-core:3.1.0'
```

测试的基本步骤如下。

① 通过调用 onView()方法或 AdapterView 控件的 onData()方法，在 Activity 中查找要测试的界面组件，如登录按钮。

② 通过调用 ViewInteraction.perform()方法或 DataInteraction.perform()方法并传入用户操作，模拟要在该界面组件上执行的特定用户交互。要对同一界面组件上的多项操作进行排序，可以

在方法参数中使用逗号分隔列表将它们连接起来。

③ 根据需要重复上述步骤，以模拟目标应用中跨多个 Activity 的用户流。

④ 执行这些用户交互后，使用 ViewAssertions()方法检查界面是否反映了预期的状态或行为。

以下代码演示了测试类调用基本工作流。

```
onView(withId(R.id.my_view))
        .perform(click())
        .check(matches(isDisplayed()));
```

onView()方法通过访问目标界面中的一个 UI 组件与它交互。这个方法接收一个 Matcher 作为参数，然后根据给定的条件在 View 的层次结构中搜索对应相符的 View 实例。如果搜索成功，onView()方法会返回一个可以执行用户行为和测试目标中对 View 断言的引用。

以下代码展示了如何编写一个先访问 EditText 字段，再输入文本字符串，接着关闭虚拟键盘，最后执行按钮单击操作的测试。

```
public void testChangeText_sameActivity() {
    // 键入文本并单击按钮
    onView(withId(R.id.editTextUserInput))
            .perform(typeText(STRING_TO_BE_TYPED), closeSoftKeyboard());
    onView(withId(R.id.changeTextButton)).perform(click());

    // 检查文本是否已更改
    …
}
```

Espresso 支持使用 Hamcrest 匹配器来指定应用中的视图和适配器。在 AdapterView 中，视图会在运行时以子视图动态填充。如果要测试的目标视图在 AdapterView 内（如 Recycler View），则 onView()方法可能不起作用，因为只能将一部分视图加载到当前视图层次结构中。此时应改为调用 onData()方法以获取 DataInteraction 对象来访问目标视图元素。Espresso 负责将目标视图元素加载到当前视图层次结构中，还负责滚动到目标元素，并将该元素置于焦点上。

以下代码展示了如何结合使用 onData()方法和 Hamcrest 匹配器来搜索列表中包含给定字符串的特定行。

```
onData(allOf(is(instanceOf(Map.class)),
        hasEntry(equalTo(LongListActivity.ROW_TEXT), is("test input"))));
```

在本例中，LongListActivity 类包含通过 SimpleAdapter 公开的字符串列表。onData()方法返回一个 DataInteraction 对象，该对象和 onView()方法返回的 ViewInteraction 对象的区别如下。

- ViewInteraction：关注已经匹配到的目标控件。通过 onView()方法可以找到符合匹配条件的唯一的目标控件，只需要针对这个控件进行需要的操作。

- DataInteraction：关注 AdapterView 的数据。由于 AdapterView 的数据源可能很长，很多时候无法一次性将所有数据源显示在屏幕上，因此先关注 AdapterView 中包含的数据，而非一次性进行 View 的匹配。

2. 多个界面测试

AndroidX Test 提供的 UI Automator 测试框架用来编写多个界面交互的测试。例如，在短信应用中，先让用户输入短信内容，然后启动 Android 联系人选择器，以便用户选择收件人，再将控制权返还给原来的应用，以便用户提交短信。

UI Automator 测试框架非常适合用来编写黑盒测试，其中测试代码的编写不需要依赖目标应用的内部实现细节。

使用 UI Automator 需要添加如下依赖。

```
androidTestImplementation 'androidx.test.uiautomator:uiautomator:2.2.0'
```

采用 UI Automator 的过程如下。

① 获取一个 UiDevice 对象，代表正在执行测试的设备。该对象可以通过 getInstance()方法获取，其形参为一个 Instrumentation 对象。

```
UiDevice mDevice = UiDevice.getInstance(
        InstrumentationRegistry.getInstrumentation());
```

② 通过 findObject()方法获取一个 UiObject 对象，代表需要执行测试的 UI 组件。

findObject()方法接收一个 UiSelector 对象，返回需要的 UiObject 对象。在这里，UiSelector 类似于 Espresso 中的 Matcher，也是指定了某种匹配规则，UI Automator 会按照 UiSelector 指定的规则在当前 UI 上进行控件的查找。不同于 Espresso，如果找到多个满足规则的控件，则会返回第一个控件；如果没有控件满足当前指定的规则，则会抛出 UiAutomatorObjectNotFound Exception 异常。例如：

```
UiObject mCameraSureBtn = mDevice.findObject(
        new UiSelector().resourceId("com.android.camera:id/v6_btn_done")
                .className("android.widget.ImageView"));
```

这段代码的 UiSelector 构建采用如下两个组合规则：控件 ID 为 "com.android.camera: id/v6_btn_done"，这个 ID 是从某个 MIUI 版本系统的系统相机获取的，对应于拍照按钮；控件类型为 ImageView。

③ 对该 UI 组件执行一系列操作，包括以下几个操作方法。

- click()：单击控件中心。
- dragTo()：拖曳控件到指定位置。
- setText()：对可输入控件设置文本。
- swipeUp()：对控件执行上滑操作。

④ 检查操作的结果是否符合预期。

下面的代码展示了编写一个测试脚本来获取默认的 App Launcher 的示例。

```
//初始化 UiDevice 实例
mDevice = UiDevice.getInstance(getInstrumentation());

//在 HOME 按钮上执行一次单击
mDevice().pressHome();

//通过匹配启动按钮的 content-description 来搜索一个 UI 组件，得到默认的 launcher
UiObject allAppsButton = mDevice
        .findObject(new UiSelector().description("Apps"));

//在得到的 launcher 按钮上执行一次单击
allAppsButton.clickAndWaitForNewWindow();
```

✎ 任务 14.1 对音乐播放器基于 MTC 测试

【任务介绍】

1. 任务描述

注册百度移动云测试中心（Mobile Testing Center，MTC），实现对音乐播放器的自动化测试。

2. 运行结果

本任务运行结果如图 14-11 所示。

图 14-11　对音乐播放器基于 MTC 测试的运行结果

【任务目标】

- 掌握 MTC 测试的流程。
- 掌握 MTC 测试配置及测试管理。

【实现思路】

- 注册 MTC 并添加应用。
- 执行深度兼容性测试。
- 配置测试任务。
- 执行测试并分析测试结果。

任务指导书 14.1

对音乐播放器
基于 MTC 测试

【实现步骤】

见电子活页任务指导书。

本章小结

本章首先介绍了 Android 中应用性能分析的相关知识，包括 Android Profiler 性能分析工具的介绍、使用 CPU Profiler 检查 CPU 活动、使用 Memory Profiler 查看堆和内存分配、使用 Network Profiler 检查网络流量等；然后介绍了基于 Android Studio 的应用测试知识，包括集成 Mockito 在本地单元测试中测试 Android API 调用，集成 Espresso 或 UI Automator 在插桩单元测试中测试用户交互，以及使用 Espresso 测试记录器自动生成 Espresso 测试等。对应用进行性能分析与测试，可以为下一步的发布提供必要的保障。

动手实践

结合本章任务，基于 MTC 测试一个 Android 应用，并分析测试报告。